国家出版基金项目
NATIONAL PUBLICATION FOUNDATION

中国传统建筑
解析与传承

四川卷
Sichuan Volume

THE INTERPRETATION AND INHERITANCE OF
TRADITIONAL CHINESE ARCHITECTURE

Ministry of Housing and Urban-Rural Development of
the People's Republic of China

中华人民共和国住房和城乡建设部 编

中国建筑工业出版社

审图号：GS（2016）303号

图书在版编目（CIP）数据

中国传统建筑解析与传承　四川卷 / 中华人民共
和国住房和城乡建设部编 . —北京：中国建筑工业出版
社，2015.12
　ISBN 978-7-112-18857-4

Ⅰ . ①中… Ⅱ . ①中… Ⅲ . ①古建筑-建筑艺术-四
川省　Ⅳ.①TU-092.2

中国版本图书馆CIP数据核字（2015）第299687号

责任编辑：唐　旭　李东禧　张　华　李成成
书籍设计：付金红
责任校对：李欣慰　刘梦然

中国传统建筑解析与传承　四川卷
中华人民共和国住房和城乡建设部　编
＊
中国建筑工业出版社出版、发行（北京西郊百万庄）
各地新华书店、建筑书店经销
北京方舟正佳图文设计有限公司制版
北京顺诚彩色印刷有限公司印刷
＊
开本：880×1230毫米　1 / 16　印张：17¾　字数：507千字
2016年9月第一版　2016年9月第一次印刷
定价：168.00元
ISBN 978-7-112-18857-4
　　　（28069）

总　序

Foreword

　　几年前我去法国里昂地区，看到有大片很久以前甚至四百年前建造的夯土建筑，也就是干打垒房子，至今仍在使用。20世纪80年代，当地建设保障房小区时，要求一律建造夯土建筑，他们采用了现代夯土技术。西安科技大学的两位老师将这种技术引入国内，在甘肃、河北等多地建了示范房。现代夯土技术的改进点在于科学配比土与石子、使用模板和电动器具夯筑，传承了夯土建筑的优点，如造价低、节能保温，弥补了缺陷，抗震性增强，也美观，颇受农民的好评。我对这个事例很感兴趣并悟出一个道理，做好传承关键要具备两种精神：一是执着，坚信许多传统能够传承、值得传承。法国将传统干打垒房子当作好东西，努力传承，而我国虽然是生土建筑数量最多的国家，但今天各地却都视其为贫穷落后的标志，力图尽快消灭；二是创新，要下力气研究传统的优点及缺点，并用现代技术克服其缺点，赋予其现代功能，使传统文明成果在今天焕发新的生命力。这两方面的功夫我们都不够。

　　文明古国的中国，在实现现代化的进程中，只有十分自信、满腔热情地传承了优秀传统文化，才能受到全世界的尊重。建筑是一个民族生存智慧、工程技术、审美理念、社会伦理等文明成果最集中、最丰富的载体，其传承及体现是一个国家和民族富强与贫弱的标志。改变今天建筑缺失传统文化的局面，我们需要重新认识我国传统建筑文化，把握其精髓和发展脉络，挖掘和丰富其完整价值，探索传统与现代融合的理念和方法。2012年，住房和城乡建设部村镇建设司组织了首次传统民居全国普查，编纂了《中国传统民居类型全集》，其详细、准确、系统地展示了我国传统民居的地域性。在此基础上，2014年又启动了"传统建筑解析与传承"调查研究，这是第一次国家层面组织的该领域的大型调查研究，颇具价值：

　　价值一，它是至今对我国传统建筑文化最全面、最系统的阐释。第一，本次调查研究地域覆盖广，历史挖掘深，建筑类型多。31个省（市、区）开展了调查研究，每个省的研究也都覆盖了全域；一些省对传统建筑文化的追溯年代突破了记录；建筑类型不仅涵盖了官式建筑、庙宇、祠堂等，更涵盖了各类代表性民居。第二，更加注重从自然、人文、技术、经济几条主线解析传统建筑文化，而不是拘泥于建筑本身；不但阐释了传统建筑的物质形体，而且阐释了传统建筑文化的产生机制。第三，研究体例和解析维度保持了基本一致，各省都通过聚落格局、建筑群体与单体、细部与装饰、风格与装修对传统建筑进行解析。通过解析，大大丰富和提升了对我国传统建筑文化精髓的认识，如：中国传统建筑与自然相适应，和谐共生，敬天惜物；与生存实际相适应，容纳生产生活；与社会伦理相适应，井然有序；与发展相适应，灵活易变，是模块化的鼻祖。第四，内在形式统一，体现了中华文明的持久性和一致性；木结构等技术高度成熟，体现了中华民族的智慧；丰富的地区差异，体现了中华文化的多样性。一些研究基础较差的省，第一次对传统建筑有了全面认识；一些研究基础较好的省，又深化了认识。可以说，这次全面调查研究是对中国传统建筑文化的一次重新认识。

价值二，也是更重要的价值，它是就如何传承传统建筑文化、如何实现传统与现代融合这一难题，至今所进行的广泛深入的探索。第一，提出了更为本质、更具指导意义的传承理论和原则，如建筑文化的三大传承主线：自然、人文、技术；"形"的传承、"神"的传承、"神形兼备"的传承；适应性传承、创新性传承、可持续性传承等理论；坚持挖掘地域文化与建筑的关联性，坚持寻找并传承其最有价值和生命力的要素，坚持与时代发展相接轨等原则。第二，提出了更具操作性的传承方法和要点，如建筑肌理、应对自然环境、空间变异、建造方式、建筑材料、符号特征六方面的传承方法。第三，收集、展示、分析了近代以来大量的现代建筑探索传承的案例，既包括比较成功的，也包括比较失败的，具有很好的参考意义。同时也提出了应防止的误区。

价值三，唤起了对传统建筑文化的空前热情。通过这次研究，各地建设部门更加重视传统建筑文化的传承工作了，这将有利于扭转当前我国城乡建设缺乏传统文化的局面。在学术界，不仅老专家倾力投入，新参与的专家学者也越来越多，而且十分积极。过去研究传统建筑的专家学者与从事设计的建筑师交流不多，通过这次研究，两个群体融合到了一起，不仅有利于传承的研究，更有利于传承的实践。有的老专家说，等了几十年，终于等到国家组织这项工作了。

探索传统建筑文化与现代建筑的融合是难度极大的挑战，永远在路上。虽然本次调查研究存在着许多不足和局限，但第一次组织全国专业力量努力探索的成果，惠及当今，流芳百年，意义非凡，不仅具有中国意义，也具有世界意义。在此，谨向为成就这一大业，辛勤无私付出并作出卓越贡献的所有专家学者、建筑师和技术人员、各地建设部门领导和职工，表示衷心的感谢和崇高的敬意。此外，我还深深感受到，组织实施全国范围的、具有历史意义的调查研究，是其他组织和个人难以做到的，是中央部委必须承担的重要职责，今后还要多做。

住房和城乡建设部总经济师　赵晖

2016年9月

编委会

Editorial Committee

四川卷编写组：

组织人员：蒋　勇、李南希、鲁朝汉、吕　蔚

编写人员：陈　颖、高　静、熊　唱、李　路、朱　伟、庄　红、郑　斌、张　莉、何　龙、周晓宇、周　佳

调研人员：唐　剑、彭麟麒、陈延申、严　潇、黎峰六、孙　笑、彭　一、韩东升、聂　倩

北京卷编写组：

组织人员：李节严、侯晓明、杨　健、李　慧

编写人员：朱小地、韩慧卿、李艾桦、王　南、
　　　　　钱　毅、李海霞、马　泷、杨　滔、
　　　　　吴　懿、侯　晟、王　恒、王佳怡、
　　　　　钟曼琳、刘江峰、卢清新

调研人员：陈　凯、闫　峥、刘　强、李沫含、
　　　　　黄　蓉、田燕国

天津卷编写组：

组织人员：吴冬粤、杨瑞凡、纪志强、张晓萌

编写人员：洪再生、朱　阳、王　蔚、刘婷婷、
　　　　　王　伟、刘铧文

河北卷编写组：

组织人员：封　刚、吴永强、席建林、马　锐

编写人员：舒　平、吴　鹏、魏广龙、刁建新、
　　　　　刘　歆、解　丹、杨彩虹、连海涛

山西卷编写组：

组织人员：郭廷儒、张海星、郭　创、赵俊伟

编写人员：薛林平、王金平、杜艳哲、韩卫成、
　　　　　孔维刚、冯高磊、王　鑫、郭华瞻、
　　　　　潘　曦、石　玉、刘进红、王建华、
　　　　　武晓宇、韩丽君

内蒙古卷编写组：

组织人员：杨宝峰、陈　彪、崔　茂

编写人员：张鹏举、彭致禧、贺　龙、韩　瑛、
　　　　　额尔德木图、齐卓彦、白丽燕、
　　　　　高　旭、杜　娟

辽宁卷编写组：

组织人员：王晓伟、胡成泽、刘绍伟、孙辉东

编写人员：朴玉顺、郝建军、陈伯超、周静海、
　　　　　原砚龙、刘思铎、黄　欢、王蕾蕾、
　　　　　王　达、宋欣然、吴　琦、纪文喆、
　　　　　高赛玉

吉林卷编写组：

组织人员：袁忠凯、安　宏、肖楚宇、陈清华

编写人员：王　亮、李天骄、李之吉、李雷立、
　　　　　宋义坤、张俊峰、金日学、孙守东

调研人员：郑宝祥、王　薇、赵　艺、吴翠灵、
　　　　　李亮亮、孙宇轩、李洪毅、崔晶瑶、
　　　　　王铃溪、高小淇、李　宾、李泽锋、
　　　　　梅　郊、刘秋辰

黑龙江卷编写组：

组织人员：徐东锋、王海明、王　芳

编写人员：周立军、付本臣、徐洪澎、李同予、
　　　　　殷　青、董健菲、吴健梅、刘　洋、
　　　　　刘远孝、王兆明、马本和、王健伟、

卜　冲、郭丽萍

调研人员：张　明、王　艳、张　博、王　钊、
晏　迪、徐贝尔

上海卷编写组：

组织人员：孙　珊、胡建东、侯斌超、马秀英

编写人员：华霞虹、彭　怒、王海松、寇志荣、
宿新宝、周鸣浩、叶松青、吕亚范、
丁建华、卓刚峰、宋　雷、吴爱民、
宾慧中、谢建军、蔡　青、刘　刊、
喻明璐、罗超君、伍　沙、王鹏凯、
丁　凡

调研人员：江　璐、林叶红、刘嘉纬、姜鸿博、
王子潇、胡　楠、吕欣欣、赵　曜

江苏卷编写组：

组织人员：赵庆红、韩秀金、张　蔚、俞　锋

编写人员：龚　恺、朱光亚、薛　力、胡　石、
张　彤、王兴平、陈晓扬、吴锦绣、
陈　宇、沈　旸、曾　琼、凌　洁、
寿　焘、雍振华、汪永平、张明皓、
晁　阳

浙江卷编写组：

组织人员：江胜利、何青峰

编写人员：王　竹、于文波、沈　黎、朱　炜、
浦欣成、裘　知、张玉瑜、陈　惟、
贺　勇、杜浩渊、王焯瑶、张泽浩、
李秋瑜、钟温歆

安徽卷编写组：

组织人员：宋直刚、邹桂武、郭佑芹、吴胜亮

编写人员：李　早、曹海婴、叶茂盛、喻　晓、

杨　燊、徐　震、曹　昊、高岩琰、
郑志元

调研人员：陈骏祎、孙　霞、王达仁、周虹宇、
毛心彤、朱　慧、汪　强、朱高栎、
陈薇薇、贾宇枝子、崔巍懿

福建卷编写组：

组织人员：苏友佺、金纯真、许为一

编写人员：戴志坚、王绍森、陈　琦、李苏豫、
王量量、韩　洁

江西卷编写组：

组织人员：熊春华、丁宜华

编写人员：姚　赯、廖　琴、蔡　晴、马　凯、
李久君、李岳川、肖　芬、肖　君、
许世文、吴　靖、吴　琼、兰昌剑、
戴晋卿、袁立婷、赵晗聿

山东卷编写组：

组织人员：杨建武、张　林、宫晓芳、王艳玲

编写人员：刘　甦、张润武、赵学义、仝　晖、
郝曙光、邓庆坦、许丛宝、姜　波、
高宜生、赵　斌、张　巍、傅志前、
左长安、刘建军、谷建辉、宁　荞、
慕启鹏、刘明超、王冬梅、王悦涛、
姚　丽、孔繁生、韦　丽、吕方正、
王建波、解焕新、李　伟、孔令华

河南卷编写组：

组织人员：陈华平、马耀辉、李桂亭、韩文超

编写人员：郑东军、李　丽、唐　丽、吕红医、
黄　华、韦　峰、李红光、张　东、
陈兴义、渠　韬、史学民、毕　昕、

陈伟莹、张　帆、赵　凯、许继清、
任　斌、郑丹枫、王文正、李红建、
郭兆儒、谢丁龙

湖北卷编写组：

组织人员：万应荣、付建国、王志勇

编写人员：肖　伟、王　祥、李新翠、韩　冰、
张　丽、梁　爽、韩梦涛、张阳菊、
张万春、李　扬

湖南卷编写组：

组织人员：宁艳芳、黄　立、吴立玖

编写人员：何韶瑶、唐成君、章　为、张梦淼、
姜兴华、李　夺、欧阳铎、黄力为、
张艺婕、吴晶晶、刘艳莉、刘　姿、
熊申午、陆　薇、党　航

调研人员：陈　宇、刘湘云、付玉昆、赵磊兵、
黄　慧、李　丹、唐娇致

广东卷编写组：

组织人员：梁志华、肖送文、苏智云、廖志坚、
秦　莹

编写人员：陆　琦、冼剑雄、潘　莹、徐怡芳、
何　菁、王国光、陈思翰、冒亚龙、
向　科、赵紫伶、卓晓岚、孙培真

调研人员：方　兴、张成欣、梁　林、林　琳、
陈家欢、邹　齐、王　妍、张秋艳

广西卷编写组：

组织人员：吴伟权、彭新唐、刘　哲

编写人员：雷　翔、全峰梅、徐洪涛、何晓丽、
杨　斌、梁志敏、陆如兰、尚秋铭、
孙永萍、黄晓晓、李春尧

海南卷编写组：

组织人员：丁式江、陈孝京、许　毅、杨　海

编写人员：吴小平、黄天其、唐秀飞、吴　蓉、
刘凌波、王振宇、何慧慧、陈文斌、
郑小雪、李贤颖、王贤卿、陈创娥、
吴小妹

重庆卷编写组：

组织人员：冯　赵、揭付军

编写人员：龙　彬、陈　蔚、胡　斌、徐千里、
舒　莺、刘晶晶

贵州卷编写组：

组织人员：余咏梅、王　文、陈清鋆、赵玉奇

编写人员：罗德启、余压芳、陈时芳、叶其颂、
吴茜婷、代富红、吴小静、杜　佳、
杨钧月、曾　增

调研人员：钟伦超、王志鹏、刘云飞、李星星、
胡　彪、王　曦、王　艳、张　全、
杨　涵、吴汝刚、王　莹、高　蛤

云南卷编写组：

组织人员：汪　巡、沈　键、王　瑞

编写人员：翟　辉、杨大禹、吴志宏、张欣雁、
刘肇宁、杨　健、唐黎洲、张　伟

调研人员：张剑文、李天依、栾涵潇、穆　童、
王祎婷、吴雨桐、石文博、张三多、
阿桂莲、任道怡、姚启凡、罗　翔、
顾晓洁

西藏卷编写组：

组织人员：李新昌、姜月霞

编写人员：王世东、木雅·曲吉建才、格桑顿珠、
　　　　　群　英、达瓦次仁、土登拉加

陕西卷编写组：

组织人员：胡汉利、苗少峰、李　君、薛　钢

编写人员：周庆华、李立敏、刘　煜、王　军、
　　　　　祁嘉华、武　联、陈　洋、吕　成、
　　　　　倪　欣、任云英、白　宁、雷会霞、
　　　　　李　晨、白　钰、王建成、师晓静、
　　　　　李　涛、黄　磊、庞　佳、王怡琼、
　　　　　时　阳、吴冠宇、鱼晓惠、林高瑞、
　　　　　朱瑜葱、李　凌、陈斯亮、张定青、
　　　　　雷耀丽、刘　怡、党纤纤、张钰曌、
　　　　　陈　新、李　静、刘京华、毕景龙、
　　　　　黄　姗、周　岚、王美子、范小烨、
　　　　　曹惠源、张丽娜、陆　龙、石　燕、
　　　　　魏　锋、张　斌

调研人员：王晓彤、刘　悦、张　容、魏　璇、
　　　　　陈雪婷、杨钦芳、张豫东、李珍玉、
　　　　　张演宇、杨程博、周　菲、米庆志、
　　　　　刘培丹、王丽娜、陈治金、贾　柯、
　　　　　陈若曦、千　金、魏　栋、吕咪咪、
　　　　　孙志青、卢　鹏

甘肃卷编写组：

组织人员：刘永堂、贺建强、慕　剑

编写人员：刘奔腾、安玉源、叶明晖、冯　柯、
　　　　　张　涵、王国荣、刘　起、李自仁、

张　睿、章海峰、唐晓军、王雪浪、
孟岭超、范文玲

调研人员：王雅梅、师鸿儒、闫海龙、闫幼峰、
　　　　　陈　谦、张小娟、周　琪、孟祥武、
　　　　　郭兴华、赵春晓

青海卷编写组：

组织人员：衣　敏、陈　锋、马黎光

编写人员：李立敏、王　青、王力明、胡东祥

调研人员：张　容、刘　悦、魏　璇、王晓彤、
　　　　　柯章亮、张　浩

宁夏卷编写组：

组织人员：李志国、杨文平、徐海波

编写人员：陈宙颖、李晓玲、马冬梅、陈李立、
　　　　　李志辉、杜建录、杨占武、董　茜、
　　　　　王晓燕、马小凤、田晓敏、朱启光、
　　　　　龙　倩、武文娇、杨　慧、周永惠、
　　　　　李巧玲

调研人员：林卫公、杨自明、张　豪、宋志皓、
　　　　　王璐莹、王秋玉、唐玲玲、李娟玲

新疆卷编写组：

组织人员：高　峰、邓　旭

编写人员：陈震东、范　欣、季　铭、
　　　　　阿里木江·马克苏提、王万江、李　群、
　　　　　李安宁、闫　飞

主编单位：

中华人民共和国住房和城乡建设部

参编单位：

北京卷：北京市规划委员会

北京市勘察设计和测绘地理信息管理办公室

北京市建筑设计研究院有限公司

清华大学

北方工业大学

天津卷：天津市城乡建设委员会

天津大学建筑设计规划设计研究总院

天津大学

河北卷：河北省住房和城乡建设厅

河北工业大学

河北工程大学

河北省村镇建设促进中心

山西卷：山西省住房和城乡建设厅

山西省建筑设计研究院

北京交通大学

太原理工大学

内蒙古卷：内蒙古自治区住房和城乡建设厅

内蒙古工业大学

辽宁卷：辽宁省住房和城乡建设厅

沈阳建筑大学

辽宁省建筑设计研究院

吉林卷：吉林省住房和城乡建设厅

吉林建筑大学

吉林建筑大学设计研究院

吉林省建苑设计集团有限公司

黑龙江卷：黑龙江省住房和城乡建设厅

哈尔滨工业大学

齐齐哈尔大学

哈尔滨市建筑设计院

哈尔滨方舟工程设计咨询有限公司

黑龙江国光建筑装饰设计研究院有限公司

哈尔滨唯美源装饰设计有限公司

上海卷：上海市规划和国土资源管理局

上海市建筑学会

华东建筑设计研究总院

同济大学

上海大学

江苏卷：江苏省住房和城乡建设厅

东南大学

浙江卷：浙江省住房和城乡建设厅

浙江大学

浙江工业大学

安徽卷：安徽省住房和城乡建设厅

合肥工业大学

福建卷：福建省住房和城乡建设厅
　　　　厦门大学

江西卷：江西省住房和城乡建设厅
　　　　南昌大学
　　　　江西省建筑设计研究总院
　　　　南昌大学设计研究院

山东卷：山东省住房和城乡建设厅
　　　　山东建筑大学
　　　　山东建大建筑规划设计研究院
　　　　山东省小城镇建设研究会
　　　　山东大学
　　　　烟台大学
　　　　青岛理工大学
　　　　山东省城乡规划设计研究院

河南卷：河南省住房和城乡建设厅
　　　　郑州大学
　　　　河南大学
　　　　华北水利水电大学
　　　　河南理工大学
　　　　河南省建筑设计研究院有限公司
　　　　河南省城乡规划设计研究总院有限公司
　　　　郑州大学综合设计研究院有限公司
　　　　郑州市建筑设计院有限公司

湖北卷：湖北省住房和城乡建设厅
　　　　中信建筑设计研究总院有限公司

湖南卷：湖南省住房和城乡建设厅
　　　　湖南大学

湖南大学设计研究院有限公司
湖南省建筑设计院

广东卷：广东省住房和城乡建设厅
　　　　华南理工大学
　　　　广州瀚华建筑设计有限公司
　　　　北京建工建筑设计研究院

广西卷：广西壮族自治区住房和城乡建设厅
　　　　华蓝设计（集团）有限公司

海南卷：海南省住房和城乡建设厅
　　　　海南华都城市设计有限公司
　　　　华中科技大学
　　　　武汉大学
　　　　重庆大学
　　　　海南省建筑设计院
　　　　海南雅克设计有限公司
　　　　海口市城市规划设计研究院
　　　　海南三寰城镇规划建筑设计有限公司

重庆卷：重庆城乡建设委员会
　　　　重庆大学
　　　　重庆市设计院

四川卷：四川省住房和城乡建设厅
　　　　西南交通大学
　　　　四川省建筑设计研究院

贵州卷：贵州省住房和城乡建设厅
　　　　贵州省建筑设计研究院
　　　　贵州大学

云南卷：云南省住房和城乡建设厅　　　　　　西北师范大学
　　　　昆明理工大学　　　　　　　　　　　甘肃建筑职业技术学院
　　　　　　　　　　　　　　　　　　　　　甘肃省建筑设计研究院
西藏卷：西藏自治区住房和城乡建设厅　　　　甘肃省文物保护维修研究所
　　　　西藏自治区建筑勘察设计院
　　　　西藏自治区藏式建筑研究所　　　青海卷：青海省住房和城乡建设厅
　　　　　　　　　　　　　　　　　　　　　西安建筑科技大学
陕西卷：陕西省住房和城乡建设厅　　　　　　青海省建筑勘察设计研究院有限公司
　　　　西建大城市规划设计研究院
　　　　西安建筑科技大学　　　　　　　宁夏卷：宁夏回族自治区住房和城乡建设厅
　　　　长安大学　　　　　　　　　　　　　宁夏大学
　　　　西安交通大学　　　　　　　　　　　宁夏建筑设计研究院有限公司
　　　　西北工业大学　　　　　　　　　　　宁夏三益上筑建筑设计院有限公司
　　　　中国建筑西北设计研究院有限公司
　　　　中联西北工程设计研究院有限公司　新疆卷：新疆维吾尔自治区住房和城乡建设厅
　　　　　　　　　　　　　　　　　　　　　新疆佳联城建规划设计研究院
甘肃卷：甘肃省住房和城乡建设厅　　　　　　新疆建筑设计研究院
　　　　兰州理工大学　　　　　　　　　　　新疆大学
　　　　西北民族大学　　　　　　　　　　　新疆师范大学

目　录

Contents

上篇：四川传统建筑特征解析

第二章　汉族地区传统建筑风格分析

第三章　藏族地区传统建筑风格分析

第四章 羌族地区传统建筑风格分析

第五章　彝族地区传统建筑风格分析

下篇：四川传统建筑的现代传承

第六章　四川近现代建筑发展解析

前　言

Preface

四川地处中国西部，地理环境独特，人文背景深厚，文化传承久远，数千年来积淀了极其丰厚的传统建筑文化遗产，在中华传统文化宝库中占有重要的地位。现有传统建筑遗存早自3000多年前的广汉三星堆和成都金沙的宫殿遗址，近至明清的寺观宅院和移民会馆，类型众多，数量庞大，分布宽广，文化多元，无论是四川盆地的汉文化区域还是川西高原山地的藏族、羌族、彝族等少数民族聚居区，其城邑、场镇、村寨及其包含的形式多样的各种建筑，无一不体现出四川传统建筑与地域自然环境的密切关系和与各种人文因素的高度协调。在聚落选址与规划，建筑群体与单体，建筑元素与装饰以及与之密切相关的建筑材料选用、营造技术、建造工艺上，形成了成熟的建筑文化理念和相应的地区建筑体系，充分体现出当地先民"因应自然、利用自然、取自然之利，避自然之害"的"天人合一"思想和因地因境制宜，利用地方材料来营造城镇聚落及各种建筑的聪明才智。

本书本着"系统总结传统建筑精粹，传承传统建筑文化"的目的和宗旨，对四川传统建筑产生、形成、发展的自然环境、社会历史和人文背景作了全面的概述，并在此基础上分汉族地区和藏族、羌族、彝族等少数民族地区，深入细致地分析梳理了上述各个区域传统建筑的风格特征，以期提取出四川传统建筑的地域特点和内在基因，为传统建筑精髓的永续传承和现代地域主义建筑的创作发展提供"芯片"和"种子"。

对传统的深入解析是为了在当下和今后建筑创作中更好地传承，是为了蕴含在传统建筑中的中华文明智慧光芒传之久远。所以本书按编撰规定分为上、下两篇。上篇为四川传统建筑特征解析，下篇为四川传统建筑的现代传承。回顾中国建筑从传统走向现代的一百多年，从最早接受西方建筑教育的中国第一、第二代建筑师开始，就一直在探索基于现代科学技术而又具有中国传统文化特色的现代中国建筑，四川曾经布满了他们探索的足迹和创作的众多经典作品，他们开拓了传统建筑现代化传承和现代地区建筑的创作道路。改革开放以来，特别是国家西部大开发战略推进以后，四川建筑创作迎来了前所未有的黄金时期，随着大批建设项目的涌现和中青年建筑师的快速成长，对传统建筑现代传承的理念与思路也与时俱进、不断更新。

本书下篇通过对四川建筑近现代发展的简略回顾并结合四川近30年的创作实践，提出了四川传统建筑现代传承的脉络与手段，具体对应为自然环境的适应、城市文脉的延续、建筑形态的传承、符号与意向、功能与空间发展、材料与建构六个方面。这较之最初的"民族形式，现代功能"和后来的"形似与神似"以及"建筑要素和符号运用"又有新的推进，提供了更为灵活宽泛的传承思路与综合多元的传承手段。希望这些新的思路和手段可以作为建筑工作者特别是建筑设计师建筑创作的参考和借鉴。

　　本书不足和错漏之处，敬请读者批评指正。

第一章 绪论

四川省地理文化分区概述

四川省简称"川"或"蜀"。地处长江上游的中国西南地区，东经97°21′～108°31′和北纬26°03′～34°19′之间，东西长1075公里，南北宽900多公里，面积48.5万平方公里，与重庆、陕西、甘肃、青海、云南、贵州和西藏自治区接壤。

四川位于中国大陆地势三大阶梯中的第一级和第二级，境内地形复杂多样，地势西高东低，是我国地势起伏变化最显著的省区之一。境内以山地为主，有高原、山地、丘陵、平原4种地貌类型，分别占全省总面积的77.1%、12.9%、5.3%和4.7%[①]。大致东部为四川盆地，海拔300～800米，盆地边缘地区以海拔1000～3000米中低山为主；川西北高原属于青藏高原东南缘和横断山脉的一部分，平均海拔3000～5000米，分为西北高原和西部山地两部分；川西南地区位于横断山系中段，为中山峡谷地貌，山地海拔多在3000米左右。全省地形可分为三大部分：四川盆地及边缘山地，川西北高山高原地区，川西南山地区。

四川是多民族聚居的省份，主体民族是由古代多民族融合而成的汉族，此外还有55个少数民族，其中世居少数民族有彝族、藏族、羌族、苗族、回族、土家族、傈僳族、纳西族、蒙古族、满族、布依族、白族、傣族、壮族14个。据2010年第六次人口普查统计，四川常住人口8041万，其中少数民族人口490.8万，占全省总人数的6.1%。四川主要由聚居的汉族、彝族、藏族、羌族

---

① 资料来源：《四川年鉴》2014卷，引自http://www.sc.gov.cn

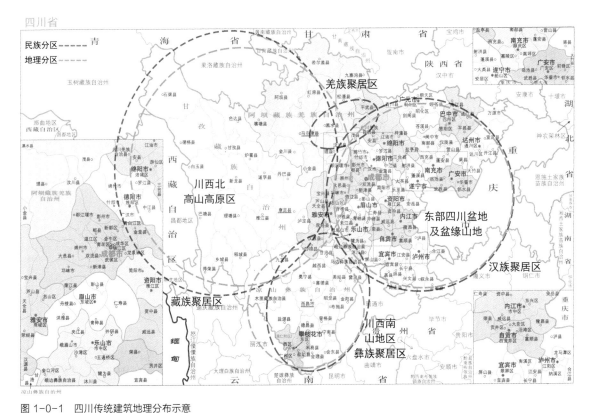

图 1-0-1　四川传统建筑地理分布示意
（来源：何龙　改绘自中华人民共和国民政部编. 中华人民共和国行政区划简册2014. 北京：中国地图出版社，2014.）

组成，是我国最大的彝族聚居地，全国第二大地区，中国唯一的羌族聚居区。
汉族主要聚居于东部的四川盆地及边缘山地区，藏族、羌族主要聚居于西北部
高原地区，彝族聚居于川西南山地区。这四个民族历史文化背景不同，人们聚
居生活在不同地理气候环境的区域，在古巴蜀文化、移民文化、民间信仰与宗
教文化、民族文化习俗等多种因素的影响下，各自独立发展，逐渐形成自成一
体的建筑风格。境内散居的其他少数民族，在与聚居区域主要民族的长期文化
交融中，除还部分地保持本民族生活习俗外，建筑营造方式与形式风格大多融
入所处地域文化当中。独特的自然与人文背景，孕育出四川传统建筑类型丰富
多样、地方风格鲜明的特色。（图 1-0-1）。

第一节　汉族地区

一、自然环境

四川汉民族主要分布于四川东部的盆地及边缘山地地区。四川盆地面积16.5万平方公里，约占四川省总面积的33%，是我国四大盆地之一，北有秦岭，东为米仓山、大巴山，南部大娄山，西北部邛崃山、龙门山，四周山岭环绕，地势由北向南倾斜。盆地西部为富饶的成都平原，主要的农业生产地；东部为平行岭谷区，分别为华蓥山、铜锣山、明月山；中部为方山丘陵区，海拔400~800米，地形较为丰富，岷江、沱江、涪江、嘉陵江从北部山地向南流入长江。盆地底部平原地区地势低平，周边多起伏山脉，河流纵横贯穿，山地地貌是最突出的地貌特征。

四川盆地属亚热带湿润季风气候。四季分明，雨量充沛，年平均气温14℃~19℃，高于中国同纬度的其他地区。冬季霜雪少，春季干旱，夏季湿热，秋季多雨水，雨季集中在5月至9月，大部分地区年降水量900~1200毫米。长江沿岸气温偏高，盆周山地气温较盆地内低，降雨较多，如有"雨城"之称的雅安年降雨量达到1500毫米以上。因相对湿度长期保持在85%以上，雨热同期，自然通风和避潮除湿是房屋营建必须考虑的问题。盆地内年日照量只有900~1500小时，是全国最少的地区之一。风小、云雾多、日照少的环境，使得建筑对朝向选择的要求不太讲究。

由于盆地内霜雪少见，云雾天气占据全年大部分时间，反而成就了适宜农作物生长的优势，植被资源丰富。气候适宜、土地肥沃的良好自然条件，吸引人们在此聚居，盆地聚集了本省约90%的人口，成为人口最稠密的地区，被称为天府之国（图1-1-1）。山石、河沙、黏土、林木为建造房屋提供了随处可取的建筑材料。当地的气候和地理环境决定了建筑物以灵活的穿斗木架、深远挑檐、轻薄开敞、小巧天井等为主要特征。

此外，四川盆地内河渠密布，很多传统场镇或民居选

图1-1-1　成都平原田园风光（来源：http://danzhou.hinews.cn/system/2013/09/05/016012881.shtml）

图1-1-2　傍水而居的传统聚落——五凤溪（来源：五凤镇房管所提供）

择依山傍水而聚居，既适宜居住生活又兼顾农耕生产（图1-1-2）。

二、社会历史

据考古资料证明，两百多万年前的旧石器时代早期，四川便开始有了人类活动。距今4000~5000年前，成都平原地区以古蜀族为中心建立的蜀国，是长江上游区域文化的起源中心，其中广汉三星堆和成都金沙遗址，是古蜀国政治经济和文化中心。

在夏商之际，蜀人部落从今茂县一带迁徙至成都平原，历经蚕丛、柏灌、鱼凫三代蜀王之后，大约相当于中

原西周末期，杜宇王朝建立，其间蜀国都城迁至郫邑（今郫县），其势力基本覆盖了整个四川盆地。至春秋早期，鳖灵建开明王朝，定都于广都（今双流），开明九世开始仿效华夏礼乐制度，并把都城迁往成都。成都十二桥商周时期干阑木结构居住建筑遗址，已具有了后世四川民居的雏形，反映出川西平原当时的一种典型居住形态（图1-1-3）。此时，在今四川东北部和重庆地区，以古巴族为中心建立的巴国，也进入了大发展的时期。战国末期，巴国为楚所攻伐，最后定都阆中。巴、蜀长期为近邻，巴文化与蜀文化相互影响、渗透，渐趋同一，最终形成后世所称的"巴蜀文化"。公元前316年，秦国灭巴蜀后，置巴、蜀二郡，筑城移民。秦昭王时，蜀郡太守李冰兴修都江堰水利工程，疏通检、郫二江（今南河、锦江），使得成都平原日渐富饶。

西汉元封五年（公元前106年），巴、蜀二郡划入全国十三州之一的益州，四川地区社会、经济、文化迅速发展。诸葛亮在《隆中对》中称"益州险塞，沃野千里，天府之土"，其繁华程度超过关中地区而被誉为"天府之国"。汉代文翁兴学倡教，促进了巴蜀建筑文化的发展，出土的汉代画像砖记载了四川汉代建筑的特征和地方风格（图1-1-4）。东汉末刘备入西川后在成都称帝，史称"蜀汉"（221年~263年）。蜀汉疆域包括今重庆、四川、云南大部，贵州全部，陕西和甘肃省小部分，形成魏、蜀、吴三国鼎立的局面。

至隋开皇元年（581年）四川并入隋朝版图。618年唐朝建立后，属剑南道及山南东、西等道。隋唐时期，四川地区社会安定，经济逐步发展而进入全盛时期，有"扬一益二"之说。安史之乱时，唐玄宗曾入蜀避难。公元907年，王建、孟知祥先后在四川地区建立起前蜀、后蜀政权。这一时期由于没有卷入中原争斗，采取休养生息政策，四川一度成为全国最为繁荣的地区。

北宋咸平四年(1001年)，蜀地分为益州（今成都）、梓州（今三台）、利州（今广元）、夔州（今奉节）四路，称为"川峡四路"，简称"四川路"，从而得名"四川"。

南宋全盛时，川峡四路的人口占南宋全国的23.6%，经济总量占南宋全国的四分之一，军粮占三分之一，是南宋经济发展水平最高的地区之一。元初四川地区长达半个世纪的战乱，使经济遭到巨大破坏。

元至元二十三年（1286年），设"四川行中书省"，简称"四川行省"，此为四川建省之始。同时对州县大加

图1-1-3　十二桥出土商代干阑建筑复原图
（来源：《四川省志·建筑志》）

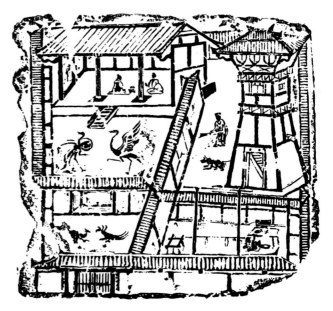

图1-1-4　成都出土汉代画像砖上院落式住宅
（来源：《中国古代建筑史》）

减并，基本形成如今县城的分布格局。明洪武四年（1371年），四川辖区的地理范围除现在的重庆市、四川省外，还包括今贵州省遵义和云南东北部及贵州西北部。明末张献忠率军入川，建立"大西"政权（1644年～1646年），将成都作为政权中心，定名西京。

清初分全国为18行省，并对川、滇、黔三省边界进行较大调整，基本确定了现在四川的南部省界。清中叶，在府、州、厅、县之上，增设五道，即：成绵龙茂道、建昌上南道、川南永宁道、川北道、川东道，以道辖该地区的府、州、厅、县。清朝入关后，四川一直处于战乱之中，直至康熙二十年（1681年）才趋于稳定。元初和明末，四川地区在空前的两次战乱下，人口锐减，经济凋敝。于是，在明初与清初两次由朝廷推行的大规模的移民运动，史称"湖广填四川"。两次移民运动使人口缺乏的四川获得大批劳动力，社会经济得到迅速恢复，粮食产量居全国第一，且移民富有进取性，带来了开拓坚毅的积极民风。

三、人文环境

四川是中国文明的重要起源地之一。四川盆地自然地理环境的封闭围合，对外交通联系不便，使得其源于本土的巴蜀文化有着不同于其他地方的独特之处。夏商时代为神权文明，西周至春秋战国为礼乐文明。秦灭巴蜀后，巴蜀文化逐步转型为中原文化的一支地域亚文化。汉魏之际是道教的发源地，隋唐五代为文学繁荣之地，佛教广泛传播和发展，宋代经济发展出现了最早的纸币"交子"。历史上水利工程、盐井技术等科技也很发达。四川的语言文化、戏曲文化、茶文化、酒文化、饮食文化、织锦文化、盐文化等都具有浓郁的地方特色。

自秦汉以来实行的移民政策推动着巴蜀文化的转型，随着历代南北各省移民的入川，带来的异地建筑特征不断渗入本土文化。一方面各地文化融于一炉，使得当地建筑形式与营建技术得以兼收并蓄，另一方面建筑上多元文化并存，使得不同移民的聚居处因所属原籍的不同而呈现出各自的差异。会馆、书院、祠庙、戏楼等公共性质的建筑大量出现。

因多次移民的影响，其本土文化不断融入中原、南方文化，逐渐发展演变，最终形成本地区传统建筑的地域特色，成为荟萃型的建筑风格。特别是明末清初的大规模移民带来了各处的原乡文化，如"湖广文化"、"中原文化"和"客家文化"等，并分散式地与四川地区所有的本土文化相互融合，渐渐形成具有四川地域特色的传统文化。而相对其他移民来说，客家人非常善于保持自己民系的纯粹性，其住宅也较完整地保持了原型。现在还能看到典型的不同于本土传统民居的客家住宅。近代时期，由于中西文化的交融，带来了新的观念，出现新材料、新技术、新形式的公馆建筑。

第二节　藏族地区

一、自然环境

四川藏民族主要聚居于甘孜藏族自治州、凉山彝族自治州的木里藏族自治县、阿坝藏族羌族自治州的大部分地区，面积24万余平方公里。其他，如凉山州的冕宁县、盐源县，雅安地区的宝兴县、石棉县，绵阳平武县的部分地区也有分布。四川藏族人口149.7万，为全国第二大藏区。区域地处青藏高原东南缘和横断山脉的一部分，分为川西北高原和川西山地两部分，是青藏高原向云贵高原和四川盆地的过渡地带和结合部，地势西北高东南低，平均海拔3000～5000米。境内多高山大川，有沙鲁里山、金沙江、雅砻江、大雪山、大渡河、邛崃山、岷山、岷江等呈南北走向穿越而过，地域差异明显。其中大雪山主峰贡嘎山海拔7556米，是四川最高峰，号称"蜀山之王"。

甘孜州和阿坝州北部地区，海拔3500～4800米，主要为高原山原和丘原地貌，丘谷相间、排列稀疏，广布沼泽，地势较为平缓，如石渠县、色达县、壤塘县、阿坝县、红原

混交林、温带针阔混交林、寒带针叶林，到高山草甸、灌木，垂直分布的各种类型带明显。多样性的环境为藏族建筑提供了丰富的建房材料。这里也是灾害频发区，三条地震活动带——鲜水河、理塘河、巴塘河断裂带贯穿甘孜州，同时东部地区又处于四川省三大地震断裂带——龙门山、鲜水河、安宁河的复合地带，因此发生的地震频次多、强度大，而特殊的地理环境条件也造就了四川藏区独具特色的建筑体系。

图1-2-1 四川藏区人居环境（来源：陈颖 摄）

县、若尔盖等地，以草原牧区为主，兼有半农半牧区。西部横断山脉高山峡谷区以及河谷地区为主要农业区，少量半农半牧地区（图1-2-1）。

复杂的地形地貌造就了四川藏区多样的气候环境。西北部的丘状高原属大陆高原性气候，四季气温无明显差别，冬季严寒漫长，夏季凉寒湿润。山原地带为温凉半湿润气候，夏季温凉，冬春寒冷，干湿两季分明，高山潮湿寒冷，河谷干燥温凉。高山峡谷地带，随着海拔高度的变化，气候从亚热带到温带、寒温带、寒带，呈明显的垂直性差异，故人们称之为"一山有四季，十里不同天"。海拔2500米以下的河谷地区降水集中，成为干旱、半干旱地带，年平均气温在10℃～16℃；海拔2500～4100米的坡谷地带是寒温带，年平均气温低于10℃；海拔4100米以上为寒带，终年积雪，长冬无夏。

气候特点总体上是以寒温带气候为主，山地湿冷，河谷干暖，降水量少，日照丰富。雨季主要集中在5～9月。气温自东南向西北随海拔由低到高而相应降低。降水量东南部最多，逐渐向西北部递减，全年降水量一般是500～900毫米，年日照时数约2000～2500小时。

境内地势起伏较大，河流众多，水力资源丰富。横断山脉地区是全国三大林区之一的西南林区所辖范围，森林资源丰富，从中亚热带常绿阔叶林、北亚热带常绿和落叶

二、社会历史

现今的四川藏区历史悠久，从甘孜州炉霍县旧石器晚期遗存、岷江流域的新石器时代文化遗存，以及丹巴罕额依"石砌房屋"遗址可知，距今约五千年前的新石器时代晚期，这里的先民们已经开始农耕生产、定居生活和用石块砌筑房屋的营造活动。

春秋战国时期，迫于秦国势力的扩张威胁，一部分西北氐人向西南迁徙，进入四川藏区后留在此处繁衍生息，与当地土著先民交往融合。至秦汉之际，牦牛羌、冉駹夷等氐、羌部落同居于此地域，形成"六夷、七羌、九氐"的杂居局面。《后汉书·西羌传》载，羌人"畏秦之威，将其种人附落而南，出赐支河曲西数千里，与众绝远，不复交通。其后子孙分别各自为种，任随所之，或为牦牛种，越嶲羌是也；或为白马种，广汉羌是也；或为参狼种，武都羌是也"。牦牛羌主要居住在今甘孜州和凉山州北部安宁河、金沙江以至雅砻江流域一带，白马羌和参狼羌居于今阿坝州的东北部南坪、松潘、绵阳地区西北部及甘肃的武都南一带。公元6～7世纪时又逐渐演化为"西山八国"诸部，此时四川藏区进入奴隶制社会。

秦汉时期四川藏区被中央王朝纳入建置，设立郡县，行使管辖。秦设湔氐道，统辖今松、茂、汶、理、北川、都江堰、彭州。西汉置汶川郡、沈黎郡、汉嘉郡，后废郡改置县，其中牦牛县在现泸定以北地区称"牦牛徼外"。

后吐蕃王朝向东扩张，灭掉附国、党项、白狼、嘉良

诸羌部落，到公元8世纪末，整个四川藏区被吐蕃统领，原驻守川西和甘青地区的吐蕃军队、随军奴隶和吐蕃移民留居当地，逐渐与当地氐羌人交往融合，形成一个以吐蕃文化为主兼收氐羌各部文化的独具地域与语言特色的藏族。而另有部分古羌人自秦汉时就在岷江上游定居发展，由于所处地区地势险峻、交通闭塞，其古老文化得以保留至今，成为今日之羌族。

唐代，中央王朝仍在黎（今汉源一带）、雅（今雅安、天全一带）、松（今阿坝州松潘一带）、茂（今阿坝州茂县及汶川一带）设置百余个羁縻州，以示管理。

宋袭唐制。宋朝将"茶马互市"作为维系同藏族各分散部落友好关系和羁縻统治的重要经济手段，迅速发展，密切了藏区同中原的政治联系。

元代，中央政府为加强对藏区的统治，设立宣政院，统管佛教与藏区军民事务，推行土司制度。除在雅州置碉门鱼通黎雅长河西宁远等处宣慰司（后改吐蕃等路宣慰司），辖鱼通、长河西两个万户府外，又于甘孜州北部置朵甘思宣慰司都元帅府，统辖安多、康巴地区。

明仍袭元制，继续推行土司制度。明代中叶，藏、汉间的"茶马互市"中心由黎州移至碉门。此时由川至藏驿道已通，贡使往来不断，藏区与中原地区交往频繁。清代，四川藏区土司制度发展达到高潮，先后设置大小土司200多个，其中甘孜州境内(除色达县)就有土司120多个。19世纪末20世纪初，清政府在四川藏区实行大规模的"改土归流"政策，但流官制度未能巩固，土司制度在一定程度上得以保留，一直延续到新中国成立初期才被废除。

民国之初改厅州为县，在阿坝州设松理懋茂汶屯殖督办公署，后改为四川省第十六行政督察区，辖松潘、茂县、汶川、理县、懋功（今小金）、靖化（今金川）6县及草地65部、20个土司、11个屯守备。将甘孜地区（康区）划为川边特别行政区，后改为西康特别行政区，1939年成立西康省政府，省会康定，辖康（包括昌都）、宁（西昌）、雅（雅安）三属。而木里县一直为木里安抚司（后加封为木里宣慰司）所辖。

三、人文环境

四川藏区在古代历史上是横断山系民族走廊的主要地段和区域，是民族迁移、分化、演变的大通道。唐之前部落、部族众多且交错杂居，带来相互的文化碰撞与交融，唐之后随着吐蕃势力的东渐，吐蕃文化大面积覆盖该地区，民族融合促成了文化融合。另一方面，历史上该地区部落文化十分发达，一直到吐蕃王朝崩溃，依然如此。元代以来，历代中央王朝虽然在区内推行土司制度，但都是建立在部落文化基础上的。仅藏族就有康巴藏族、安多藏族、嘉绒藏族、木雅人、西番人、鱼通人、扎坝人等许多分支，虽然都属于藏族，但他们的族源、语言、服饰、歌舞等又各不相同。这种历史形制、文化形态也在民居建筑中表现出来。

四川藏区的传统宗教文化源自自然崇拜的民间信仰，公元7世纪随着苯教的传入，原始信仰很快融入苯教之中，成为藏族地区的原始宗教。8世纪中叶后佛教开始从吐蕃本部向康藏地区传播，特别是藏王毁灭佛法时期，西藏境内僧众纷纷逃往四川避难、学经，使得藏传佛教传入并在四川得到发展，日益兴盛，成为藏民族的主要宗教信仰。藏传佛教寺院作为一种新的建筑类型，大约在12世纪中叶以后开始在四川藏区兴起。对山、水、日月和图腾崇拜的原始信仰，以及藏传佛教的宗教信仰，在聚落格局、建筑的构成要素以及装饰上都有体现。

这一地区也是西藏地区与内地经济、文化交流往来的主要通道。茶马古道是汉藏"茶马互市"的交通纽带，以雅安为起点，自康定起分为南、北两条支线，又于昌都合并通向卫藏地区。川藏线是茶马古道所经的重要区域，随着茶马贸易的发展，历代中央政府驿站、兵站、粮台的设置，川藏道同时成为官道。汉藏商贾频繁往来，汉族人及其他民族的相继迁入，带去内地的工匠技术和文化，使四川藏区呈现出地域传统文化的传承发展与外来文化交融共生的多元化面貌。汉文化的道观、祠庙、会馆建筑，回族伊斯兰教清真寺以及外来的基督教和天主教教堂等，散布于传统的藏族聚落中（图1-2-2～图1-2-4）。

图1-2-2　理塘县藏传佛教寺院（来源：陈颖 摄）

图1-2-3　康定县清真寺（来源：汪婧 摄）

图1-2-4　小金县天主教堂（来源：陈颖 摄）

第三节　羌族地区

　　羌族主要分布在四川省阿坝藏族羌族自治州的茂县、汶川县、理县、松潘、黑水等县以及绵阳市的北川羌族自治县、平武县，其余散居于甘孜州丹巴县、都江堰市、雅安青衣江一带的部分地区。贵州、甘肃、陕西等地也有少量。四川羌族人口30.08万（2000年），占羌族总人口的98.26%。

　　参考人文学者的成果，通过实地调研羌族各个方向的边界地区的语言、服饰、祖先传说、建筑形态，确定四川羌族聚居区域界线为南至阿坝州汶川县绵虒镇，北至阿坝州松潘县埃期沟，东至绵阳市平武县平南羌族乡，西至阿坝州理县浦溪乡(图1-3-1)。

一、自然环境

　　羌族所在地位于青藏高原与四川盆地之间，是高海拔与中海拔的过渡带，海拔高度在其间陡降2200米左右，水力资源丰富，但地形坡度大，生存环境并不优越。境内受大面积区域变质作用，部分地方并伴有花岗岩浆侵入，岩石破碎，深度变质，断层发育，地震多发（1933年叠溪地震7.5级，1976年松潘平武地震7.2级，2008年汶川地震8.0级）。

　　羌区西部属于岷江上游，小姓沟、黑水河、杂谷脑河汇入岷江；东部属于涪江上游。羌族聚落主要依托更次级的溪流而建。境内群山连绵，峰峦叠嶂，山高坡陡。境内岷江上游属于干热河谷，两岸植被破坏，岩石裸露。境内常年有山崩、滑坡地裂、泥石流等发生（图1-3-2～图1-3-5）。

二、社会历史

　　古代的羌人，在以青海湖为中心的青藏高原北部辽阔的旷野上以游牧为生。至今，藏北高原还被称为"羌塘"。青藏高原气候酷寒，植物生长期极短，原始石器难以在冻土带

图1-3-1 四川羌族聚居区域示意（来源：李路 改绘自中华人民共和国民政部编.中华人民共和国行政区简册2014.北京：中国地图出版社，2014.）

图1-3-2 岷江河谷景观（来源：李路 摄）

图1-3-3 境内雪山（来源：李路 摄）

图1-3-4 俯瞰岷江河谷（来源：李路 摄）

图1-3-5 经常塌方（来源：李路 摄）

开创以农业为主体的文明。所以，那里的人群在很长的历史时期中，一直保持着逐水草而居的游牧状态，不少地区仍延续至今。

驯化野羊是第一项伟业。其实"羌"字本身最能反映羌族的原始文化，《说文·羊部》解释："'羌'西戎牧羊人也。从人，从羊；羊亦声。" 即羌族是起于中国的西部，以养羊为特色的民族。《羌族史》叙："实际上羌和姜本是一字，'羌'从人，作为族之名，'姜'从女，作为羌人女子姓"。

"羌"的称谓从3000年前的甲骨文到如今的汉字中，都保留了西土牧羊人的羊首人身的图腾徽记。这一原始观念在氐羌文化、华夏文化中影响极为深远。今天的汉语言文字及民俗生活里，其痕迹随处可见。如自周代开始，人们相互问候曰"无恙"，羊在心上，足见其神圣珍贵；在汉字中，"羊"就是吉祥的"祥"；羊口为"善"；羊大为美；鱼羊为鲜……

其后，羌人驯服了高原之王野牦牛。牦牛羌部在战国秦汉间，成为西起江河之源，东抵成都平原间的最大族系，成为后世诸多西南氐羌系民族的主要先民。

氐，即"低地之羌"，是从青藏高原进入东部较低海拔地区以后发展出定居的农业文明的一支羌人。羌族炎帝部落最早"由羌入氐"，是粗耕农业的开创者，故为农神。

羌族一部分进入中原地区，与其他族群一起形成华夏族。未进入中原的羌族人，依然过着游牧生活，发展水平较低，其后裔成为殷商时期的羌人。根据甲骨文的记载，在殷商时期羌族活跃在西北高原上。商朝初年，羌族和商王朝关系密切。但商王朝为了掠虏奴隶，不断对羌族大举用兵。甲骨文中，有"用氐羌"、"氐羌用"（氐即氐），这是商朝以俘获的氐羌为祭品的卜辞。

羌人中的姜，对周人影响很大。周王朝分封了不少姜姓诸侯国。

秦献公时，西北羌人繁衍日众，兼之秦国势力威胁追击，羌人被迫大规模向西南迁徙。秦国征服这些地区的羌人花了近三百年的时间。

汉代羌族人一部分生活在陇西外，大部分散布于长城以西，特别是河湟地带。各部落数相攻掠，战端频仍。而在今天的四川西部和甘青交界处，同样是羌族的大本营，有牦牛羌、白马羌、参狼羌、青衣羌等。为了加强对羌人的统治，汉王朝在今岷江上游设汶山郡，郡治绵篪县（今四川汶川县绵池）。东汉以后，西北羌人大量内迁，多次发生武装反抗。三国时期魏、蜀、吴三大政权大量调征羌人为军，纷纷招诱和强制北方羌人内迁。

在魏晋南北朝民族大融合的时期里，羌族与汉族同化的程度也加深了。

唐代的"西山"为成都平原以西，岷江上游诸山的统称，即今四川阿坝州及其以西一带。当时这里聚居着众多的羌人部落，由于地处唐王朝与吐蕃交往的要冲，成为双方争夺的目标。

到了宋代，我国境内的羌人，除在岷江上游还有一些聚居的村寨继续保持着羌族的基本特点外，其他地区的羌人大都发展为汉藏语系藏缅语属的各族或者先后融合于汉族及其他民族之中。今天的羌族是古代羌支中保留羌族族称以及部分传统文化的一支。

三、人文环境

（一）宗教与信仰

羌族的宗教信仰属于多神崇拜的原始宗教信仰，以自然崇拜和祖先崇拜为主。在羌族人的世界中，自然的一切都有灵魂，都是崇拜的对象。同时，羌人在长期交流中也受到周边多个民族文化的影响，表现出信仰的多元性。

羌族人信仰的神中地位最高的是天神，其次是山神、地神、寨神、家神、羊神、树神等。而与人们生产生活关系密切的其他自然物，也都可以被供为神灵。众神都以白石为象征。但"白石"并非"白色的石头"，凡非供神之地的白石就是天然石，而供奉在神位上的白石则为神灵的象征。比如：供奉在屋顶上的白石代表天神；火塘旁的白石代表火神；林旁岗上或山顶上立的白石代表山神（图1-3-6，图1-3-7）。

图1-3-6　女儿墙上的白石（来源：李路 摄）

图1-3-7 门上的白石（来源：李路 摄）

驱邪的释比   祭山的释比   86岁的羌族大巫

图1-3-8 羌族的释比（来源：《蜀西岷山——寻访华夏之根》）

众神以白石为象征的原因可以从三个古代传说中反映出来：①远古时天地一片漆黑，人类生存困难，羌族英雄"燃比娃"历尽艰险，偷入天庭，学到了用白石相击取火的方法，使人类得以生存。②《羌戈大战》中写到，羌族在被迫逃离康青藏高原向西迁徙时，受到敌人的追赶。幸得天女"木吉珠"用白石化为大雪山（岷江上游的雪山），阻挡了敌兵，羌人方得以安居。③《羌戈大战》中还写到，羌族人来到岷江上游地区后，与当地土著——戈基人发生战争，也是因为得到天神的指点，用白石代替雪团打败了戈基人，成为这片土地的真正主人。

白石崇拜进一步证明了羌族人与青藏高原的渊源和关系。正是因为生活在青藏高原上的古羌人对四周连绵的雪山的膜拜，才有后来岷江上游羌族人对白石的崇拜。

羌族传统民居的主室是最主要的生活空间，主室一角的

"角角神"位供奉"天地君亲师"。接近汉族的地方，"天地君亲师"神位被安置在堂屋正中的墙上。羌族聚落里可见"泰山石敢当"，大门两侧贴对联。这些现象都反映出汉文化对羌族的辐射。

而接近藏区的羌族民居在形态上与附近藏族民居相似，并且也有经幡装饰，体现了藏族文化的影响。

羌族没有文字，一直以来，端公（又称释比）是本民族历史的记忆者、文化的传承者和信仰的守护人。他们是部族中集原始文化之大成者，世代相传，在羌民中的地位极高。羌寨中凡祭山、还愿、治病、婚礼等，均必由释比主持（图1-3-8）。

源于自然崇拜的羌族神林文化具有强烈的生态意识，至今仍流行着"顶大顶大的是天地，天地之后排神林"的古歌。各寨均有自己划定的"神树林"，树林边沿有祭祀的神台。释比的祭山仪式就在神台下举行，之后羌人载歌载舞，这是他们的节日。

羌族民间文学极为丰富，著名的叙事长诗《木吉珠与斗安珠》和《羌戈大战》，不仅是民族史诗，更是珍贵的文化瑰宝。《洪水朝天》、《开天辟地》等民间故事更反映出羌族独特的审美观和艺术观。

影响羌族宗教的外来宗教主要包括：汉地佛教、汉族民间信仰、藏传佛教、天主教、基督教。明代以前，羌族茂县地区即有庙宇出现，但大多数庙宇建于清朝乾隆以后，许多庙会也随之兴起。藏传佛教是由藏族土司统治羌族部分地区

图1-3-9 通化乡白空寺残垣（藏传佛教）（来源：李路 摄）

图1-3-11 收玉米（来源：李路 摄）

图1-3-10 萝卜寨龙王庙（汉人民间信仰）（来源：李路 摄）

时带入的，在羌区的影响程度各有不同。天主教在1898年传入茂县。如今，羌区的天主教堂全部被毁坏，汉式庙宇也仅存少量（图1-3-9，图1-3-10）。

（二）生产生活

古代羌族最大的特点是在其社会组织中女性占中心地位所持续的时间很长。从猎业发展起来的羌族，直到公元8世纪以前，都一直保持着以女性为中心的社会制度。羌族妇女可继承财产、招赘夫婿、主持家庭的生产生活。

目前，羌族以农业生产为主，种植玉米（图1-3-11）、马铃薯，栽培苹果、樱桃、李子等经济林，田坎遍植的花椒树也是一项重要收入。

图1-3-12 猪膘（来源：李路 摄）

羌民平时很少吃新鲜猪肉，一般在冬至后杀猪，猪肉切成长条挂在灶房房梁上，以烟熏干成"猪膘"（图1-3-12），颜色熏黄为好，传统的观念是这种"猪膘"存放得越久越好。

无论男女老少，均喜饮用自家酿的青稞、大麦制成的咂酒。饮用时启坛注入开水，插上细竹管，轮流吸吮。

在节日、婚庆时，跳锅庄（围着篝火，排成圆圈起舞）是最热闹的环节，其景象与先祖马家窑文化陶盆上的舞蹈图案出奇的一致。这样热闹的舞会上，咂酒当然必不可少。

第四节　彝族地区

一、自然环境

彝族大致居住在东经98°～108°、北纬22°～29°之间的西南地区山岳地带，面积约50万平方公里。四川彝族主要聚居于川西南凉山彝族自治州，乐山峨边彝族自治县、马边彝族自治县，攀枝花市郊区及米易县、盐边县雅安的汉源县、石棉县，甘孜州的泸定县、九龙县等地区。

四川彝族地区位于横断山系中段，属于中山峡谷型地貌，山地海拔多在3000米左右，个别山峰海拔超过4000米。境内群峰叠翠，主要山脉有小凉山、锦屏山、小相岭、大凉山等，金沙江、大渡河、雅砻江穿越而过。东部的大凉山山地为山原地貌，山原顶部海拔为3500~4000米；北部为大风顶，南部为黄茅埂。中部的安宁河谷为平原，面积约960平方公里，是省内第二大平原。山区和半山区及河谷地是彝族的主要聚居地带。

四川彝族地区属于亚热带半湿润气候区。全年气温较高，四季不明显。日温差大，早寒午暖，年温差小，年均

气温12℃～20℃。云量少，晴天多，日照时间长，年日照时间为2000~2600小时。降水量较少，干湿季分明，全年有7个月为旱季，年降水量900~1200毫米，90%集中在5—10月。河谷地区受焚风影响形成典型的干热河谷气候。山地形成显著的立体气候，[①]往往山头白雪皑皑，山下绿草茵茵，可谓"一山分四季，十里不同天"。少数海拔3000米以上的地区属高寒地区，冬季寒冷、夏季凉爽。

独特的地理环境和气候条件，加上几千年的民族习俗文化特点，彝族形成的生产生活方式为牧业结合农耕的方式，以分散结合群居为特点。

二、社会历史

彝族是西南边疆的一个古老民族，具有悠久的历史文化。两千多年以前，他们的祖先便生息繁衍于四川安宁河流域、金沙江两岸和云南滇池和哀牢山等地区。今他们的活动范围主要分布在云南、四川、贵州、广西四省区的广大地区，人口约800万，居全国少数民族的第8位。

中国历史上称彝族为"夷"，后有"罗罗"、"倮罗"等称谓。新中国成立后民主改革时期根据彝族人民的意愿和历史沿袭的称谓，改"夷"为"钟鼎之彝"之"彝"，彝族之称由此而来。

关于彝族的族源，按照各学说有氐羌说、云南土著说、西来说、南来说和东来说等。氐羌说认为，氐羌集团的多支后裔游牧迁徙，发展为很多分支。学术界比较多的看法是通过彝族的文化现象，认为彝族先民与远古时期的氐羌族群有渊源关系，即彝族先民是远古北方南下的氐羌人支系。云南土著说认为彝族是金沙江两岸的土著民族。彝汉经典大量记载，西南地区自古为彝族先民居住。金沙江自古以彝语命名，说明彝族自古以来就在这里繁衍生

---

① 资料来源：《四川年鉴》2014卷，引自http://www.sc.gw.cn

图1-4-1 与古彝族有关的古蜀器物（来源：凉山州住建局资料）

王朝统一西南地区以后设立行省，行省下为路、府、州、县，后又在行省和路之间设置了宣慰司。元王朝在今凉山地区设置了罗罗斯宣慰司，隶属云南行省。明为四川行都司（下置卫、所），清为宁远府，民国称宁属。其辖地虽然时有划进或划出，但大体上就是今天凉山彝族自治州的范围，即"北至大渡河，南及金沙江，东抵乌蒙（今云南昭通），西迄盐井（今盐源）。"

在各地区保持长期的奴隶制是彝族社会的重要特征，凉山彝族奴隶社会成员划分为五个等级：兹莫（土司、土目）、诺合（黑彝）、曲诺（白彝）、阿加（安家娃子）和呷西（锅庄娃子）。兹莫和诺合是统治等级，其他是被统治等级。元代以后，兹莫等级中有势力的家支头人被中央王朝册封为土官，汉称"土司"，加强对地方的控制管理。清代康熙和雍正年间，清王朝在彝族地区推行"改土归流"，部分地区从奴隶制向封建制过渡，但四川大小凉山和云南仍然部分保持奴隶制社会制度。1949年10月1日新中国成立后，彝族人民在共产党的领导下摆脱奴隶制度，开始走向社会主义制度，在四川、云南共建立3个彝族自治州，19个彝族自治县。

息，彝族起源于金沙江流域。东来说认为,古蜀历史文化与彝族文化的关联，反映出古蜀人与彝族祖先密不可分的关系（图1-4-1）。

如今，学术界的主流看法为"彝族是以从'牦牛檄外'南下的古羌人南下到金沙江南北两岸以后，融合了当地众多的土著部落、部族，随着社会经济的发展而形成发展起来的"这一民族起源学说。

公元前4世纪初，羌人自甘、宁、青一带南下，到达金沙江畔，发展为武都、广汉越嶲诸羌，与嶲、昆明并列。秦汉时期，中央王朝就在这里设置郡县，委派官吏进行管理，称越嶲郡，隋唐改为嶲州。8世纪30年代，在云南出现了六个奴隶制集团，建立起以彝族为主体，融合白族、纳西族在内的"南诏"奴隶制政权，南诏改嶲州为建昌府。在宋王朝的三百多年间，凉山属于大理地方政权。元

三、人文环境

彝族是我国西南边疆的一个古老的民族，彝族创造了灿烂的文化。

彝族是中国少数民族中自称和他称最多、支系最复杂的民族。彝族的自称主要有诺苏颇、那苏颇、聂苏颇、里颇等；他称主要有黑彝、白彝、红彝、花腰彝等。在生产力落后的历史阶段里，彝族的祖先为了生存、发展的需要而产生了分支，具体有武、乍、糯、恒、布、慕六个分支，分别迁徙到四川、云南、贵州等地。经过长时期的历史发展，形成几个较大的支系是阿细、撒尼、阿哲、土苏、诺苏、聂苏等。

彝族有自己的语言和文字，彝语属汉藏语系藏缅语族彝族语支。彝族人用彝语自称"诺苏"。"诺"，彝文中是

"黑"的意思，"苏"是"人"、"族"的意思，由此，"诺苏"的字面意思就是"黑人"、"黑族"。彝语分北部、东部、南部、东南部、西部和中部六个种类，各种类之间的差别很大（图1-4-2）。

彝族最重要的节日是火把节和彝族年。每年农历六月二十四火把节是彝族人最为隆重的节日（图1-4-3）。彝族

图1-4-2 彝语"诺苏"象形演变简示（来源：凉山州住建局资料）

图1-4-3 彝族最重要的节日是火把节（来源：http://www.cd-pa.com/bbs/data/attachment/forum/201405/16/110054e99ll28ao8ga1zlj.jpg）

图1-4-4 彝族毕摩仪式（来源：四川省建设厅村镇处）

山寨家家户户都要宰杀牲畜、准备茶和酒，并要燃点火把来欢庆节日。彝族新年又叫彝历年（11月23日~26日），彝族人会在这三天里祭祀神灵、自然和祭拜祖先。

彝族的信仰文化方面，毕摩是重要的信仰。毕摩，是彝语的音译名词，毕是吟诵、念诵；摩是老人；毕摩就是老先生、老知识分子的意思。毕摩产生于彝族社会的初期，是彝族原始巫术和自然崇拜的产物（图1-4-4）。

毕摩也是彝族宗教活动中沟通神、鬼、人之间的中介，是彝族原始宗教的传承者，也是彝族民间仪式的组织者和主持者。在彝族人的生活中，重要事件的决定，如婚丧嫁娶、搬迁新宅等都要涉及毕摩仪式。

彝族人在长期的社会生活和实践中，形成独特的传统崇拜体系。他们对天地、日月、山川、动植物等自然万物形成自然崇拜，因与动物、植物关系密切形成图腾崇拜，因与灵魂附体而形成祖先崇拜。自然崇拜中，以崇拜金石（金属和石头）、山川、日月为主；图腾崇拜中，以崇拜虎、龙、葫芦、竹子、神鹰为主。

第五节 四川地区传统建筑类型概述

四川地处中国西南地区一隅，是长江上游区域文化的起源地，也是中华文明在长江流域的发祥地。复杂多变的地理形势和多元的地域文化，形成了这一地区建筑的鲜明风格和独特的品质，成为中国古代建筑体系的一个重要组成部分。四川传统建筑的主要类型有以下几类：

①居住建筑：独特的地理文化背景孕育了具有地域特色的四川传统建筑文化。四川传统建筑有较为明显的地域风格，受主流官式建筑的影响较少，民居建筑对当地建筑风格的形成有着更大的影响。民居建筑是各地区建筑发展的原型，是地域特色的主要载体，所以研究四川传统建筑风格，应基于对四川传统聚落与民居营建思想与手法的探讨。

民居的形成受自然条件影响，并与生产、生活方式及社会、文化、习俗密切相关，因而，民居特征及其分类的形

成是综合的。从聚落形态角度可分为城镇民居、乡场民居、农村民居。依据民居所处的地貌条件，可分为平原地区民居与山地（丘陵地带）民居两类。从材料、结构体系又可分为墙承重体系、木构框架体系等等不同类型。以自然环境与人文背景综合考察，四川地区主要形成了东部盆地汉族民居，川西北藏族民居，川西北羌族民居，川西南彝族民居四种不同的体系（表1-5-1）。四个聚居区内还分布有其他散居的各民族人口杂居，其建筑营建大多都接受了当地的建筑文化，保留一定的民族习俗，整体风格基本融于地域共性特色之中。

四川传统居住建筑类型特色与构成要素 表1-5-1

	地理分布及地貌		人文背景		居住建筑类型		民居特色	风格要素
汉族聚居区	四川东部成都、内江、自贡、宜宾、泸州、德阳、绵阳、广元、遂宁、南充、广安、巴中、达州、眉山、乐山、雅安、川西南安宁河谷西昌地区	四川盆地及边缘山地地区河谷	巴蜀文化 移民文化	耕读文化与商业文化的结合 血缘关系与地缘关系的结合	传统院落式民居	府邸宅院 庄园式民居 城镇店宅	轴线扩展院落式 自由布局天井院 高低错落重台院 围合封闭防御型 联排式檐廊 中西混合式	穿斗架 天井 门窗栏杆 封火墙 屋顶脊饰
					客家民居			
					近代公馆			
藏族聚居区	四川西北部甘孜藏族自治州，阿坝州小金县、金川县、马尔康县、红原县、阿坝县、壤塘县、若尔盖县、九寨沟县，松潘县、理县、黑水县部分地区，凉山州木里藏族自治县、盐源县、冕宁县，雅安市宝兴县、石棉县，绵阳市平武县部分地区	高原山原丘原 高山峡谷区 高、中山河谷区	藏族文化 原始宗教 藏传佛教	游牧与定居生活的结合 民族信仰与文化	牧区	牧民帐篷 牧民冬居	防御性 独栋集中式 形体方整 下封闭上开敞退台式 木构井干平顶 碉房与木架混合 装饰丰富色彩艳丽	形体 主室火塘 经堂 墙面装饰 屋顶装饰 门窗装饰
					农区	普通民居 土司官寨	邛笼式石碉房 崩空式藏房 梁柱体系藏房 木架坡顶板屋	
羌族聚居区	四川西北部阿坝藏族羌族自治州汶川县、理县、茂县，松潘县、黑水县部分地区，北川羌族自治县，平武县、盐亭县部分地区	高山峡谷区	羌族文化 原始宗教	地域环境特点 民族信仰与文化	普通民居 土司官寨		邛笼式石碉房 木框架式土碉房 木架坡顶板屋	防御型 独栋集中式形体简洁 厚重封闭退台平顶 轻薄开敞穿斗架坡顶 原色朴素	形体 主室角角神 主室火塘 门楣窗楣 屋顶装饰

续表

	地理分布及地貌		人文背景		居住建筑类型		民居特色	风格要素
彝族聚居区	四川西南部凉山彝族自治州，峨边彝族自治县、马边彝族自治县，攀枝花市米易县、盐边县，雅安市汉源县、石棉县，甘孜州九龙县的部分地区。	高山峡谷河谷	彝族文化原始宗教	地域环境特点氏族社会形态民族信仰与文化	普通民居土司衙门	瓦板房民居土墙瓦房民居	独栋合院式规模小穿斗架木板瓦土墙	木构拱架门窗槅扇木件、屋脊、檐口装饰建筑色彩

②祠庙建筑：四川很早就有祠庙建设的历史，如西周时期的成都羊子山土台即是用于祭祀天神的祭坛。早期以感恩大自然，祭祀自然对象的坛庙为主，蜀汉之后为纪念先贤名人建祠盛行，自南宋《家礼》立祠堂之制后，祭拜祖先的祠堂在民间迅速发展。一般多由地方、民间设立，并与民间信仰结合，因此先贤庙具有广泛的民间性和教化性。四川古代的祠庙建筑也颇具特色，有祭祀古蜀先祖的郫县望丛祠，君丞合祀的成都武侯祠和专祀主管文运科举之神文昌帝君的梓潼七曲山大庙以及川主庙等相异于其他省份的祠庙。采用四川当地的建筑营造技术，外形特征的地方色彩比较强烈。

③宗教建筑：古代时期道教、佛教、伊斯兰教在四川境内传播广泛，影响深远。

四川是道教主要发源地，东汉时期，在道家思想、原始巫术和巴蜀文化共同影响下，由张陵（又名张道陵）于西蜀鹤鸣山创立。约公元3世纪初，道教发展渐已成熟，其道教（天师道）教团影响力扩大到中原。从乐山东汉麻浩崖墓中坐佛图像和彭山崖墓内的陶制佛座说明，至少在东汉时佛教也已传入四川。创建于东汉时期的宝光寺为川西平原最大寺院之一，"寺塔一体，塔居中心"，为我国早期寺院建筑布局的典型实例。晋以后，随着部分佛教高僧相继由中原、江南入蜀，弘扬佛法，佛教在蜀地逐渐盛行。至唐代佛教迅速兴盛，民间崇奉道教也成风气。宋代四川成为汉族地区密宗的中心。藏传佛教传入四川大约在8世纪末。9世纪中

叶，吐蕃赞普压制佛教，吐蕃僧人及信众向东、北迁徙，使康巴、安多（今四川甘孜、阿坝和青海南部）迅速发展。宋高宗三十年（1160年）在白玉县创建了首座藏传佛教寺院嘎拖寺，元代后藏传佛教在康巴地区迅速发展。由于明清以来，朝廷对宗教活动采取了抑制政策，宗教建筑的发展更多依靠民间力量，所以建筑表现出更加浓厚的地域特色。元代之后，巴蜀地区佛塔的建造逐渐停滞，取而代之的是文峰塔和魁星楼，四川各地在明清时期建造了大量此类的楼阁与塔。

伊斯兰教是随着元朝统一中国版图、戍边屯垦而大量传入四川。明末清初移民活动中不少陕甘地区移民入川，及清时西北、云南逃难或随军入川的回族人日益增多，伊斯兰教也就在四川各地传播开来。

由于民间的朴素信仰和泛神崇拜，四川的不少佛寺道观都与儒家思想渗透融合，出现许多儒释道三教合流，多神供拜的宗教建筑。而伊斯兰教清真寺始终保持其信仰的独立和纯粹，但建筑形态与风格明显受到汉式建筑影响，与汉地寺庙建筑有所类似。四川地区的藏传佛教建筑则更多地传承和发展了藏族传统建筑与文化特征，局部吸收结合汉族木架建筑的形式要素，民族特色、地域特征鲜明。

④文教类建筑：早在西汉时期，蜀郡太守文翁在成都修建学宫，以石室作为公办讲学的讲堂，人称"文翁石室"。唐宋以后，文翁石室既是成都府儒学的讲堂，又是祀孔的庙

堂,这也是成都最早的公办讲学的书院。唐宋以来大都邑常建文庙,清代极盛,各县均有文庙,且规模庞大,现存德阳文庙,富顺文庙,资中文庙都十分华丽壮观。明代书院发展很快,四川大多数府州都有书院设立。清代由于科举制度最盛,各州县贡院考棚林立,现存的川北道贡院主要由大门、号舍(考棚)致公堂、明远楼、十字连廊等建筑组成两进四合庭院,是一处保存完整的清代乡试场所,成了一处反映我国古代科举教育制度的重要实物资料和展示场所。

⑤会馆建筑:明清时期四川历经两次大规模移民,促进了生产的发展,也促进了建筑风格的融合。大规模的移民活动使得外来人口剧增,同时各地商贸繁荣,同乡会馆、行业会馆建筑如雨后春笋般在四川境内涌现,成为巴蜀地区明清时期的一种重要的公共性建筑,各乡镇常以"九宫十八庙"加以泛指。移民文化的融合与地方材料及技术的使用也让四川的会馆建筑具有更为丰富多彩的地域特色。

⑥园林建筑:四川传统建筑体系中具有独特神韵的是疏朗自然的西蜀园林,既有城市公共景观,也有私家宅园、衙署附园、祠庙或寺观园林等各种类型。尤以纪念历代文化名人的园林遗构为代表,如成都杜甫草堂、眉山三苏祠、新都升庵桂湖、新繁东湖等。四川园林兼收了北方的端庄和南方的婉约,更吸取了西蜀田园的自然风致,故而风格独特,自成一派。

上篇：四川传统建筑特征解析

第二章 汉族地区传统建筑风格分析

　　四川汉民族主要分布于东部的四川盆地和安宁河谷部分地区。四川盆地由连绵相连的山脉环绕而成，从地貌可分为川西平原、川中丘陵和川东平行岭谷三部分。川西平原介于龙门山、邛崃山和龙泉山之间，北起江油，南到乐山五通桥，包括北部绵阳、江油、安县间的涪江冲积平原，中部岷江、沱江冲积平原，南部青衣江、大渡河冲积平原等。三平原之间有丘陵台地分布，总面积近2.3万平方公里。四川汉族地区按地域分布大致分为川东北地区、川西地区和川南地区三个片区。川东北地区包括绵阳、广元、南充、广安、巴中和达州地区；川西地区以成都为中心，包括川西平原及沱江、岷江流域的方山丘陵区，如德阳、遂宁、资阳、内江、眉山、雅安等地；川南地区包括乐山、自贡、泸州、宜宾和西南部的安宁河谷西昌等地区。四川盆地土地肥沃，农业发达，经济富庶，人口稠密，是汉民族的主要聚居地。由于历史原因，四川汉族地区因各方移民杂处，形成地缘型分散聚居特色。传统农耕习俗促成宅、院、田结合的乡村聚落——林盘，商贸活动的发达使得乡场、集镇众多。聚落中的民居、祠庙、会馆、宫观等建筑要素塑造出四川传统建筑的地域特色。

　　四川汉族地区传统建筑是在中原主流文化影响下发展起来的，无论是公共建筑还是居住建筑都保持了中国传统的木构架建筑体系基本特征。在建筑的群体组织中既有传统礼制秩序的影响，以院落式布局为主，又有因地制宜、随形就势的变化；木构建筑的营造既保持中原大式建筑的基本架构原则，又就地取材、因陋就简，发展完善以穿斗结构为主的小式建筑体系。具有四川地域的鲜明特征。

第一节　聚落规划与格局

四川汉族聚居选址遵循人与环境相互依存的"天人合一"原则，无论规划布局或选址，都很善于利用自然环境条件，因地制宜、顺势而为，并与生产方式紧密呼应（图2-1-1）。首先，从聚落的地理分布来看，大部分位于农业最发达的土地肥沃、沟渠密布的平原地区及沱江、岷江流域等的方山丘陵地带，盆地周边山区聚落较少，居住生活与农耕生产相结合；其次，沿主要交通线路以及江河溪流聚居而成的聚落较多，因其物资集散的便利，逐渐成为人口密集的商贸城镇。聚落的建筑布局形态因地貌不同也有差异，平原、河谷平坝区的聚落用地自由，既有分散于田间河畔的乡村农宅，也有呈街巷格局面状扩展的大型群落，大多区域经济中心城镇发展于此；地处丘陵、山地溪谷间的聚落建筑，大多依山就势呈带状布局，成为乡场集镇；还有些地处要冲的聚落，考虑统治管理需要，自成一体，呈现出与众不同的军事防卫特征。

一、汉族传统聚落的风格特征

四川汉族地区人口众多，从聚居形态角度可分为自由散居式的乡村聚落和街坊聚居式的场镇聚落。四川地区城镇乡场的数量在全国首屈一指，场镇聚落也是巴蜀传统建筑文化中最为精彩、最具特色的重要组成部分。

（一）乡村聚落——林盘

四川盆地的乡村聚落由农家宅院和竹木林地、农田、溪水构成，称为"林盘"。与其他地区特别是北方集中式聚居的村庄不同，以地缘为主的散居聚落形式是四川聚落的主要特征。四川的村落结构自由松散，宅院之间并不紧密联系，形成人与自然环境有机结合的农业景观（图2-1-2）。乡村大多以独栋房屋或三合院、四合院的住宅与竹木林地相连，单门独户散布于农田中；或三五户、八九户人家院落相邻相倚，形成松散组团，宅院与田地结合；也有大户人家众多房屋由多进院落组成建筑群，形成自成一体的地主庄园，独占

图2-1-1　山水相依的聚落景观（来源：何龙 摄）

一方。人们喜欢把茅屋竹篱建造在林木之中、小河旁边，就像是自然山水的一部分（图2-1-3，图2-1-4）。村落的形成过程中，河流、井泉起到了很大的作用，如阆中天宫院村，凤鸣河穿村而过，嘉陵江支流西河绕村而去，广栽树木，自然环境幽静、景观秀丽。乡村聚落的建筑类型主要有农舍宅院和祠堂。

宅、林、田、水构成了林盘的基本要素。由于聚居小环境自然地理条件的差异，不同地区的聚落布局与建筑呈现不同的风貌。盆地西部的平原地区，地势平坦，建筑布局受限制很少，组织形式灵活多样；川东北和川南地处方山丘陵区的聚落布局往往受到地貌环境的制约。

四川最典型的林盘聚落主要分布于川西成都平原。以灌县、绵竹、罗江、金堂、新津、邛崃六地为边界的岷江、沱江冲积平原，得益于都江堰自流灌溉之利，自古"水旱从人，不知饥馑"，"天府之国"即得名于此（图2-1-5）。在一望无际的平坝田野中，一组组的农家院落掩映在竹丛树林下，居住生活与农耕、手工劳作紧密结合。

川东北一带的乡村聚落农宅多为独栋式住宅，利用地形半围合成院，一横一竖式，平面形如曲尺，称尺子拐。主屋常将中间一间前墙后退一米半，局部扩大檐廊，形似燕子窝，故有燕窝之称，或称风雨廊。檐廊空间成为起居生活、加工农产品、放农具、晾晒的场地（图2-1-6）。

川南丘陵地区，地貌起伏变化较大处的乡村聚落大多顺山势而上，农宅建于梯田、台地上，干阑式底层架空成为其风貌（图2-1-7）。平坝处也有高墙围合外部封闭，多重庭院内向性组织的大型庄园。

图2-1-2　乡村聚落景观（来源：四川省住建厅村镇处 提供）

图2-1-4　乡村聚落水环境（来源：何龙 摄）

图2-1-3　组团式乡村宅院（来源：何龙 摄）

图2-1-5　成都平原林盘（来源：http://t.sohu.com/preexpr/m/1069319504）

图2-1-6　川东北乡村聚落（来源：彭从凯 摄）

图2-1-7　川南乡村聚落（来源：四川省住建厅村镇处 提供）

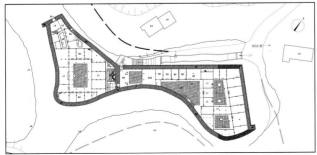

图2-1-8　宝箴寨（来源：《西南交通大学测绘图集》）

川东南地区还有少量的寨堡式聚落。多选址在地形险要的山上筑堡设寨，形成军事防卫为主的特色。如武胜宝箴寨，宝箴寨是当地豪门段氏家族为避战乱而修建的集防御工事和起居生活的四合院民居于一体的全封闭式建筑群。寨东西走向，东西端阔，中间狭长，用条石砌墙，依山而筑，地势险要，最高处达10米，周长2000余米，仅北面一门可出入。寨内防御工事为环形阻击通廊，置石墙、射击孔、瞭望孔、城堞等，大小房屋百余间。寨外还遗存段氏家族大院及护院碉楼（图2-1-8）。

（二）城镇聚落——场镇

城镇聚落选址多依据易于防守、利于扩展、方便生活的原则，大多沿古驿道、古商道、河道等交通线分布，俗称"旱码头"、"水码头"。城镇聚落多为聚居型的街坊式布局形式，场镇的主要功能是商品贸易和文化活动，也是城市与乡村的重要纽带之地。布局形态与地形地貌环境关系密切，商贸发达、规模大的城镇大多位于平原地区，由多条主街构成"井"字形或方格网状结构，由核心向周边面状扩展；小型场镇或地处丘陵地带的一般以一条主街为主呈带形结构，随着等高线蜿蜒曲折或上下起伏线性延伸；也有选址地形险要之处自成一体的外围封闭筑城，内向型营建的寨堡式场镇。无论是平原地区还是丘陵山区的城镇聚落，都寻求与自然山水环境的结合（图2-1-9，图2-1-10）。

图2-1-9　阆中古城与山水环境结合（来源：何龙 摄）

图2-1-10 平乐古镇环境（来源：周亚文 摄）

图2-1-11 传统场镇街道景观（来源：a.周亚文摄、b.陈颖 摄、c.王梅摄）

1. 聚落空间要素

城镇聚落除居住和商铺建筑外，还有祠庙、寺观、亭阁、会馆、作坊、客栈、茶馆等建筑。四川传统场镇的商业习惯沿街布置，且与居住建筑常常统筹于一体，称为"店宅"。在主要街道两边形成连续的门面，有各行业混杂于一街之中,也有按行业形成的行业街市。赶场期间,店铺外的街檐下也成了摆摊设点的场地,人来人往，熙熙攘攘,烘托出中心热闹的气氛（图2-1-11）。

祠庙、会馆、寺观、亭阁等公共建筑，构成了场镇的精神中心和活动中心，使得传统场镇聚落展现出既有线性的匀质有序空间，又穿插着多个点状中心空间变化的丰富面貌(图2-1-12)。如福宝镇民居群中穿插着清源宫、万寿宫、天后宫、五祖庙、土地庙、张爷庙、禹王庙、火神庙、灯棚、王爷庙、观音庙。而洛带镇一条主街上就有广东会馆、江西会馆、湖广会馆三个会馆。"九宫十八庙"是四川场镇特有的风貌。

戏剧演出是人们喜闻乐见的文化娱乐方式，是场镇地方文化的传播体，场镇中的台子坝戏台、祠庙会馆中的戏楼为该功能提供了载体。由于四川有深厚的茶文化基础，传统场镇中的茶馆林立，还有书场等一系列的文化空间融合成一种传统的休闲生活方式（图2-1-13）。

2.聚落布局形式

城镇聚落多以街道组织布局，或一街贯穿，或形成纵横网络。受用地的限制，街道两侧的建筑并排相连错落有致，地势缓和平坦的地区，则形成多进紧凑的天井院格局，呈密集的街坊聚居式，居住与商贸活动结合。四川地貌变化丰富，场镇营建随形就势，大多沿等高线充分利用平坝地块建屋，形成蜿蜒曲折的街巷。山区地貌起伏较大之处，人们聚居建屋常常局部改造、利用地形，垂直等高线分层筑台，并利用木架采用错、吊、跨、架、挑的方式，形成高低错落的街巷景观。

依据城镇聚落扩张的方式，聚落的规划格局可分为线性延伸的带形结构和面状扩展的网格型结构两种形式。小型场镇大多为以一条正街为主的带形结构，随地形的变化，既可沿等高线水平方向延伸，又可垂直等高线上下起伏延展。规

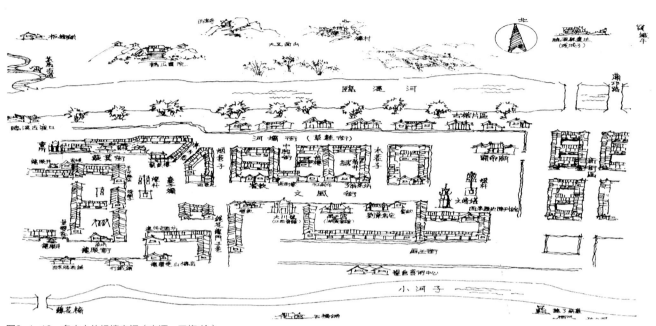

图2-1-12　多中心的场镇空间（来源：王梅 绘）

图2-1-13　场镇中的公共建筑节点空间（a.台子坝、b.茶园、c.会馆、d.字库塔）（来源：a.李路 摄、b.陈颖 摄、c.陈颖 摄、d.王梅 摄）

模较大的城镇多以"十"字形主街为核心，呈井格状的网格结构布局，向周边面状扩展。

1）"井"字形、网格型结构布局

城镇以十字街为核心展开，街道布局呈面状的网格形式，布局规整，街巷亦较宽大，在地势较为平坦的坝子及川西平原分布较多。位于平原地区以及主要官道枢纽、江河干流沿岸的城镇，由于其地理的优势，人口稠密发展较快，逐渐成为区域经济、文化中心，大多作为历代郡治州府所在地，街巷格局规整完善。在丘陵地带一些河流交汇处形成规模不等的平坝区，由于交通的便捷，也成为区域商贸中心，聚落布局也呈井格形面状扩展。

如阆中古城，县志记载："古人营建执法，前朝后市，左宗庙，右社稷。都城然，郡国何独不然。阆之为治，蟠龙（山）障其后，锦屏（山）列其前。锦屏（山）适当江水停蓄处，城之正南亦适当江水弯环处"。古城街巷体系完善，以"中天楼"为中心的街巷呈棋盘式方格网布局展开，形成不同功能与特色的街区，大街小巷，大小相通，路路皆接。依照风水格局，城南临江朝南津关渡口建有"华光楼"镇水，东西南北向的街巷多与对面的山体相对，而主街道则以锦屏山对景，形成理想的风水格局（图2-1-14）。

雅安上里镇古时为南方丝绸之路，也是临邛古道进入的重要驿站，嘉庆十七年（1812年）的《桥路碑》记载"自先贤开道，东通临邛，西达芦雅，往来经贸士庶络绎不绝，亦为要通也"，是川西平原通往民族地区的关卡之一。古镇位于两河相交的夹角内，民间传为"财源"汇聚的宝地。主要街道呈"井"字布局，入口为建有戏楼的戏坝子广场，在街道和河堤路相交处形成中心空间，有序地组织了赶场日人流的聚合与分散。街道石板铺筑，两侧为下店上宅式民居。木构民居高低错落，与周围的山丘、田园、小桥流水构成诗意的栖居环境（图2-1-15，图2-1-16）。

2）带形结构布局

分布于主要城镇之间交通联系线上的场镇，以及丘陵地区、支流沿岸的乡场，大多为以一条主街为核心，似"鱼骨状"顺应地形带状布局。因地理位置和地形差异，这类场镇

规模相对较小，但空间形态丰富多样。

（1）平原地区水平带状延伸型

黄龙溪镇位于彭山至成都的水路通衢之两江交汇处，河湾开阔，形成水运码头。小镇顺河道蔓延伸展而建，呈线型带状的形式扩展。聚落背后以正兴山为龙脉，左依"青龙"龙泉山，右靠"白虎"牧马山，府河、鹿溪河东西环绕，于

a.华光楼远眺魁星楼（来源：陈硕 摄）

b.锦屏山上俯瞰古城（来源：阆中规划局 提供）

图2-1-14 "阆苑仙境"阆中古城

图2-1-15 雅安上里古镇（来源：《巴蜀城镇与民居》）

龙脉处交汇，这种山水环绕的环境不仅加强了古镇的防御能力，更体现了风水学上"负阴抱阳，背山面水"的格局。镇内"七街九巷"，复兴街、黄龙新街将码头与陆路相连，主街黄龙正街、上河街和下河街，沿河岸延展，在街的两边纵横交错着的"九巷"分别为鱼鳅巷、烟市巷、扁担巷、龙爪巷、高竿巷、蓑衣巷、艄公巷、担水巷和打更巷。正街的北面、中部和南部分别坐落着镇江寺、潮音寺、古龙寺三座古寺，形成黄龙溪一街三寺庙，街中有庙、庙中有街的独特布局（图2-1-17）。

像这种水乡式场镇普遍分布于水网比较密集、田野平坦、绿林成片的川西平原或宽阔的河谷、大坝子。主要街道沿着河边呈水平带状延伸布局，街道宽度和建筑的尺度根据

地形而发生变化，街道的长度根据场镇规模的大小，大则可达千米以上，小的仅百米左右。街道的形态、走向决定着整个场镇的形态，有的顺着等高线如蛇形蜿蜒前进，有的平行于江河，匍匐前行（图2-1-18）。

（2）丘陵地区单向延伸的带形布局

①水平带状延伸型

地处山区的场镇，主街道往往顺应山体等高线或河道走向呈盘绕弯曲的布局形式，由于其曲折流动的空间形态，人们常常称之为"龙形街"，这是四川场镇中较为普遍的形式。如资中罗泉镇，自贡之盐经罗泉入沱江可达川北，也可西经仁寿而抵岷江转到成都，因盐业而兴。场镇建于球溪河西岸，地形狭长约5里，一条长街沿河绕岸蜿蜒伸展，平面犹

图2-1-16　雅安上里古镇（来源：何龙、彭一 摄）

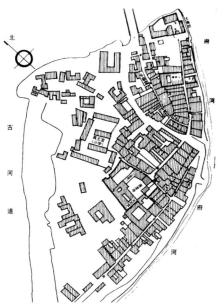

图2-1-17　黄龙溪镇布局示意图（来源：《四川历史文化名城》）

图2-1-18　川西小镇西来（来源：季云龙 绘）

如一条盘龙，龙头、龙身、龙尾分明,穿行龙身的长街三开三合，加之以祠庙错落的封火山墙及场外自然环境作为对景，使得狭长的场镇空间富有趣味（图2-1-19，图2-1-20）。

②纵向起伏延伸型

在丘陵山区，场镇聚落利用地形也常常出现主街顺应山体形势，垂直等高线布局，从山脚顺脊而上翻越山顶再下至山下，呈高低起伏型的场镇格局。整个场镇的基本形状，完全取决于地形环境，这也是丘陵地区所特有的布局方式。例如合江福宝镇，当地人称其为"五龙抱珠"、"九龙会首"、"一蛇盘三龟"，具有吉祥的寓意。因为两面包山，无论是居高从北端看，还是从南端看，都可看到那层叠错落有致的人字山墙肌理和色彩的变化。场镇的主街约450米长，采用阶梯形式顺高差而走向，随地形平坡结合展开，五

条小巷高低上下自由伸展，灵活多变。斜山墙、长梭檐、高吊脚、大筑台是福宝场镇空间形象和建筑造型的特色，这些手法展示出山地场镇建筑的主要特征（图2-1-21）。

③廊坊式空间形式

廊坊式场镇即主街店宅在沿街面留出开敞式的檐廊空间形成的街坊，这种空间形式较好地适应了湿热多雨的气候环境，在川东南地区较为典型。如广安肖溪镇、乐山犍为的罗城镇。

肖溪镇仅一条主街，临街建筑均向街面伸出一跨柱列，形成宽大的檐廊，檐廊深达四步架5米左右，最窄处也有二步架2.4米左右。

犍为罗城镇位于山岗上，主街长200余米，中间阔两端窄呈梭形，人称"山顶一只船"，街道两侧檐廊呈弧形围合，街道两端的入口处两边的檐口几乎交集在了一起，中部

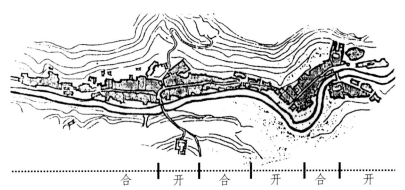

合　开　合　开　合　开

图2-1-19　罗泉镇总平面示意图（来源：《四川民居》）

图2-1-20　罗泉镇盐神庙（来源：《巴蜀城镇与民居》）

图2-1-21　合江福宝古镇（来源：何龙 摄）

街面宽20米，中心为高大的戏楼，形成一个中心广场。主街两侧全为联排式店宅，檐廊木柱列高至两层，檐廊宽达4~5米，廊下摆摊、喝茶、聊天、娱乐，成为一个全天候的多功能活动场所（图2-1-22，图2-1-23）。

近代时期，也有在此形式基础上衍生出的骑楼式街道空间（图2-1-24）。

（3）寨堡式场镇

川东山区还有一些地处要塞的聚落，体现出与众不同的军事防卫特征。寨堡式场镇又叫山寨式场镇，早期在地形险要的山上，或平坝交通岔口之处筑堡设寨，逐渐从军事防卫功能为主的山寨转变到以居住商贸功能为主的场镇。

如隆昌云顶寨，坐落于海拔530米的云顶山上，寨墙全长1640米，通高75米，有6道寨门，似古城堡。离寨子0.5公里的云顶场，是为适应当时寨主夜间打牌作乐后购物、进餐的需要而设，人们半夜进场交易，天亮散场。云顶寨外云顶场，由跑马道与寨相连而呈"丁"字形，石板路，铺面街，也是买卖兴场渐渐发展起来。该场的建立与生意都与寨主郭氏家族密切相关，即由郭氏家族控制并为其服务。寨子兴旺时，场上商业兴隆，从酒店茶馆到钱庄字号到山货铺、绸缎铺、药铺、米铺等一应俱全（图2-1-25，图2-1-26）。

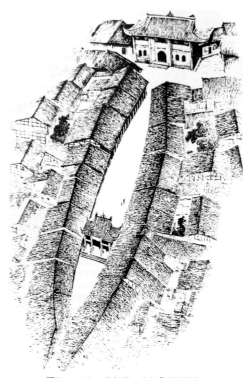

图2-1-22　"山顶一只船"罗城镇
（来源：《巴蜀城镇与民居》）

图2-1-23　开敞的檐廊空间（来源：何龙 摄）

图2-1-24　清河镇骑楼街（来源：陈颖 摄）

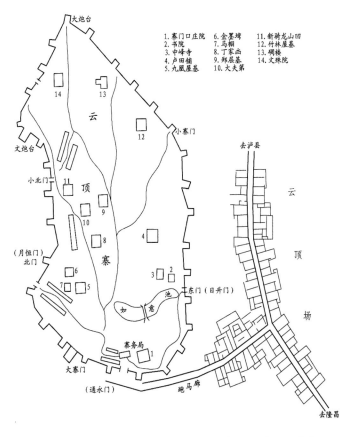

图2-1-25 云顶寨平面布局示意（来源：《巴蜀城镇与民居》）

二、汉族传统聚落的风格成因

聚落的选址与布局主要受到自然因素和社会因素的影响。在自然因素方面，水土资源、地形和气候条件是影响聚居的关键所在，社会因素包括生产方式、交通、商业经济发展和传统习俗，以上因素主导着传统聚落的风格特征。

散居式布局是四川乡村聚落的普遍形式，其主要原因是适应四川山多平原少，耕作土地分散的实际状况，田旁建宅便于劳作管理。此外，四川"人大分家"的习俗使得"别居异财，幼年析居"，小家庭制度发达。晚期的移民政策，官府鼓励移民自主寻垦，原住民与先后外来移民交错杂处，也促成了大分散、小集中的星罗棋布格局。

四川汉族地区在中原主流传统建筑文化的影响下，大多尊崇传统的礼仪规范。但由于地理环境较为封闭，又偏于西南一隅，同时作为道教发源地，受道家文化浸染更加自然质朴、不拘于制式。在城镇形态上摆脱了礼制秩序的方整格局，大多都随地形环境的变化呈现出丰富的形态。四川丘陵、山地居多，大部分场镇聚落布局自然形成，与地貌很好地结合为以一条主街为主的街巷体系。平原、平坝地区多以溪流沟渠为界，以十字街为核心向周边扩展，形成街坊式布局。由于四川的气

图2-1-26 山寨场镇云顶寨（来源：韩东升 摄）

候因素，宽檐廊成为四川场镇街道空间的共性特点，这一集商贸交易、邻里交往、日常生活于一体的多功能复合空间场所，将人们的室内活动扩展至室外，增加了互动交流，活跃了场镇生活气氛。穿插于街巷中的"九宫十八庙"、戏台、茶铺，以及塔、桥、水口、大树丰富了聚落空间景观。使得四川古镇充满了勃勃生机。由于地理位置、资源条件、产业差异的不同以及行政区划的变化，各地城镇在发展过程中也在不断变化，逐渐形成各自的特色。沿古驿道、商道、江河溪流分布的聚落众多，特别是川盐古道上聚集了许多繁华的场镇。

第二节　建筑群体与单体

四川汉族地区传统建筑保持了中国古代建筑以群体组合见长的共性特点，无论是祠庙宫观还是会馆、宅邸，大多都是由数量不等、形体相异的单体建筑组合起来的建筑群。传统建筑的群体布局反映了丰富多元的传统文化、人们的生活方式以及社会结构关系。四川地区的传统建筑布局总的来说活泼自由，自然随和，有序而不刻板、拘谨。

居住建筑是出现最早、建造量最大以及充分反映地域传统特色的建筑类型，也是其他建筑类型的原型。由于民居的形成受自然条件影响并与社会、文化、习俗有关，因而民居特征及其分类的形成是综合的。

依据民居所处的地貌条件，可分为平原地区民居与山地（丘陵地带）民居两类。民居的平面形式主要有"一"字形、曲尺形、三合院、四合院（表2-2-1）及其组合体。平原及浅丘区的民居大都选择较为平坦的地块建屋，较多采用合院形式，山地（丘陵地区）建筑组合随地势呈不规则形状，或不同房屋分处于标高不等的平台上，结构构造上局部采用吊脚、出挑的方式，平面基本布局相差无几。

传统民居的基本平面形式（来源：根据《四川民居》资料，彭一　绘制）　　　表2-2-1

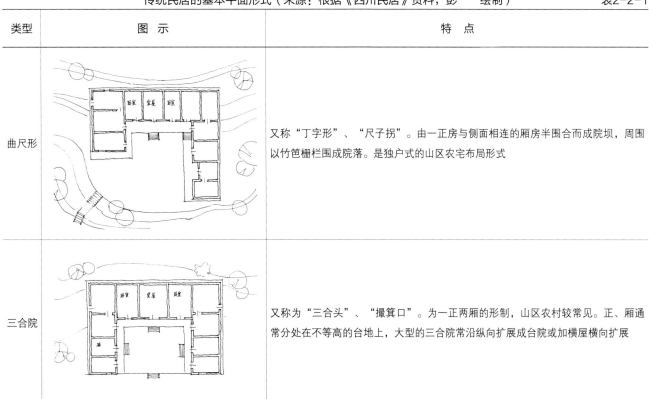

类型	图　示	特　点
曲尺形		又称"丁字形"、"尺子拐"。由一正房与侧面相连的厢房半围合而成院坝，周围以竹笆栅栏围成院落。是独户式的山区农宅布局形式
三合院		又称为"三合头"、"撮箕口"。为一正两厢的形制，山区农村较常见。正、厢通常分处在不等高的台地上，大型的三合院常沿纵向扩展成台院或加横屋横向扩展

续表

类 型	图 示	特 点
四合院		也称"四合头"，由正房（上房）、左右厢房和倒座（下房）围合而成，俗称"明三方院"。大型宅院则在此基础上横向跨院扩展，或沿纵向轴线递进成多进院落，或双向扩展等。大多庭院尺度较小呈天井院，也有结合地形分处不同标高形成多重台院

从建筑文化角度来看，四川因为多次移民的影响，其本土文化不断融入中原、南方文化，逐渐发展演变，最终形成了本地区民居建筑的地域特色，成为荟萃型的院落式民居风格。而相对其他移民来说，客家人非常善于保持自己民系的纯粹性，其住宅也较完整地保持了原型，形成四川客家民居类型。近代时期西风东渐，一些官僚、富商追逐"洋"风，生活方式发生转变，加之建筑技术的进步，四川特别是成都平原城镇中又出现了中西合璧式的公馆建筑。此外，城镇聚落中的会馆祠庙建筑更多地传承了民间营造技术，也是地域传统建筑特色的典型代表。

以下从四川传统院落式民居、四川客家民居、近代公馆建筑、祠庙会馆建筑四种类型探讨四川汉族传统建筑风格特征。

一、汉族传统建筑的风格特征

（一）四川传统院落式民居

四川传统民居以院落式组织为主。乡村院落围绕中心"院坝"扩展，主庭院宽大，沿面阔方向横向发展较多。城镇内的院落则受制于用地规模，面阔方向受限，主要沿纵深方向发展。

根据家庭人口和经济情况，主人社会地位以及自然环境的不同，民居布局组织形式、规模大小有所差异。府第、富商宅院一般散布于城镇的街巷中，避集市、面积大，基本是规整

的多进四合院式布局，大多遵循着中原轴线对称的正统习俗，若受街坊限制朝向，也会依靠入口、厅、廊的转承来实现，严整有序；普通宅院则布局相对自由，房屋多少、井院大小规模不等；地主庄园较普通院落式民居的功能复杂，规模大、占地广，宅院对外封闭自成一体，防御体系完善，又因其经营性质不同，所处环境不同，呈现出不同的规模与形态。城镇店宅受街巷格局制约，商居结合的宅与店铺都直接对街巷开门，形成窄面宽、大进深、小天井的联排式布局形式。

1. 府邸

达官贵人的府第较多受到封建宗法制度的影响，规模相对宏大，功能繁复，有明确的主轴线，布局较为严整。房屋按长幼尊卑、内外有别的秩序排布，井然有序。临街设有显赫的大门，即"龙门"或"朝门"，有些还要再建二门或屏门，门两侧或为仆人居住或作为轿厅使用。作为家庭核心的堂屋、正房坐北朝南，位于主轴线上。两厢围合，主体呈规整的厅、堂递进的多重合院。功能繁多的其他房屋则向轴线两侧以天井、廊联系，灵活扩展。天井花园引水叠石、栽种花木。

1）依轴线纵向递进的布局形式。如崇州宫保府，原是双轴线纵向并列的多进院落布局形式，天井院落格局严整，后部还有私家花园。该建筑已被改建，院落正门是中西合璧的风格，院内建筑则为木架结构、砖砌墙体，硬山瓦屋顶（图2-2-1，图2-2-2）。

1. 大门　　11. 公务办
2. 门房　　12. 宴客厅
3. 门房　　13. 客房
4. 敞厅　　14. 住房
5. 堂屋　　15. 库房
6. 正房　　16. 厨房
7. 书房　　17. 厕所
8. 厢房　　18. 后花园
9. 照壁　　19. 庭院
10. 保管室　20. 天井

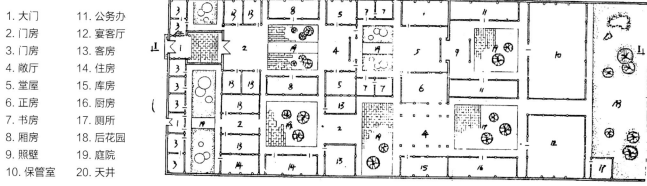

图2-2-1　崇州宫保府原平面布局（来源：《四川民居》）

图2-2-2　现宫保府大门及内院（来源：潘曦 摄）

2）宅、祠、园结合的布局形式。温江陈家桅杆为这种形式的典型代表，陈家桅杆建筑分为三组，第一组居中，由前厅、二厅、正宅组成三重院，是主人生活起居之所；第二组西侧小花厅，前有"翠柏山房"，是主人读书、授业之所。后有忠孝祠，祀祖之所；第三组东侧大花厅，院内正面有照壁，两端石砌牌坊大门，中有戏台。院西筑有亭阁水榭、鱼池石山，池中石山配置青城山全景。照壁、门墙砖石雕刻工艺精湛，抬梁与穿斗结构相结合，木件上人物、花鸟浮雕彩绘，繁复精美（图2-2-3～图2-2-5）。

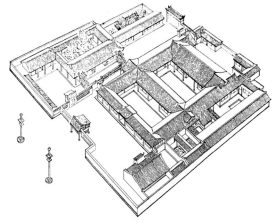

图2-2-3　陈家桅杆鸟瞰（来源：《巴蜀城镇与民居》）

图2-2-4　陈家桅杆入口（来源：潘熙 摄）

图2-2-5　陈家桅杆（来源：潘熙 摄）

　　3）多轴线并列扩展的布局形式。自贡的福源灏为此类代表案例，福源灏建筑坐东向西，中轴对称纵深扩展，主要轴线院落为五进四院，建筑平面为矩形，主要建筑有大门、二门、过厅、大厅、戏楼、花厅、厢房、照壁等。主要房屋沿中轴线两翼展开，左右三进，形成四行七列，正院由"一堂"、"三厅"组成，左侧院由大花厅和男客厅、男戏楼及居室、花园等组成；右侧院由女客厅、女戏楼、轿厅及居室、荷花池等组成。建筑细部与装饰风格素雅、简洁、柔丽。大厅是整个建筑群的核心建筑，成"凸"字形位于正院之中。除前、正、左、右四个较独立的大庭院外，其余各院中的主要卧室,都套有起居室、佣人房、梳洗间和天井,独成一个小小的天地,各院落自成一体作为生活单元而独立,又互为一体成为整个宅院不可分割的一部分而存在。整座建筑中共布置了48座"小天井",其中有大、小正方形以及狭长的矩形等各种形态,随着房屋和院落所处位置的需要而随机布置(图2-2-6)。

2. 宅院

相对府第而言,作为地主、富商的宅院,其规模不减,主体基本是多进合院式布局。房屋功能均围绕居家生活较单纯,有敞厅、堂屋、居室、客房、杂用厨房等,以天井院扩展,还有在天井院中建戏台、小亭的。宅中院落较小,天井

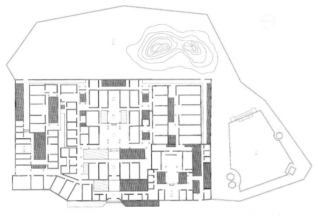

图2-2-6 福源灏平面示意图(来源:周文昭、张利杨 绘)

尺度形状不一,房屋布置不拘一格。根据用地情况有纵向并列的宅院,也有纵横交织的宅院,扩展较为自由活泼(图2-2-7)。

宅院中的空间组合通常都有明确的轴线关系。院落和房屋沿着一条纵向轴线组织,在此基础上发展出并列的纵轴线或者横向轴线,以及多条轴线交错排列。受到地形或用地条件的限制,轴线还可能出现转折或者高差起伏。

阆中马家大院坐南向北,按不同功能布局形成两条轴线。东侧为主轴线,由一个二进四合庭院组成,为主人的生活区,依次分布有大门、天井及两侧书房、正房、后院天井及两侧厢房,后院天井南侧为望远楼,登楼向内可俯瞰庭院景观,外可远望锦屏。副轴线在四合院东侧,临街开门(现已封),门内有车马道、库房等。小青瓦悬山式屋顶(图2-2-8)。

城镇中由于用地限制,也会出现轴线转折、不规整的布局形式。还有一些宅与园林结合形成宅园。如乐山沙湾郭沫若故居,临街房屋三开间,坐西朝东,除了三进天井院落,后部还有一个花园。垂直于街道的主轴线上,三间门屋中间一间作为前堂,其后是开敞的中堂,紧接着第二进是狭长形的天井,之后第三进天井正对堂屋。至第三进天井院,轴线转折向北做扩展。整个西北侧是一个环境优美的大花园,正

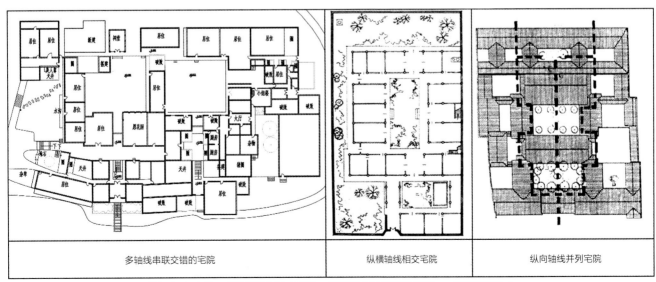

| 多轴线串联交错的宅院 | 纵横轴线相交宅院 | 纵向轴线并列宅院 |

图2-2-7 不拘一格的宅院布局(来源:《西南交通大学测绘图集》,《四川民居》)

对花园的房间为塾屋，围绕花园有厨房、库房、凉亭等，巧妙地与环境结合（图2-2-9）。

城镇宅院因用地紧张大多沿进深方向纵向扩展，乡村宅院通常会利用平坝、台地可大可小，或各院坝分处不同标高的台地上横向扩展。山地建筑布局会受到地形的影响，修建房屋时会采用干阑将房屋架空，架空院落和平地连接或者筑台的方式——采用高勒脚，填土筑平院落。房屋规模较大的时候，采用逐台跌落的方式，房屋屋顶和院落都逐进升起。在一些有高差变化的宗教或祠庙建筑中，这种布局方式还可以产生一种轴线上的竖向升高，强调神灵、祖先的高尚地位，或者家主的地位（图2-2-10，图2-2-11）。

a. 平面示意（来源：四川省文物局资料）

b. 天井内院（来源：何龙 摄）

图2-2-8　阆中马家大院

a. 不规则的院落布局

b. 天井院

图2-2-9　乐山郭沫若故居（来源：《四川民居》）

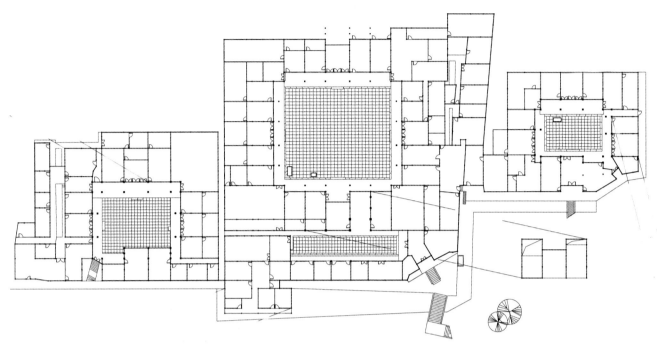

图2-2-10　因地制宜的乡村宅院——李家大院（来源：《西南交通大学测绘图集》）

图2-2-11　李家大院鸟瞰（来源：四川省住建厅村镇处 提供）

3. 庄园式民居

　　庄园大多建于场镇附近或乡间，川西平原、川南、川东北地区都有少量遗存，相对而言川南地区数量较多、规模大。四川现存地主庄园布局、规模差异较大，基本布局仍为院落式。总体较其他类型院落规模大，宅院功能较多、复杂，布局不拘一格。对外封闭的院落群，围墙与碉楼结合，自成一体的防御特征鲜明。

　　庄园式民居一般都是独立的大型合院组群。较普通民居而言，功能上除居住生活外，还包括社会交往活动、生产管理、生产作坊等，如客厅、私塾、戏楼、佛堂、作坊、雇工院、佣人房、家丁卫队等。通常不同功能分处于不同院落组群中，主人居住生活部分沿纵向多进院落布局，位于主轴线上。以此为主向两侧横向扩展，一侧院落布置待客、读书、娱乐部分，另一侧院落布置生产用房和佣人房等。通常还会利用自然环境设置各类花园。由于规模庞大，大多因地制宜、布局自由，自成一体的防御型多重院落，附建碉楼。

　　建筑结构以穿斗式木架为主，主要厅堂采用抬梁式或混合形式。现存建筑大多建于晚清至民初，主体建筑山墙和庄园外围墙体多为砖砌筑，朝向内院则为传统木制门窗。

　　如泸县屈氏庄园，占地30余亩，由8米高的两重围墙围合而成，四角原建有高22米的碉楼，现仅存北极楼、东平楼两座碉楼。原有大小花厅、天井48个，房屋180多间，现存房屋87间，建筑规模庞大，布局严谨、开合有序。主体部分敞厅、下天井、中堂屋、上天井、堂屋依次排列在一条中轴线上。中轴线的左侧，厢房、账房、敞厅、寝舍、天井、戏台花园、左花厅、内佛堂等建筑错落有致地分布其间。中轴线右侧原有书房、寝舍、敞厅、右花厅、走廊、杂工室、仓库等。此外还有花园、钓鱼台、网球场、跑马道、金银库等。整个庄园的生活区、娱乐区、接待区、下人区、花园截然分明。庄园内的木刻、石刻造型生动、雕刻细腻、形态自然。庄园后侧原有内花园、后花园、外花园三重，外佛堂、看守室置于后花园内（图2-2-12~图2-2-14）。

江安县夕家山黄氏庄园始建于明，扩建于清至民国。庄园占地105.7亩，宅院占地15亩。整个布局形如一展翅欲飞的仙鹤停于一个古瓶上，意为平（瓶）安鹤祥（翔）。建筑分布在四个台地上，布局因山就势横向展开，分为三个部分。中部是宅院的主体，前后两进院落分置于不同高度的台地上，是主人居所，以正门、前厅、堂屋为中轴向两翼展开，设有东、西花园及后花园。左侧沿横轴延伸是日常生活娱乐、读书待客之处。右侧是晚辈和佣人居住及生产性活动区。院角筑有碉楼。均采用穿斗式木构架小青瓦顶,屋脊以瓷片嵌花纹装饰。建筑驼峰、撑弓、门窗等木构件均以隐喻吉祥，历史传说故事图案雕饰彩绘，丰富精美（图2-2-15~图2-2-17）。

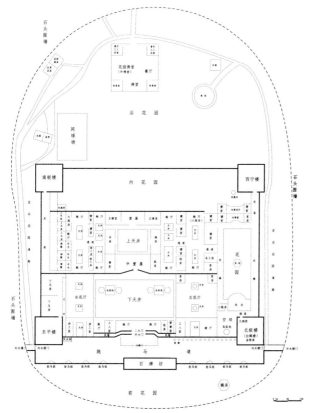

图2-2-12 屈氏庄园平面布局复原图（来源：何龙参考四川省文物局资料绘制）

图2-2-13 屈氏庄园外墙（来源：何龙 摄）

图2-2-14 屈氏庄园局部（来源：何龙 摄）

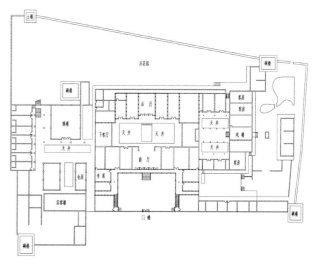

图2-2-15 黄氏庄园平面示意图（来源：《西南交通大学测绘图集》）

图2-2-16　黄氏庄园前院（来源：何龙 摄）

图2-1-17　庄园侧院戏楼（来源：李俍岑 摄）

4. 城镇店宅

随着场镇经济的发展，人口激增，许多场镇的居民沿道路两侧建房，户户紧密相连。依照街巷格局，于街道间再纵深发展。为适应居住生活和商业经营的需要，主街沿街住户大多兼商业经营，成为两用的店居形的住宅。宅与店铺都直接对街巷开门，形成面宽窄、进深大、密度高的联排式布局。房屋多为穿斗式木架，过厅或正堂明间抬梁式结构。若单层建筑多设阁楼，小青瓦顶。因建筑密集，间或突出封火山墙。

联排式店宅的特点是每户沿街开间少，临街方向小者仅有一间，大者可为三开间铺面，平面布局向纵深方向和竖向发展，楼层向外出挑。门前还会利用相对宽大的前檐扩大经营，或设柱廊，或利用穿枋出挑、加披檐等。场镇街道空间有的是"挑厢式"，也有"廊坊式"或"骑楼式"，街景风貌丰富多样（图2-2-18）。

根据住宅功能组织的不同，城镇店宅可分为前店后宅、下店上宅、前店后坊上宅几种形式。

1）前店后居式：沿街的房间作为铺面，后半部分居住使用。堂屋居中，两侧及后部依次为卧室、厨房等。有些大户人家，沿街修一至二层的铺面出租，铺面之后为自家的宅院，仅在街面留一间作为入口。宅院一般为多进天井院式紧

图2-2-18　丰富的场镇街道空间（来源：陈颖 摄）

凑布局，较为规整。

阆中李家大院，建筑坐北朝南，沿街五开间，明间为门厅，左右两侧为店铺。沿中轴线布局三进四合院，分别由大门、敞厅、正房和两侧厢房组成。建筑木构件均施以花草、瑞兽或人物故事雕刻，装饰精美（图2-2-19～图2-2-21）。

2）下店上居式：有些商户将临街的下房作为商铺，把后面几进改用店铺或为库房、杂用，卧室居住部分便向上发展，移至二层，形成下店上居的布局。

3）前店后坊上居式：以自产自销模式经营的商户，宅院沿街开设店铺，后部是客厅、库房、杂储，后院作为手工作坊。环绕天井的楼上一层才是店主的居处。形成前店后坊上层居住的住宅格局。

崇州元通镇罗宅，底层为对外经营和内部起居及家务空间，楼层主要为居住空间，是下店上居型院落式店宅。临街

门面三开间，明间稍高。进深五进四院对称布局，二层木构楼房，四周以空斗封火墙围合。前部狭长的庭院由砖石结构的牌坊式二门分为两个天井院，门顶塑楼台亭阁，并且带有透视处理，别具一格。第二进院落楼上为走马转角廊，周圈相通，临天井设栏杆。主轴线上厅、堂建筑逐渐增高。建筑垂柱、门窗等雕刻精美，尤其堂屋驼峰雕刻的蜀州八景，极富地方特色（图2-2-22～图2-2-24）。

（二）四川客家民居

由于历史原因，四川经历了多次移民浪潮，也成为闽粤赣客家人向内陆移居的主要聚集地。四川客家民居也由原乡特征转化为适应于本土文化的新形式。在清前期及中期，客家建筑形制基本保持了其原乡籍建筑的特征，继承了闽粤赣客家民居的核心空间、建筑形制，特别强调祖堂中心地位，

图2-2-19 李家大院剖面图（来源：四川省文物局资料）

图2-2-20 李家大院内庭院（来源：何龙 摄）

图2-2-21 李家大院室内陈设（来源：潘曦 摄）

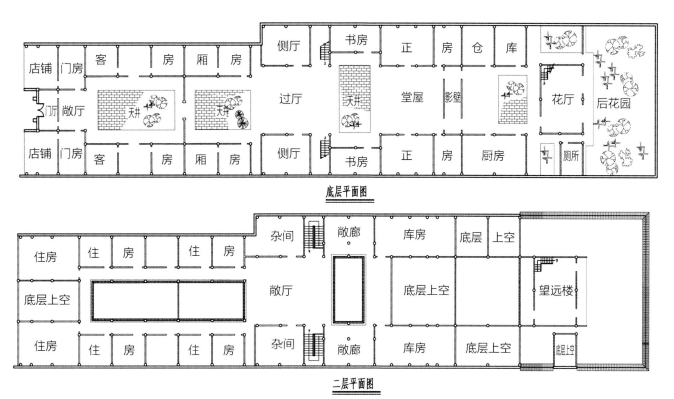

店铺	门房	客　房　厢　房			侧厅		书房	正　房	仓　库					后花园
	所 敞厅	天井	天井		过厅		天井	堂屋	影壁			花厅		
店铺	门房	客　房　厢　房			侧厅		书房	正　房	厨房			厕所		

底层平面图

住房	住　房	住　房	杂间		敞廊	库房	底层 上空		
底层上空			敞厅			底层上空		望远楼	
住房	住　房	住　房	杂间		敞廊	库房	底层上空	底层上空	

二层平面图

图2-2-22　罗宅平面示意图（来源：参考《四川民居》，唐剑 绘制）

图2-2-23　罗宅前院二门（来源：潘曦 摄）

图2-2-24　罗宅内院（来源：潘曦 摄）

强调"明堂暗屋"，严谨中轴对称，表现等级秩序等等。随后，受川渝地区"人大分家"、"别财异居"的风俗，及各省籍移民文化相互交融的影响，出现了以下变化趋势：聚居的规模向小型化发展；由家族聚居逐渐转向以家庭为单位的分居模式；平面布局中点、线围合的特征逐渐淡化。

1."门堂制"的客家"堂屋式"民居

源于"门堂之制"的"堂屋式"客家民居主要分布于成都东山地区，简阳、隆昌、仪陇、巴中、西昌、会理部分地区，其中东山地区及隆昌县是现最主要的客家聚居区。

客家堂屋式民居多为单层，有一堂屋、二堂屋、二堂二横、多堂多横等形式，布局中轴对称、严谨，等级关系明确。按照家族公共活动空间、不同辈分的居住空间、生活配套用房的等级关系，从中心向周边扩展，家族公共活动用房中祖堂地位最高，居于中轴线尽端，一般开间、进深尺寸最大。建筑正立面与平面相呼应，中轴对称，端庄严谨。建筑外墙厚而封闭，通常不设窗或窗少而小，有较明显的防御特征。

四川客家"堂屋式"民居以"硬八间"、"假六间"为常见，也分别称为"二堂屋"、"一堂屋"（图2-2-25）。占地为长、宽各10余米的方形，外形几乎一样，只是平面形式不同。多堂多横式民居的空间格局是以"硬八间"、"假六间"为基本单元，横向或纵向扩展。建筑材料以土、木、竹、麦秆为主。普遍采用土坯砖砌或夯土墙，少数城镇富裕人家使用木板墙或火砖墙。建筑的承重体系一般是土墙与檩相结合，穿斗式、抬梁式构架仅局部使用。民居

装饰重点在屋顶、柱础及木作部位。装饰手法有灰塑、木雕、石雕、彩绘、瓦垒、草扎等。木作常仅以熟桐油罩之，刷黑色或红色的。墙面常饰以白灰，重点部位绘装饰图案。装饰题材多以平安吉祥，福寿如意为主题。

钟家大瓦房至今已有200余年的历史。建筑总面宽达105米，最大进深达49米，总建筑面积约3400平方米。建筑坐北朝南，位于一凹形地势中，建筑前有进深约30米，与建筑面宽同宽的大敞坝及月形荷塘。整幢建筑共有七道大门，20个大小不同的天井。建筑的中轴线十分突出，处于中轴线上的上、中、下厅的开间最宽，祖堂（即上厅）进深近6.6米，为整幢建筑之最。剖面由外至内递次上升，祖堂净空高达6米，主从分明。在东西两端各建有一排向南伸出的长屋，用作畜圈、作坊。建筑墙体采用土坯砖墙。立面严格对称，从中轴向左、右两端高度逐渐降低。立面开设少量极小的外窗。（图2-2-26，图2-2-27）。

2. 客家"合院式"民居

客家"合院式"民居的主要特征是外围高大封闭，具有较强的防御性，内部形成院落式布局，主要分布在川东南隆昌、宜宾、泸州等地区。

布局形式主要有两种：一种是四周建有高大围墙（廊）围合成院，内部生活功能用房围绕天井组织，形成多进天井院落，院墙角部建有防御性的（或同时用于储藏）碉楼。另一类是沿周边建对外封闭的房屋围合成院，院内依纵横轴线组织天井院，周边房屋高大（多设夹层，或二层），角部增高成碉楼，内部建筑单层水平分布，类似江西围屋。在用地允许的情况下，布局仍然尽可能形成对称格局。

建筑材料一般为土、木、砖，多采用夯土、木穿斗抬梁相结合的结构形式，外围常采用夯土墙。高耸的碉楼及高大的封火山墙成为建筑形式要素，装饰重点在屋顶以及木作部位，富有人家木雕、石雕等装饰较为精美。装饰手法有灰塑、木雕、石雕、彩绘、瓦垒等。

宜宾龙氏山庄为墙院围合式，建筑面积约3000平方米，总占地面积近10000平方米，四周以条石围墙围合，平面布

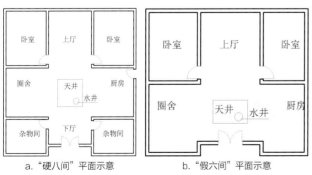

图2-2-25 "堂屋式"民居基本形式（来源：周密 绘）

a."硬八间"平面示意   b."假六间"平面示意

图2-2-26　钟家大瓦房鸟瞰（来源：周密 摄）

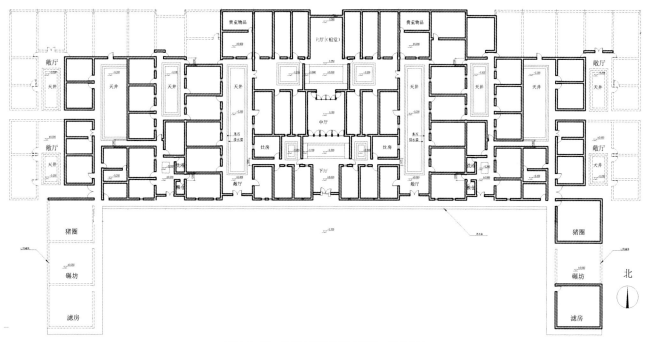

图2-2-27　钟家大瓦房平面（来源：周密 绘）

局接近长方形，围墙角部置碉楼一座，入口处内侧贴围墙为两层门楼，底层为门厅，楼上为戏楼。距门楼约20米为四进合院，门楼、合院均大致中轴对称。建筑外围局部采用青砖封火山墙，内部为穿斗、抬梁混合式，歇山青瓦顶（图2-2-28～图2-2-30）。

泸州刘氏庄园，平面形式基本为正方形，总体布局分为内外两个层次。外围是四周围合的两层建筑，主要布置生活配套用房，外围墙体底部采用条石砌筑，上部采用夯土墙，

四角设置碉楼（地上4层，地下2层），其中一座碉楼高于其余三座，采用歇山式屋顶，外围建筑设置众多枪眼。脱离于外圈建筑的内部建筑布置于围合空间内的西侧，为单层公共用房及居住用房，采用木穿斗结构。围合空间内东侧为敞坝。整座建筑以土黄色为主导色彩，与采用当地红土砌筑有关。建筑门罩、窗棂、窗楣等木构件装饰精美，简单不失美观；柱头白菜造型石雕乡土味浓郁，植物纹样的装饰图案，形象生动（图2-2-31，图2-2-32）。

图2-2-28　龙氏山庄鸟瞰（来源：《巴蜀城镇与民居》）

图2-2-29　龙氏山庄前院鸟瞰（来源：李俍岑 摄）

图2-2-30　龙氏山庄内院（来源：李俍岑 摄）

图2-2-31　刘氏庄园（来源：何龙 摄）

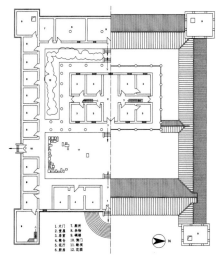

图2-2-32　泸州刘氏庄园（来源：梁怡 绘）

（三）川西近代公馆

近代以来，中西文化碰撞交流，社会上层如官员、军阀、富绅、社会名流等修建私人宅邸时，通常在中国传统营造技术的基础上融合外来建筑文化，出现了一些新的布局及风格形式。建筑构图、装饰中西合璧，独栋式及花园式住宅纷纷出现，人们把这些不同于传统宅院的新住宅称为"公馆"。大多分布于城市及繁华的乡镇中，特别是富庶的川西平原地区。川西地区军人公馆居多，风格独具特色。

川西地区的公馆建筑，依据布局与形式风格，可分为三种类型。

第一类是传统延续型，如大邑安仁的多数公馆。平面采用中国传统的庭院组织形式，主体建筑位于主轴上，各进院落与厅、堂交错递进对称式布局。单体建筑以木构架结构为主，形体构图、风格与传统建筑无异。建筑材料大量使用砖石，建筑装饰中融入新元素，凸显个性的是中西合璧风格的大门建筑。

第二类中西混合式。以砖构为主体，主体建筑平面布局呈集中独栋的外来形式，体量增大。院落周边或者仅局部布置少量生活辅助用房，主体建筑前院落开敞简洁。建筑外观形式仍采用传统三段式构图，运用中国传统大屋顶形式。

a.传统延续型

b.中西混合式

c.外来式

图2-2-33　川西近代公馆（来源：陈颖 摄）

第三类外来式。独栋式建筑，以过厅、起居室为核心布置，楼梯间联系上下空间。起居室设置壁炉，厨房、厕所等均设于室内。建筑整体构图，门窗拱券、壁柱柱头、墙面线脚，楼梯扶手、栏杆花式等常采用西洋古典或简洁的近代风格（图2-2-33）。

如大邑安仁刘文辉公馆坐西朝东，由南北两组规模和布局相似的三进院落并联而成，南北院两个大门都体现了中西合璧的风格。大门与二门之间以大花园过渡，中间布置网球场。而内部则仍然采用了传统的中式院落组织形式，轴线上为厅堂，两侧为住房和客房。院落建筑多为木结构，硬山顶小青瓦屋面，设有封火山墙（图2-2-34，图2-2-35）。

刘元瑄公馆坐西朝东临街而建，其余三面由高大墙垣包绕形成封闭式院落布局。中轴线上依次布置厅、堂，两侧住房及客房围合，后院为辅助用房。以木构穿斗结构为主，小青瓦硬山顶，厅堂明间抬梁与穿斗混合，使用天穹罩、落地罩等隔断形式。封火墙富有川西地方特色，木作和灰塑的传统文化意韵图案内容丰富。整个建筑风格上继承了传统的营造做法和工艺，具有中国传统府邸的遗风。宅院入口甬道及牌坊门呈中西混合式表达（图2-2-36，图2-2-37）。

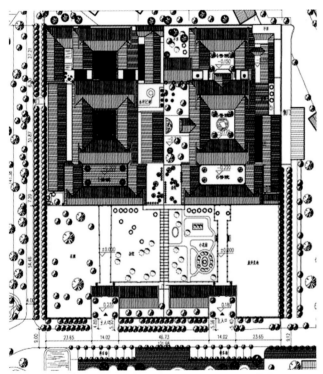

图2-2-34　公馆总平面（来源：《西南交通大学测绘图集》）

图2-2-35　刘文辉公馆牌坊式大门（来源：潘曦 摄）

图2-2-36　刘元瑄公馆牌坊门（来源：陈颖 摄）

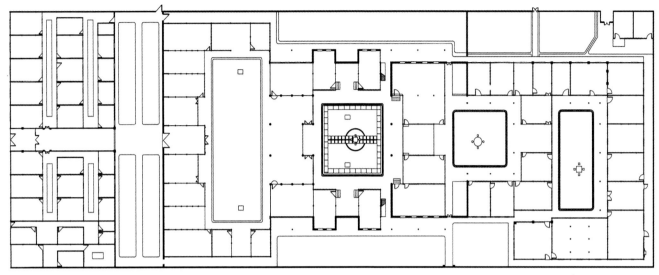

图2-2-37　刘元瑄公馆平面示意图（来源：《西南交大测绘图集》）

（四）公共建筑

反映民间传统营造特色的公共建筑主要是祠庙、会馆。四川地区的民间信仰兴盛，祭祀建筑祠庙数量众多。城镇聚落大多建有各种民间祀神的庙宇如城隍庙、火神庙、东岳庙、龙王庙、王爷庙等；先贤祠以祀三国将领及纪念文人祠庙居多，同时名人纪念祠与园林结合形成西蜀特色的园林类型；祭祀祖先的家庙祠堂更是遍布各地。大量外省移民入川后，对乡土的眷念和共同本土信仰的因素，使得这种内聚的集体组织以会馆及相应的庙会形式出现，会馆也成为地方兴教崇文的重要场所。

这类建筑相对民居规模较大，功能组成复杂。但整体讲究就地取材，因地制宜，布局巧妙地结合多变的地形。公共建筑的重要属性及建筑尺度的高大，使其在营造技术的成熟、规范以及建筑形式的多样性上独具特色。其建筑形体的构成要素及形体特点成为四川传统建筑特征的重要表现形式。

1. 平面布局特点

四川传统的公共建筑有其独特的地方特色。由于地貌变化丰富，建筑布局常常结合地形，因地制宜，既有规整的合院重重递进的严谨形式，也有顺应山势高低错落、转

承呼应的自由组织，以及祠、园结合的园林景观（图2-2-38）。

祠庙建筑主体大多由墙门、门楼、戏台（楼）、正殿、配楼、看楼等组成，主要建筑位于中轴线上，正殿两侧为厢房，采用院落式布局形式。根据使用功能的不同、建筑数量不等，可以是一进院落，也可以是多进院落，注重庭院内理景，主次分明。在平面布局上较多体现主流礼教文化，祭祀主体部分严谨规整。相对来说由于先贤祠庙的祭祀对象受到官方的认可，祭祀活动得到官方的提倡，所以在建筑群规模上，先贤祠庙普遍高于民间信仰祠庙和宗族祠堂，以文庙等级最高，文庙、宗族祠堂的布局严谨规整，民间信仰的神庙则灵活自由。

四川会馆作为移民社会的反映，"迎神庥、联嘉会、襄义举、笃乡情"便是其功能最精炼的概括，主要有同乡会馆、行业会馆两种类型。遵从传统礼教，一般沿轴线依次布置戏楼、前厅、正殿，与厢房围合。小型的会馆建筑仅由戏楼、正殿和厢房构成四合院布局。中型或大型的会馆建筑沿轴线向后发展，形成多进院落，依次布局戏楼、前厅、正殿、后殿等，也有主、辅轴线并置布局，或是多条轴线并置布局。

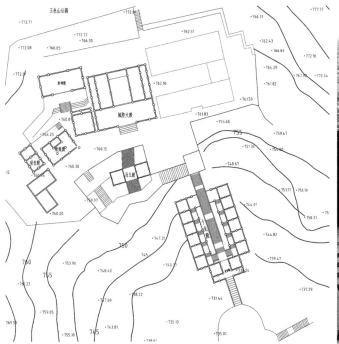

a. 随山就势的城隍庙

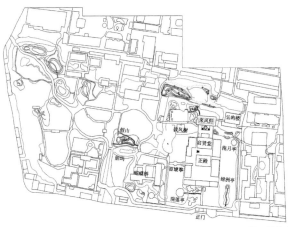

b. 祠、园结合的三苏祠

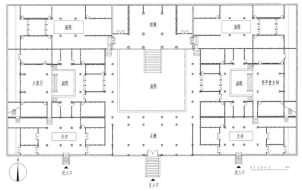

c. 多轴并列的李氏祠堂

图2-2-38　灵活多变的祠庙会馆布局（来源：《西南交通大学测绘图集》）

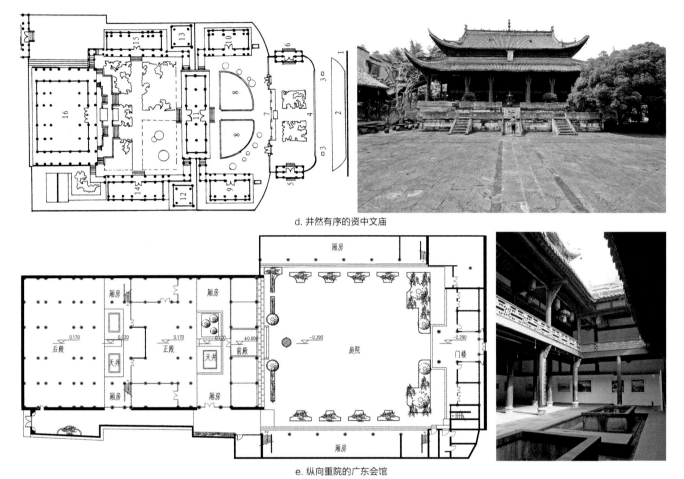

d. 井然有序的资中文庙

e. 纵向重院的广东会馆

图2-2-38　灵活多变的祠庙会馆布局（来源：《西南交通大学测绘图集》）

2. 建筑形式风格特点

祠庙会馆建筑尺度大于民居，形式较民居丰富多样。单体建筑主要有大门、戏楼、过厅、殿堂、配楼、看楼等。大门既有木构的门屋，也有砖石牌坊式，组群以单层的木构建筑为主，也穿插点缀有多层的楼阁，硬山建筑增多，主体建筑两侧高耸的封火山墙丰富了天际轮廓。屋顶形象更加丰富，歇山顶、硬山顶、悬山顶、卷棚、攒尖顶，以及竖向重檐或水平丁字、十字相交组合等方式均有使用。建筑营造方式也较民居复杂，主体建筑以抬梁式木架为主，在有隔墙分间或山面处以及次要建筑常常使用穿斗式梁架。总体用材规整、加工考究、装饰精细，在小式木作的基础上，重要建筑也有用大式做法的（图2-2-

39，图2-2-40）。

纵观四川汉族地区的建筑，在其相同的建筑结构材料，相似的布局与形式风格中，因地理分布的不同也略有差异。四川民居建筑普遍铺设小青瓦顶，住宅外墙多采用白色为基础色调，门窗木件以浅褐色或是枣红色为着色基调，与白墙相配，显得清新而淡雅。相对而言，川西南民居较川东北地区院落组群规模大。从建筑形体尺度风格来看，川北一带民居建筑形体封闭、小巧，屋顶平直出檐短促。川西平原一带建筑规模较大，布局舒展，屋顶坡度略大于川东北地区，出檐平缓。川东南建筑布局紧凑，注重通风除湿，建筑空间高敞，屋顶坡度更为陡峻，出檐宽大。

川北地区的民居建筑，布局紧凑，较多采用版筑土墙或土坯砖石墙体。川西地区多为填充墙，尤以竹编夹泥墙为特色。川东南建筑横向组织较多，依地形逐渐升高，灵活的木架在高差处理上显得变化多端。川南地区较多庄园聚居型宅院，常常采用土石墙或土坯墙围合封闭并建有各种碉楼。

二、汉族传统建筑的风格成因

（一）自然环境的影响

多变的地理地貌促成了四川地区因地制宜的建造理念，布局自由、构架灵活、就地取材的特点。四川木材资源丰

福宝火神庙（来源：彭一 摄）

都江堰城隍庙（来源：何龙 摄）

成都武侯祠（来源：贾玲利 摄）

阆中张桓侯祠（来源：潘熙 摄）

芦山姜侯祠（来源：胡月萍 摄）

资中武庙（来源：何龙 摄）

自贡陈家祠（来源：彭一 摄）

资阳黄氏宗祠（来源：何龙 摄）

资中王家祠（来源：何龙 摄）

青白江陈氏宗祠（来源：潘熙 摄）

自贡王爷庙（来源：何龙 摄）

狮市川主庙（来源：彭一 摄）

图2-2-39 四川祠庙建筑

自贡西秦会馆（来源：彭一、何龙 摄）

自贡桓侯宫（来源：何龙 摄）

阆中陕西会馆（来源：何龙 摄）　　　　遂宁天上宫（来源：罗号 摄）　　　　南充田坝会馆（来源：汪婧 摄）

图2-2-40　四川会馆建筑

富，民居多用木穿斗架，公共建筑中官式"大式"做法日渐式微，特别是清初之后四川在重建中大量沿用了本地民间建筑的传统做法，即以小式的木穿斗构架为主，加工营造简便，组合灵活，适应性强。透空的屋架结构比较适合潮湿多雨的气候，并结合大挑檐，形成四川独特的建筑特色。多雨湿热的环境需要人工手段改善微气候，院落式的群体组织中天井空间起到很好的调节作用。

川西传统建筑以轻盈飘逸著称，穿斗架较为精细，因所处纬度关系，与川北地区明显差异的就是增多屋檐的出挑距离，并反映出四川传统建筑由北至南随小气候环境的变化形成屋檐加长及屋顶坡度加大的变化特点。川南地区气温高、雨水更多，从平面布局和立面造型上表现出更为通透开敞，川北地区传统建筑表现为敦实粗犷，木构方面用材更为粗大。

（二）人文社会因素的影响

根据考古发掘和文献资料可以推测，四川汉族地区民居是由穴居体系和干阑体系综合发展而来的。秦灭巴蜀后，大量中原移民相继入川，带来了相应的风俗和居住形式，中原文化以及城郭宫室之制逐渐浸入四川盆地并占据主流。从成都出土的汉代画像砖上我们看到了完整且复杂的四合院，此时盆地的居住形式与中原基本一致。这种呈北方民居特性的做法一直保持至元代。之后来自湖广地区的移民入川，把包括建筑在内的习俗带到了四川，四川民居逐渐染上南方色彩。明末清初，四川连年战乱，民居城镇毁之殆尽。由于地广人稀，朝廷不得不再次从湖北、湖南、广东、陕西、福建等省迁徙移民来到四川。至清代中叶，四川的经济繁荣达历史最高，城镇和民居建设再度兴盛。受到南方移民居住原型和工匠技术的影响，建筑形式上呈现出更为明显的南方特征。在结构上由北方的梁柱式转变为以南方穿斗结构为主，南方住宅中常用的敞厅、回廊、漏窗、隔扇门和封火山墙等均在盆地宅院中出现。

在主流文化儒家传统的"长幼尊卑"、"内外有别"的观念主导下，分合有道、主次分明的院落式群体组织方式成为最正统的形式。讲究空间层次、组织秩序成为贵族、官僚或富商大户们府邸宅院的突出特点。

随着场镇经济的繁荣，人口聚集土地有限，沿街两侧联排建造住宅的形式出现并定型，形成窄面宽的多进紧凑的天井院格局。面向街道的店宅，既满足居住功能又与商贸活动结合。在有限的空间内既保证居住生活的私密性，又解决了对外经营、加工的开放性场所。

地主庄园是我国封建土地私有制发展到一定阶段的产物。集土地占有方式、生产经营方式与生活方式相结合的建筑形态，将自然景观与人文景观相结合的自成一体的营造方式。

客家移民在继承了闽粤赣客家民居的核心空间建筑形制，严谨中轴对称的等级秩序以及防御特征等的基础上，受川渝地区"人大分家"、"别财异居"的风俗，及各省籍移民文化相互交融的影响，出现了聚居规模小型化的变化，由家族聚居逐渐转向以家庭为单位的分居模式，形成不同于本土民居的四川客家民居的独立类型。进入近代社会转型，中西文化交融，社会观念、生活方式发生变化，加之新材料、新技术的发展促成了新形式的近代公馆建筑。

第三节　建筑元素与装饰

一、穿斗木架

四川传统木构建筑木架外露，结构体系也是建筑形式特征的表达手段。传统木构架类型有穿斗式构架和抬梁式构架两种。穿斗构架施工方便，结构紧密，整体性能稳定，构造

图2-3-1　四川民居的形体构成要素——穿斗架（来源：何龙 摄）

做法较为简单而又灵活，易于取材。四川地形变化丰富，气候湿热，穿斗构架建造方便简洁，构架上挑、下吊适应地形与气候变化，可封闭、可开敞，挑、吊、架、梭灵活多样。所以穿斗结构是最普遍使用的结构类型。随地形高低错落，由柱、枋纵横穿斗交织的白色山墙面构图，成为四川民居典型的外显特征（图2-3-1）。抬梁式结构通常用于公共建筑主轴线上的主体建筑以及民居中的厅、堂中心空间部位。四川抬梁式木架的梁常常架于柱间，檩木置于柱顶，刘致平先生在其论著中称为"抬担"。

（一）穿斗构架

穿斗构架是四川汉族地区最常用的结构形式，柱上承檩，柱间用穿枋联系。正房小则三开间进深五架或七架，即五檩、七檩，大则五间九檩甚至到七间十一檩。柱间穿枋通常有三道或以上，穿枋数随着檩数的增多而增加，视进深而定。

穿斗木构架有一柱一檩的满柱落地式和隔檩立柱的隔柱落地式两种基本形式，隔檩立柱也有不规则间隔落地的形式（表2-3-1）。

建筑群中不同的房屋，如门屋、居室、厅堂、廊、厢等对室内空间需求不同，穿斗木架通常会根据现实条件灵活应对（图2-3-2）。

穿斗木架基本形式（来源：潘熙 绘，何龙 摄）		表2-3-1
满柱落地式	隔柱落地式	
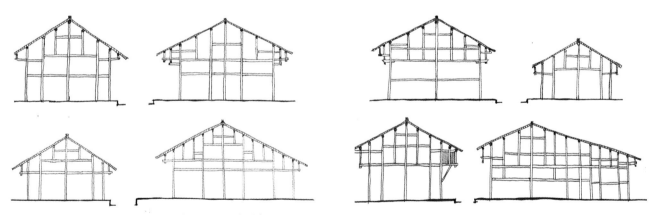		
每步架立柱，一柱一檩，檩柱支撑。柱列密集，穿枋只起拉结联系作用。山墙面较多使用	隔一檩或二檩立一柱，两立柱之间为瓜柱，部分穿枋承受短柱的荷载，这样柱间步距可增加一至数倍。较为开敞的厅堂建筑的明间柱列较多使用	

图 2-3-2　龙华镇民居山面穿斗架形式（来源：蒋一力 绘）

图2-3-3　混合式梁架（来源：何龙、李恨岑 摄）

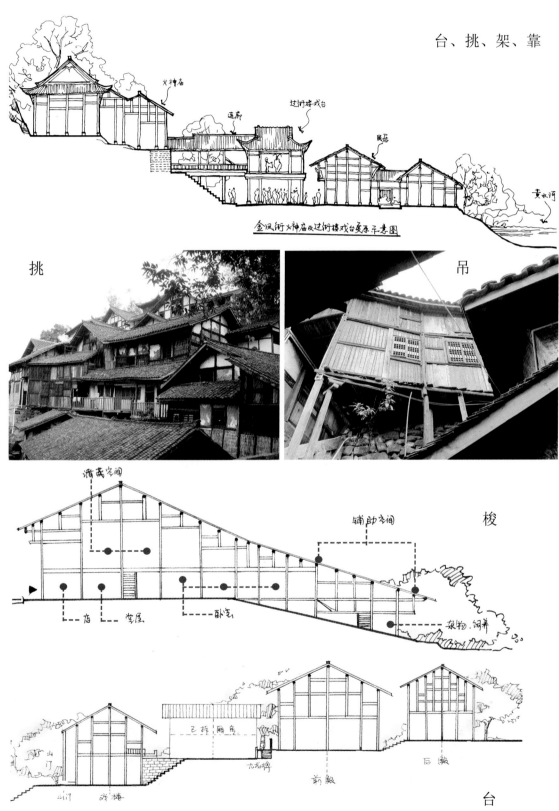

图2-3-4　灵活多样的建造手法（来源：王晓南、蒋一力 绘，蒋一力 摄）

从地理环境适应性方面抬梁式结构逊于穿斗木构架形式，结构构造复杂，用材要求高，四川民间建筑单纯以抬梁式构架的很少，多与穿斗架结合，成混合式结构。主轴线上的厅堂建筑室内常用抬梁式，而分隔墙处或山面以及次要建筑的构架多采用穿斗式。或主要厅堂室内前后步架尺度不同，以屏门划分穿斗、抬梁相结合（图2-3-3）。

木构架建筑利用地形、争取空间的常用手法，主要有"台"、"挑"、"吊"、"拖"、"梭"、"架"、"跨"、"靠"等，以适应多变的地貌环境（图2-3-4）。

（二）出檐

四川民居出檐深远是应对湿热多雨的气候环境的做法，而檐下空间也成为居家生活的外延空间。城镇店宅沿街通常有大出檐，或设柱廊，檐下摆摊设点扩大了经营面积，又可避雨乘凉；在民居内院里，人们经常聚在檐下做家务、"摆龙门阵"。"大出檐"成为四川民居的特色。

出檐尺度根据建筑的等级和功能需求不一，一般建筑多为1.2~2米，出檐深远的约3~5米。川南地区大于川东北地区，通常公共建筑大于居住建筑，主要房间大于次要房间。檐下空间主要由挑檐、挑楼和设檐廊三种方式形成（图2-3-5）。

挑檐　　　　　　　　　　　　　　　　　　檐廊

挑楼　　　　　　　　　　　　　　　　　　廊坊式

图2-3-5　出檐空间（来源：潘曦、陈颖、王梅、何龙 摄）

图2-3-6　外檐装饰构件
（来源：潘熙、陈颖、何龙、潘曦、彭一　摄）

1. 挑檐

由穿枋向外出挑支撑挑檐是最常见的出檐方式，有单挑、双挑，甚至三挑等方式。为了出挑更远，也有在挑枋下加设斜撑——"撑弓"，撑弓成为檐下构造的特色。普通出挑一步架到两步架，一步架连檐口深度约1.5米，三步架出挑深可至4米。撑弓和挑头的瓜柱也成为建筑外檐装饰的重点表现。

2. 檐廊

为获得更大的檐下空间，城镇沿街店宅常设柱廊，有些进深很大，达3~5米，成为全天候的商业街，而廊坊式场镇也是巴蜀城镇的一大特点。等级较高的公共建筑和府第、地主庄园的厅堂建筑，往往前后出廊。

3. 挑楼

挑楼也是城镇店宅常见的一种方式。二层建筑向外出挑称为"挑厢式"，也有二层挑楼落柱成"骑楼式"的，内院挑楼四周围合，称为"走马转角楼"。这种形式既给下部创

造出避雨遮阳的灰空间，又增加了上部楼层建筑的空间。

出檐由挑枋（梁）、撑弓、坐墩和吊瓜等构件组成，也是建筑的主要装饰构件。

挑枋（梁）的形式较简洁，也有端头做成古代刀币形，前大后小，端部向上起翘，或加以凿刻。挑廊中下上梁间用雕刻精美的驼墩，廊下天花做成曲线的轩棚。

挑枋也常常结合精心雕饰的撑弓出挑。撑弓是传统建筑外檐装修中重点装饰的构件，有条状、板式、柱状。常常被刻以各种花草、动物造型，与各种吉祥寓意的图案结合，或圆雕、镂空透雕人物故事、天宫楼阁等。有些还施以红黑油漆涂金描绘。构造做法十分讲究，雕刻精致（图2-3-6）。

二、天井

四川民居以院落式布局为主，称之为"天井院"，据刘致平先生统计，四川民居天井与房屋比例大约为1:3。民间通常以天井的数目来描述住宅规模大小，天井的多少也是家族

图2-3-7　四川民居——天井院（来源：陈硕 摄）

地位财富的象征。四川庭院比北方小，又较南方天井院大，大多呈方形或扁方形，宽而浅，利于迎风纳凉。少数为南北向狭长的条形天井，特别是川北一带民居侧院常常采用，与山陕移民有关。天井的出现和变化与四川盆地的气候有着密切的联系，有的天井院四面房间全部开敞，利于通风、排湿、采光。天井也是建筑空间的组织手段，使得各个房屋之间有了秩序。大小形状不等的天井，使建筑群体有分有合，有主有从（图2-3-7）。

由于出檐深远，檐下作为灰空间成为室内和天井之间的过渡地带，加强了天井的向心性。从天井尺度和功能作用来看，四川的天井院落可分为较为方整的庭院型和狭小的辅助型两种类型。

庭院型院落形状较方整、尺度相对大，天井院中常常栽种花木布置盆景，人们可经檐下进入，具有绿化、晒衣、家务劳作、歇息纳凉等功能。如主轴线上的中心主院，纵向递进的各进套院及横向扩展的跨院等。天井院的尺度大小和形状随布局不同也有差异，一般中心庭院最为宽大，常为方形或面宽大于进深的横向矩形，通常在正厅前方，是纵横轴线的交会处。主院前后的套院和相邻的侧院尺度略有收缩。大户人家主院规整宽阔，面积较大，称为"院坝"，而乡村民居的中心院坝通常还会作为晒坝，作为生产辅助使用（图2-3-8）。

也有一些天井空间不供实际使用，仅为不同功能建筑群体之间的分隔和过渡，或为通风、采光之需改善小环境，多为狭长条状或呈狭小的方形井口状，放置盆栽或水池，属于辅助型。如跨院之间的狭长条状的天井，正房与围墙之间的扁形小院，正厢围合交界处的漏角天井，院落过渡中的亭子天井等（图2-3-9，图2-3-10）。

图2-3-8 五凤溪贺宅开敞的院坝（来源：王晓南 摄）

图2-3-9　黄氏庄园亭子天井（来源：何龙 摄）

三、封火墙

封火墙又称为"风火山墙"或"马头墙"。四川地区深受移民文化影响，源自不同地区的马头墙形式传入之后与当地建筑不断融汇演化，使得四川建筑的封火墙造型多样、形态各异。封火墙主要流行于祠庙会馆建筑中，成都平原到川南地区的城镇民居、庄园式民居中也有采用。场镇民居的山墙一般形体简洁，在门房两侧排布高出屋面；在大型宅院、庄园中，封火山墙常出现在住宅正房的两侧，或与外墙相交

图2-3-10　形式多样的四川天井（来源：何龙、彭一、李很岑 摄）

的房屋，造型曲直结合。而祠庙、会馆建筑的正殿或者门屋两侧常常伸出轮廓富于变化的山墙，显得华丽而生动（图2-3-11）。

　　四川地区封火墙主要有直线阶梯形、曲弧形以及曲直混合型三种。

　　直线阶梯形，常常采用两叠、三叠乃至四叠硬山马头墙，称为三滴水、五滴水、七滴水，寺庙宫观中常称为"五

岳朝天"。这种形式多受江西民居马头墙的影响，也有徽派建筑的痕迹，但脊端造型及细节有所不同，较为简练。错落的马头墙高大壮观，有万马奔腾的气势，为封闭的建筑带来了动态美感。其形态有"步步高升"之意，寄寓着人们的愿望（图2-3-12）。

　　曲弧形的山墙，造型轻巧活泼，又称"猫拱背"、"观音兜"，受到广东、福建地区建筑影响较多，但装饰较为简洁。有的线条圆滑，为较完整的一段圆弧或半圆；有的在转角处弧度大，而在中心弧度较小甚至依然平直，成弓形或马鞍形、云形。墙脊的端部并不是顺着弧度切线落下，而是平直或者翘起。圆弧兜有一兜、三兜、五兜等数，类似于阶梯形墙的叠数。只有一兜的山墙常见于一些普通民居或者宅第的侧房等，而宗祠建筑的兜数较多（图2-3-13）。

　　曲直混合型，如阶梯形与曲弧形混合的形式，有些封火

图2-3-11　造型生动的封火山墙（来源：熊瑛 摄）

图2-3-12　直线阶梯形封火墙（来源：彭一 摄）

图2-3-13　曲弧形封火墙（来源：何龙 摄）

墙上部分为三滴水，下端接圆弧形，或上部为拱形，下面接直线阶梯等；时常也有人字形与曲弧形的结合，上端为人字形山墙，下端接曲弧形山墙。总体组合自由多变。

封火山墙压顶也常做成屋顶脊饰的处理形式，有些直接青瓦覆顶成瓦脊，也有灰塑各种图案造型的。脊端伸挑各种形状的翘头或如屋脊的鳌尖形式。墙脊下常常刷饰白色色带，堆塑线脚或图案，也有的在墙面上施以浮雕，进行装饰。墙面通常是清水砖面饰以白灰勾缝。在山墙前后的墀头上有较细致的处理，采用砖层挑出叠涩，或用瓦和灰塑做出各种花饰（图2-3-14）。

a. 龙氏山庄

b. 李氏祠堂

c. 天后宫

d. 李氏祠堂

图2-3-14　封火墙压顶形式（来源：李俍岑、何龙、陈颖 摄）

四、屋顶脊饰

屋顶是传统建筑形式特征的重要构成要素。四川民居以小青瓦双坡悬山式屋顶为主，部分采用硬山顶形式，利用局部加披檐以及建筑高度差异和院落组织，形成高低错落的屋面，穿插交错的形体。祠庙、会馆、寺观等的主体建筑常采用歇山顶、攒尖顶、卷棚顶、硬山式等造型，并利用竖向的重檐变化，或水平方向"十"字、"丁"字形相交的组合手法，丰富了群体轮廓。屋顶造型加之翼角起翘、屋顶脊饰使得传统建筑生动而富有感染力（图2-2-38～图2-2-40）。

四川汉族建筑的屋脊装饰主要集中于正脊的各种做法。普通民居的屋脊多用小青瓦垒叠，或从两边向中心对称斜向密排，或堆砌成空花瓦脊。而祠庙会馆或府邸的主要房屋，常用青砖叠砌筒子脊，也有泥灰塑脊并在表面嵌贴瓷片，装饰性更强。

青瓦叠脊是四川民居的一大特色。通常正脊平直，正中做中堆，至两端部微微升起曲线形成翘角。也有少数将瓦片堆积分层，巧妙地堆出镂空图案的屋脊形式，瓦片简洁朴素而不乏韵律感和指向性，充满乡土气息。中堆还有叠砌成菱花形、官帽形、铜钱形等各样。自贡胡氏民居的一处中堆

上为波浪纹饰，下方图案为一蝙蝠和一只小鹿，和"福禄"谐音。又有马象征进取，龙象征王政统治等，都是吉祥之意（图2-3-15）。

相比于瓦砌，灰塑嵌瓷脊的艺术表现更丰富。会馆祠庙建筑常常采用砖砌筒脊加灰塑，或贴以蓝白相间的瓷片。灰塑的中堆注重雕刻细节，有花卉植物、鸟兽动物、宝瓶、葫芦、二龙戏珠等形象。屋顶装饰的图案与造型都有丰富的寓意，极富民间地方特色。脊饰上鸟兽动物图案通常取谐音之意或动物象征的气质。正吻的形式也变化多样，形态自由舒展，有龙、鳌鱼等形象。龙形吻龙身弯曲，剑把斜插，与官式的垂直剑把相区别。正脊两端以鳌头居多，灰塑鳌鱼，龙头鱼身、鱼鳞和鱼鳍清晰可见，轮廓饱满有力，鱼身上有一圆形简化的"福"字纹。如自贡陈家祠的戏楼上，正脊上有几何纹样，延伸到中堆外围，中堆下正脊位置有扇形石板，雕刻有三个仙人图案。宝瓶是民居中一种常见的中堆装饰形式，平身层叠而上，两边加装饰涡卷花纹，显示富贵，瓶音同平，寓意家内平安。有的中堆雕饰成荷花的形状，左右有荷叶、花蕾，秀丽典雅，荷花"出淤泥而不染"，表明屋主自诩清高的追求。有些脊刹在基座部分设有字牌、题记（图2-3-16，图2-3-17）。

图2-3-15 小青瓦屋顶脊饰（来源：何龙 摄）

a. 自贡陈家祠脊饰　　　　　　　　　　　　　　　　b. 自贡陈家祠脊饰

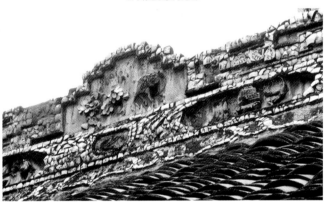

c. 德阳文庙脊饰　　　　　　　　　　　　　　　　d. 自贡桓侯宫

图2-3-16　屋脊装饰（来源：彭一、何龙 摄）

图2-3-17　自贡王爷庙生动的屋顶脊饰（来源：彭一 摄）

五、门窗栏杆

民居中的门窗、栏杆起到了安全防护，采光通风，空间隔断及装饰的作用。四川地区的门窗栏杆与地理气候相适应，产生了各种不同的形态。大户人家或宗祠的大门作为院落空间的入口，多为两扇或四扇的板门，平整厚实，上面有金属质的兽面含环铺首，门楣上有精雕细刻的门簪；门上方的横匾上写着住宅的名字或一些话训。在大门上面加上屋顶成为"门头"，有木质的，也有砖石的，高出院墙成为"门脸"。四川民居一些大门的造型很有特点，门上为一"人"字形两坡水屋顶，用双挑出檐，有些像北京四合院的中门垂花门，古朴而淡泊。大门叫作龙门，在川南一带叫作朝门。

作为单体建筑的入口，板门是最为常见的质朴的形式。在一些沿街布置的集镇中，木板门位于街道边，直接作为房屋入口，木门常不加任何装饰，具有可拆卸性。人们会在板门上粘贴或绘制、雕刻门神。

在宅院内部常采用格门即"格扇门"。格扇门多个并排在一起，有的并不能开合，只起到隔断作用。每扇门有上下两块较高的裙板，裙板间有较窄的绦环板，上下两端经常也各有一块绦环板。下方的裙板和绦环板一般不做装饰，有的亦有浮雕图案。上方的窗心，是格扇装饰的重点，图案繁多（图2-3-18～图2-3-20）。

窗的形式多样，以木格窗为主，或固定或可开合。窗棂有圆形、方形、菱形，装饰主要在窗心的图案。窗花种类繁多，如方格纹、回纹、万字纹、冰裂纹、龟背纹、金钱纹、灯笼锦等形式。有的还在窗格中心嵌以有吉祥祈福寓意的动植物造型雕刻。民间建筑的装饰源自传统文化的祈福避灾心理，以求富贵不断、福寿安康。常常采用象形、谐音、隐喻的手法。如瓜和藤蔓形的形状，意寓为瓜瓞绵绵，象征着子孙万代、世代绵长，又指良缘之喜。鸟兽动物图案通常取谐音之意"福禄""福寿"等，取福寿吉祥深远绵长的传统寓意。万字纹在梵文中意为"吉祥之所集"，有吉祥、万福和万寿之意。用"卍"字延伸又可演化成各种锦纹，寓意绵长不断和万福万寿不断头之意（图2-3-21~图2-3-23）。

　　木栏杆常用于廊道两侧，或挑楼、挑廊外侧。"横木为栏，竖木为杆"，直棂栏杆，即竖条栏杆是最基本的形式，也是四川民居中的普遍样式。直棂加以加工变形，形成一定的几何形态，如宝瓶状、藕节状。也有一些为立柱间镶整块木板或整块镂空木雕，上面再横搭寻杖，其栏杆上的雕花形式多样，和门窗格扇相似。还有结合坐凳的栏杆供人倚靠歇息，称为"美人靠"或飞来椅栏杆（图2-3-24）。

图2-3-18　三关六扇格门（来源：何龙 摄）

图2-3-19　四扇格门雕饰（来源：何龙 摄）

图2-3-20　川西民居格扇门（来源：何龙 摄）

图2-3-21　几何纹窗棂（来源：陈颖 摄）

图2-3-22　窗格花饰（来源：何龙 摄）

图2-3-23　窗格雕饰（来源：陈颖 摄）

图2-3-24　木栏杆（来源：彭一 摄）

第四节 汉族传统建筑风格与精神

四川汉族传统建筑在长期的实践积淀中形成了自己的独特风格和文化品格。建筑风格朴实素雅、通透轻灵，呈现出开放包容、交流融合、兼收并蓄的精神品格。

四川是道教发源地，民间传统受道家文化精神浸染，形成自然、豪放、不拘泥于制式的率直个性。加之各地移民的杂处、交流，各地文化与技术经验互相影响、取长补短，在此创造更新，塑造出因地制宜随形就势、丰富多样的地域风格（表2-4-1）。

四川汉族地区传统建筑风格   表2-4-1

基本构成		功能	成因	色彩	风格	精神
房	厅、堂、正、厢	居住生活	人文环境、尊卑等级	材料原色：暖色(木质赭红色)、灰调(砖墙)、白色(板墙)、黑色(瓦顶)	朴实素雅、通透轻灵、率性简洁	开放包容、交流融合、兼收并蓄
檐廊	内院、沿街	扩展生活空间、扩大生产空间	自然环境			
院	庭院、天井、花园	改善环境、美化环境	礼教秩序、自然环境			

四川传统建筑空间由外部→过渡→内部的层次鲜明，建筑空间组织的层次性以及人工与自然的有机结合，充分体现了中国"阴阳和合"的传统观念。"五方杂处"的社会环境，使之建筑融南北之风，形成建筑布局自由、构架简明、轻薄飘逸的特色，风格率性简洁，自成一体。

一、同中求异，层次丰富的空间序列

受中国主流传统建筑文化的影响，四川汉族地区传统建筑以院落式布局为主，院落民居也讲究秩序，序列主次分明。无论是纵深发展还是横向扩充的布局，宅院空间都具有较为严谨的组织规律。府第、宅院序列，从大门、二门、过厅、堂屋直至后院，层层递进变化，由厅至堂的房屋尺度逐渐增大，俗称"步步高升"。庭院呈现出由宽敞到紧凑、由大到小的规律和特色，空间层次丰富。也反映出尊崇传统伦理的礼仪规范（图2-4-1）。

大多宅院四周以房屋或院墙围合成封闭的外部环境，而内向的庭院、天井十分开敞。不同功能的房屋依靠通透的厅、廊和天井院连成一片，顺应地形就势展开，不拘定势。民居建筑外封闭、内开敞，平面布局围绕核心自发生长，大同之中存小异，各具特色（图2-4-2）。

图2-4-1 主次分明的空间序列（来源：《西南交通大学测绘图集》）

图2-4-2　生机盎然的内院空间（来源：陈颖 摄）

图2-4-3　通透的敞厅、天井院（来源：陈颖 摄）

讲究庭院绿化是民居的一大特色。一般住宅的天井院内均种植花果树木、四季花卉，并砌花台、置水池、设鱼缸等，小小的天井充满生机。大户人家还在屋后另建花园，挖池、叠山、架桥、置廊、构筑亭台，整个宅院生动活泼。

二、适宜技术，因地制宜的营建理念

1. 空间处理

四川盆地气候温和，多雨、少风，空气湿度大，夏季闷热。民居常采用小天井、敞口厅、大出檐等做法以适应气候特点。

民居的宅院一般除了有一个稍大的主院外，其余都为小天井。天井数量的多少便是衡量房屋规模和宅主社会地位的重要标志。为利于通风，房屋由院、天井、厅堂、通廊等加

以联系。过厅、中堂前后常不设门窗，完全敞开，称为"敞口厅"。厅堂室内彻上明造，空间高敞。居室上部则架楼板形成阁楼，既隔热又可用于储物。

檐廊空间是四川民居的一大特色。出檐一般达两步架，特别是前檐出挑深，有以梁双挑出檐，也有用撑弓承檐出挑。地面做成宽大的阶沿，方便了雨天的居家活动，也使酷暑季节通风凉爽。沿街民居往往退进几步架，形成檐廊，或利用二层出挑房屋的下部空间作为空廊成为街道的一部分，临街开敞式铺面前的檐廊成为既遮阳又避雨的全天候街道，也是室内空间向公共空间的中介过渡，扩大了店铺的商业活动范围。而宅院民居在厅堂前部常设宽大的檐廊，有的连同厢房形成回廊，还有些二层房屋向内院出廊形成走马转角楼。使外观造型虚实结合、层次丰富（图2-4-3，图2-4-4）。

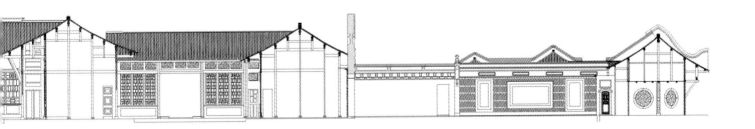

图2-4-4　走马转角楼环绕内院（来源：陈颖 摄）

2. 结构类型

传统民居大多采用木穿斗结构。穿斗结构用料小，构造简单，取材容易，扩展简便、灵活。人们在适应和利用地形上因地制宜、填挖筑台，灵活的穿逗架实现了挑、坡、吊、架等多样化的处理，以简便的方法获得更多的建筑空间。

少数宅院中的厅堂为拓宽空间常局部使用梁柱式的抬梁结构，抬梁最长用至五架。由于其对材料要求高，构造复杂，所以普通民宅使用较少。大型宅院常将穿斗式与抬梁式混合使用。

3. 建筑材料

民居的营建本着因地制宜、就地取材的原则，一般使用价廉、易得、加工方便的材料。有全木构和砖木混合两种类型。柱有木柱、砖柱，梁、枋、檩、椽为木构，墙体有竹编夹泥墙、空斗砖墙、镶板墙、土坯或夯土墙几种，山面墙体勒脚多以条石砌筑。屋面用"冷摊瓦"铺设方式的轻薄小青瓦顶。

三、兼收并蓄，多元融合的建筑风格

由于历代的多次移民，不同的文化习俗在此融汇。一方面相互兼收并蓄，趋于一同，形成本地荟萃形的四川民居；另一方面各种文化多元并存，使得不同移民集中地区表现出各自不同的原住地的特色。如洛带、土桥盛行的会馆建筑，成都东山客家民居等自成一体。

四川民居属于院落式类型，但在布局上既有北方宽大的院落，又有南方精巧通透的天井。天井式院落比北方小，而比南方大，而呈狭长形的天井则是中原山陕地区庭院的变异。在城镇人口密集区，孕育出本土特色的店居形的小天井式联排民居。

在建筑外部形态上既有北方封闭、粗犷的气质，又兼有南方通透、精巧的风格。粗犷的露明穿逗构架间镶以轻薄的白色夹壁墙，轻盈的小青瓦屋顶平缓舒展，形式各异的挑头、撑弓支撑着深远的檐口，开敞的厅堂使得院落与室内连成一片，形成场镇民居的整体艺术风格。由于场镇建筑的高密度，封火墙的使用也是一大特色，空斗砖墙砌筑的高低错落的封火墙高高伸出屋面，其柔和的曲线和精心雕饰的脊檐打破了线性街道的单调。

民居在装修和色彩上朴实自然，为了表达主人的祈福心理和精神诉求，建筑装饰选择有吉祥长寿寓意的图案。精心雕琢的木质吊瓜、云墩、撑拱、门窗棂格，石雕柱础，砖雕大门、照壁，叠瓦、灰塑嵌瓷的屋脊、脊饰等丰富了建筑的细节，也反映出工匠的技艺与审美意趣。除木构件用桐油或油漆饰面外，材料多基于本色展示，重技艺轻彩饰，以突出材料本质为目的。

四川传统建筑不拘泥于法式、经典，多元融合。粗犷之中带有巧丽的自在表达，呈现出独特的品格与气质。

第三章 藏族地区传统建筑风格分析

四川藏民族主要分布于甘孜藏族自治州，木里藏族自治县，阿坝藏族羌族自治州的小金县、金川县、马尔康县、红原县、阿坝县、壤塘县、若尔盖县、九寨沟县，阿坝州内松潘县、理县、黑水县的部分地区，凉山州冕宁县、盐源县和雅安地区宝兴县、石棉县及绵阳平武县的部分地区。

这里地貌特征多变，既有青藏高原复杂多样的特性，又有横断山系岭谷幽深险峻的高山峡谷特征。独特的地理环境、自然资源条件和民族文化传统，孕育出独具地域特色的建筑形式。四川藏区又是一个以藏民族为主体的多民族杂居地。民族的交流带来彼此文化的碰撞与交融，使得藏族传统建筑又呈现出多样化的面貌。居住建筑和藏传佛教建筑是这一地区的主要建筑类型，还有少量外来文化的祠庙、衙署、回族清真寺、基督教和天主教教会建筑等类型，少量的外来文化植入型建筑带有明显内地汉式风格。

因生产、生活方式的不同，四川藏区建筑可划分为两大区域。位于北部高海拔的高原区为草原牧区，牧民游牧的生活以帐篷为主，也建有简朴的冬居小屋。其余高山峡谷区为定居生活的农区或半农半牧区，根据所处地理气候环境、资源差异，形成了不同材料与营建方式的民居风格，主要有邛笼式石碉房、崩空式藏房、梁柱体系藏房、木架坡顶板屋几种类型。民居是本土原生建筑文化的代表，体现了四川藏族传统建筑的地域特色。

第一节　聚落规划与格局

四川藏族地区地域辽阔、地广人稀，处于青藏高原的东部边缘地带，为藏、汉过渡和交接地区，在长期的历史发展过程中，多种文化在这里相互碰撞、相互吸纳，从而形成了既有与其他藏区相同的藏族文化共性，又具有自身多元性文化印记的鲜明特征，其文化的多样性和复合性特点极为显著。

一、藏族传统聚落的选址

四川藏族地区的西北部为高原山原和丘原地貌，海拔相对较高，地势相对平缓，属于草原牧区，包括川西北大草原、红原草原和石渠草原等。其中，川西北大草原包括阿坝、若尔盖、红原等地，为我国五大牧区之一。牧民过着逐水草而居的游牧生活，夏秋季节居住在可移动的帐篷内，冬季居于能抵御风寒的固定土房中。冬居房屋大多选择依山、向阳、避风、水源充足的地带，就地取材建造单层小屋定居，由几十户到百多户形成聚落。高山峡谷区是以农业为主的地区，由于峡谷幽深、山峦险峻、海拔变化很大，气候、植被随海拔变化呈垂直分布，生产生活方式及选址布局与地貌密切相关。藏族村寨多建于山腰台地及河谷平原边缘地段的向阳南坡，房屋以少占耕地，避风向阳为原则。河谷、平坝地区建房比较自由，在坡地上藏房多垂直于等高线分级筑室，分散布置，分层出入，没有明确的巷道。

聚落选址要满足定居生活的需求，充足的水源、足够的农牧用地、安全的环境是其基本原则。依据地貌环境，聚落主要分布在河谷地带、半山地带、山原坝地。

（一）河谷地带聚落

河谷地带的聚落在四川藏族地区很常见。几户或几十户人家，人们将靠近河滩的冲积带开垦耕地，堆石筑成阶梯状，房屋建在背靠山脉顺应河流走向的稍高几级的台地之上。聚落规模大小和密度因河谷宽度与坡度不同而大小不一，平缓地带也会形成高密度的聚居区，发展为城镇如大渡河上游的支流地区，沟深坡陡的河谷地带聚落小而且分散，成组相聚的村寨选择河流两侧坡地随河岸线分布，或山泉丰富的山坡上，被河流串联起来的藏寨错落有致地散布在山间河畔（图3-1-1）。

（二）半山地带聚落

半山地带的聚落一般位于向阳山坡的缓坡地区或台地地带。人们开垦山腰凹处冲刷扇地貌中部的台地耕种，房屋靠周边陡坡建造；或就近利用小山脊集中建屋，四周分台筑成梯田。村落的对外防御性和内向性较强，组织结构较为松散，建筑布局灵活自由，房屋与农田穿插。如丹巴井备村位于东谷河岸的半高山上，坡陡地少，碉房密集地聚集在一

图3-1-1　河谷农业聚落（来源：陈颖、王及宏 摄）

起，位于山腰凹处，四周开垦出层层梯田栽种玉米。而马尔康松岗官寨碉聚落，碉楼官寨居于一小山坡顶部，户户相连的民居聚集于半山，顺山脊高低起伏带状延伸（图3-1-2～图3-1-4）。

（三）山原坝地聚落

山原坝地相对平坦开阔，周围多有河流经过，灌溉方便。人们适度开垦成为肥沃的良田，成组聚居，林农兼作。适宜的环境、充足的耕地，使其容易形成较大聚居规模的村落，并成为区域中心（图3-1-5，图3-1-6）。

二、藏族传统聚落的布局特征

根据聚落建筑分布形式及扩展方式，聚落布局可分为分散式布局和聚集型布局两类。

（一）分散型布局

分散型布局的聚落在变化复杂的山地地貌环境中最为常见，也是四川藏区最典型的聚落形态特征。聚居生活依赖自然环境的乡村聚落规模小，几户或十余户聚集成团，没有经过人为规划，自然生长发展。藏寨建筑多随地形变化而自由

图3-1-2 丹巴地区半山坡地聚落（来源：陈颖 摄）

图3-1-3 马尔康地区半山台地聚落（来源：陈颖 摄）

图3-1-4 稻城地区半山台地聚落（来源：陈颖 摄）

图3-1-5 理塘县（来源：陈颖 摄）

图3-1-6 乡城县（来源：陈颖 摄）

展开，间距较大，建筑掩映于自然山水之中，保持着原有的地形地貌的自然风貌。聚落建筑无主次之分，空间匀质。

小聚居、大分散是藏区聚落的一大特点，丹巴藏寨即是典型代表。藏寨选址在背山面水、向阳避风的河谷或半山地带，规模依地形而定，大小不等。为适应当地山多地少的地理环境，较平缓、土质肥沃的地块开垦耕种农作物，地角边坡、贫瘠之处用来建房。聚落中的建筑由石砌碉房与高碉组成。平缓之处各户碉房相互独立或几户相邻而建，分散于田间，高低错落保持一定距离，布局自由；陡峻之处房屋密集聚集，依山就势、相邻倚靠。大多宅前屋后种植花果林木，较开阔的坡地开垦耕种农作物。村落结构较为松散，居住生活和农业生产相结合，没有规整明确的巷道，宅间田边形成自然步行小道和少量简易车行道。这些自发生成的村寨，建房时却无需协商、调解，村民们都自觉、巧妙地利用地形，

主动避让、互不遮挡，村寨仿佛是从大地中生长出般自然、和谐（图3-1-7~图3-1-9）。

（二）聚集型布局

聚集型布局的聚落多位于山原坝地或较为宽阔的河谷地带，通常有一个中心，从核心区向外扩展，以一个群体为核心，围绕其面状扩展开。建筑数量多、紧密分布，空间结构紧凑，内聚性强，形成多组团的内向性布局形式。聚集型布局聚落的核心体一般为寺院或土司官寨，转经道成为主要交通骨架。大多数城镇聚落都是由一个核心发展而成，呈中心扩展型布局。

如寺院地处高地，人们沿其一侧聚居，因寺而盛的聚落密集地顺坡呈扇面状扩展，聚落结合地形形成由高向低的空间过渡（图3-1-10）。也有以寺为中心，聚落环绕其周边发

图3-1-7　丹巴县梭坡乡藏寨（来源：陈颖 摄）

图3-1-9　丹巴县聂呷乡藏寨（来源：陈颖 摄）

图3-1-8　丹巴县巴底乡藏寨（来源：毛良河 摄）

图3-1-10　以寺为核心的聚落布局（来源：陈颖 摄）

图3-1-11　以土司官寨、家庙为中心的城镇聚落（来源：陈颖 摄）

展。白玉、理塘等县城都是由此发展为繁荣的城镇。

丹巴邛山村和马尔康西索村是因土司官寨而形成的聚落。德格更庆镇则是作为土司辖地，居民以土司官寨及其家庙为核心，围绕汤加经堂和更庆寺周边环形扩展，形成大规模的民居群（图3-1-11）。夏邛镇和甘孜镇均是因寺院和官寨而发展，成为区域中心城镇。

三、藏族传统聚落的风格成因

聚落的选址布局与生活的自然环境有密切的关系，聚落的格局主要受到自然因素如地貌条件，水土资源等的影响。位于高山峡谷、交通要冲之处的聚落大多沿着河流、山脉双向延展，呈线性分布。用地狭长、聚落规模相对较小。居住生活需要有足够的田地以供耕种开垦，人们便在边坡建房，周围耕种，生产生活相结合，聚居规模由耕地多少决定。四川藏区定居聚落的农业和半农半牧地区以山地为主，土地分散，所以农业聚落分布分散、结构松散。如丹巴聂呷一村，寨子建在缓坡之上，避开冲沟等容易造成自然灾害地段，建筑沿等高线分布于阶梯形的坡台上平行地排列，并以"之"字形的小路迂回盘环其间，既高低错落又层次分明。也有少数村寨采用垂直于等高线的布局形式，以十分陡峻的梯道贯穿其中，两侧屋宇形成依次跌落、层层上升的景观。

藏族聚落是长期适应自然环境的必然结果，而人文社会因素对聚落的形成和发展也起着重要的作用。如生产生活方式、宗教文化、民族习俗、经济发展等也影响着传统聚落的风格特征。

生活方式的差异使得聚落选址与形态各不相同。牧区藏民居住在移动的帐篷内，住户分散，没有固定的聚落形态；农业聚落地处海拔相对较低的农田较多、土地肥沃、气候条件较好、交通方便的河谷和山坡地带，分布较广；半农半牧的聚落依据耕地和草场情况，村落规模大小不等，小聚居较典型，随海拔的升高住户往往减少并分散。

民间信仰、原始崇拜以及宗教文化深入到藏族人民的生活当中。原始宗教"万物有灵"的观念使藏族先民虔诚祭拜各种神灵，希望能够得到福佑。聚落建筑选址，几乎都有朝向"神山"的传统，如丹巴地区的聚落多朝向墨尔多"神山"，甘孜县城面向瓦洛日雪山。对于藏传佛教的信奉，佛塔、寺院、转经筒等成为聚落不可缺少的要素，并影响着聚落布局形式。

因宗教中心或土司辖区腹地的中心凝聚力，聚居规模发展迅速往往成为城镇聚落。沿交通线、商道的聚落，因其地理优势成为物资交换与集散枢纽地，商贸活跃、人口聚集，逐渐兴盛而发展为城镇。城镇聚落多位于较宽阔的河谷、台地和易于扩展的要冲地带，呈现出线性布局或中心扩展型布局。城镇空间及道路体系形成主次之分，聚落建筑密度高，藏式风格的聚落中还散布着汉式祠庙、伊斯兰教清真寺、基督教、天主教堂等外来文化的建筑类型。

第二节　建筑群体与单体

一、藏族传统建筑的风格特征

（一）建筑类型与布局

1. 建筑类型

由于生产方式的不同，四川藏区主要有牧区建筑和农区建筑之分。牧区建筑分为夏天居住的帐篷和冬居房屋两种类型。藏式帐篷有大有小，大者每边长约7~8米，小者4~5米，均为近正方形。按平面地势一侧设门，室内中央有一火塘，帐顶上顺脊处开一长方形的用来采光排烟的天窗。帐外四周挖一条小沟，以便雨天时帐篷上雨水滴入小沟排出。迁移时卸下小柱，折卷帐篷，连带三根木柱、20余根木桩，以一、两头牦牛便可运走（图3-2-1）。

冬居是牧民冬季暂时居住的房屋，多分布在牧场上。由于居住时间不长，比较简陋，房屋为单层，平面呈矩形，规模比帐篷略大，门设在边长较短的一边，室内划分与帐篷布局相似，整个房屋由乱石砌筑，平顶，石墙顶覆盖草甸砖，屋外用乱石砌成畜圈。

农区的建筑类型相对来说更加丰富些，主要有居住建筑、寺院及碉楼建筑，居住建筑是传统聚落的主体，寺院殿堂规模最大，碉楼则穿插点缀于聚落之中。由于居住者职业身份不同，居住建筑有普通民居、土司官寨、僧人住宅三类。

2. 功能与布局

（1）居住建筑

民居是聚落的核心功能建筑，也是聚落景观的主要元素。四川藏族居住建筑历史悠久，集中体现了藏族文化的历史性、民族性、地域性和艺术性。主流的居住建筑一直都是以藏式碉房为主。在藏族传统的居住观念里，房子顶层的经堂是神的居处，中间层是人的居所，而底层则是牲畜的天地。房屋进门最下层不住人，常用于圈养牲畜，由于常年不清理牲畜粪便，导致内部垃圾堆积甚厚，环境极差。第二层为锅庄，也是卧室，藏民的日常活动都在这一层。从二层沿木梯上至三层有经堂，是藏民家中最庄严、整洁、华美的房间，只有汉官和喇嘛才有资格入住。第四层为屋顶，通常建有敞口屋，是囤积粮食和饲养雄犬的空间。在屋顶四角设有经幡，用于祈祷和祭祀家神（图3-2-2）。这种布局方式体现了藏传佛教中神、人、畜三界共居的整体性建筑格局。

因此，普通藏式民居的居住功能要素主要由牲畜圈、锅庄、经堂及储藏室等附属房间构成。早期的藏民受崇尚自然之物的影响，常常将牲畜视为家庭成员的一部分，人居与牲畜混

图3-2-1　藏式帐篷室内（来源：韩东升 摄）

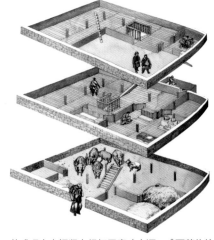

图3-2-2　藏式碉房空间竖向组织示意（来源：《西藏传统建筑导则》）

居在一起，甚至在冬夜相拥以取暖。随着社会的变化，遂有了人畜分层而居的现象，首层的牲畜间开始出现，并延绵至今。发展至清代，城镇民居中已少有将一层作牲畜房，更多人家是将一层改为杂物间、储藏间等附属用房，少数有牲畜的人家也将牲畜房放在院内或别处，远离居住用房。更有不少城镇居民将沿街一层作为商铺，成为主要的商用空间。

主室①锅庄房，是整栋房子的核心空间，人们在此聚会、待客、家庭起居生活。围绕着锅庄还会有厨房及卧室等房间，它们可视为锅庄的附属功能房间。因此，在藏式民居中锅庄基本成了生活空间的代名词。

经堂，藏式建筑中最神圣的地方，也是整栋建筑中最为华丽的房间。经堂是整个家庭宗教信仰的精神圣地，也是前来诵经礼佛的僧人们居住休息的地方，一般不容外人进入。经堂一般布置在整栋建筑的最高层或是整栋房子中朝向最好、位置最重要的一方。

附属用房，主要是指储藏粮草、杂物的房间等，是家庭堆放杂物之处。藏式民居中少不了屋顶晒台和敞间屋，用于加工、翻晒农作物，也是堆放杂物、聊天交流的地方。任乃强先生在《西康图经·民俗篇》中描述藏房屋顶："番人住宅，无论大小华朴，屋顶皆坦平如坻，铺土筑紧，似一网球场，故汉人呼为平房也。平房屋顶，为适当之场圃。农家割麦，堆于其上，以穗向外，砌成墙式垒式，藉风干燥，秋末农间，取下铺平，打落子实，击破穗秆子实入囷，不必复晒，穗秆仍令堆叠屋顶，以作冬季牲畜之刍秣。我国北方农民，届收获期，必特筑场圃，以备此诸工作用途；番人则以屋顶为之，可谓善用其屋顶也"（图3-2-3）。

藏式居住建筑大多为独栋式建筑，因规模和功能的不同，也有不同的组织形式。平面布局形式上有集中式和围合式两种类型：

集中式即独立成栋，功能用房在室内划分，竖向发展。

a. 底层牲畜房

b. 生活用房——锅庄

c. 精神空间——经堂

d. 敞间与屋顶晒坝

图3-2-3　普通藏式民居基本功能组成（来源：郭桂澜、韩东升 摄）

---

① 民居中空间最大的房间，设有火塘。有称为"锅庄"房，也有称为"茶房"。家人做饭、烧菜、吃饭、待客活动都在这里。最初睡卧功能是在此空间里，一般沿墙边放置木床或睡在木地板上。当房间数目增多、功能分化后，出现专用的卧室，这里是老人或冬季的居室。

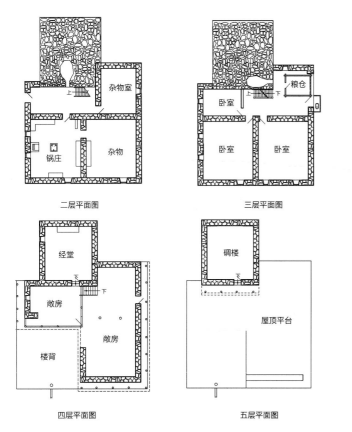

图3-2-4a 逐层退台的集中式布局（来源：根据《西南民居》，唐剑 绘）

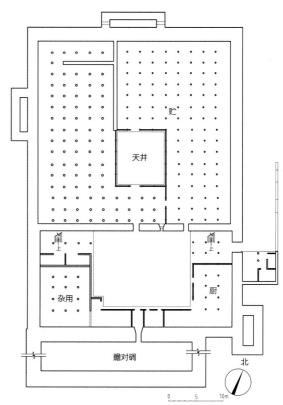

图3-2-4b 周边围合式布局（来源：潘熙 绘）

往往成阶梯式体量组合，建筑外观呈退台式（图3-2-4a）。

围合式又有天井式和院落式之分。当房屋功能增多、规模较大时，往往四周围合封闭，中部形成可采光、通风的小天井，是城镇大户人家及开设旅店的住屋形式。官寨既是土司的住宅又起地方衙署功能，规模更大、功能复杂，则为多栋不同功能用房相互组织围合形成合院式布局形式。阿坝州松潘地区的民居以木架为主，大多采用院落式布局的方式，有汉藏结合的风格特色（图3-2-4b）。

（2）寺院建筑

寺院大致由佛殿建筑、经院建筑、僧人居住建筑、佛塔及附属建筑几部分组成。各寺因等级规模不同，在具体的建筑类型构成以及建筑数量和规模上又有差异。

佛殿建筑指专门供奉佛像的殿堂，藏语称为"拉康"。因供奉的主体不同，其建筑名称也有不同。平面形制继承了早期佛教的"回"字形布局形式，由佛堂和转经道组成，以供奉佛像为主供信徒朝拜。佛像前空间较小，建筑规模小于大经堂，设置数量也因寺院规模而不同，少则1、2个，一般建于寺院所在环境的穴位上。

经院建筑包括措钦大殿、扎仓、辩经场、印经院等。措钦大殿一般由门廊、经堂、佛殿组成凸字形平面，部分寺院将门廊上部的楼层空间用作活佛居住、会客或讲经场所。扎仓是僧侣学习和修法的场所，每个扎仓都有经堂、佛殿，由回廊围合成独立庭院。一般位于佛殿群周围，似一小型寺院。

僧居建筑包括活佛府邸"拉让"，和普通僧侣的住所。"拉让"可为独立的建筑或院落也可设置于措钦上部楼层之中。普通僧侣们的住所有两种，一种为院落式的集体住宅，也称为"康村"；另一种为散居的住宅，一僧一宅或多人合建一宅，分散分布于寺院中。建筑形式风格与民居相似，只是规模较小，功能单纯些。

　　佛塔是藏区最为普遍和最具特色的构筑物。藏区的村庄、寺院都普遍兴建佛塔。佛塔也是寺院的重要组成部分，一般设于寺院入口处，或寺中其他位置。

　　附属建筑包括藏语称"容康"的厨房，安置玛尼经筒的玛尼廓康，拜祭山神的煨桑台，放置擦擦的本康等。

　　寺院的布局形式大致可分为分散式与庭院式两种。大中型寺院通常采用分散式布局，以主佛殿为核心，其他建筑依据地形，非对称分列于周围，形成以佛殿或佛殿群为中心的簇群形态，象征坛城聚集之意（图3-2-5a）。庭院式布局中各建筑围合组织，形成中心庭院且有明显中轴线的左右对称布局，清雍正皇帝御赐建的道孚惠远寺即是该布局形式，带有明显的汉式建筑布局风格，一般小型寺院为此布局形式（图3-2-5b）。农区传统建筑的形制大致可分为梁柱框架体系藏房、康巴"崩空式"藏房、墙承重体系石碉房、木架坡顶板屋四种类型，其布局和建筑形式体现了四川传统藏族建筑的风格特色。

图3-2-5a　分散式布局寺院（来源：陈颖 摄）

图3-2-5b　院落式布局寺院（来源：王及宏 摄）

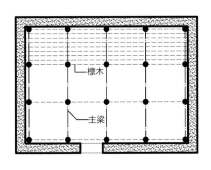

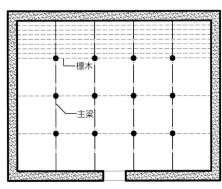

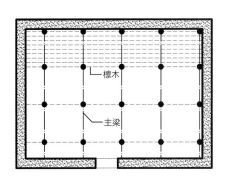

图3-2-6　梁柱框架体系示意图（来源：唐剑 绘，韩东升 摄）

（二）梁柱框架体系藏房

四川藏区民居自称为"碉房"、"藏房"。不仅建筑结构多样化，而且平面及空间布局富有变化，层次感十分强烈，呈现多样性的特点。"梁柱体系"结构的民居最为普遍。在部分地区还会与"崩空"结合，或置于"邛笼式"碉房的顶层。

"梁柱框架体系"式房屋是分布最广的一种藏房类型。建筑主体结构大多以柱列和梁构成框架作为主要承重构件，墙体起围护作用或仅承担部分荷载的一种结构形式。该类型又可细分为两种，一类是完全梁柱承重的纯框架结构，建筑的全部荷载由梁柱承担，墙体仅为围护结构。主要分布于甘孜州北线从甘孜到德格及巴塘、乡城、稻城、得荣等地。另一类为建筑外墙与室内梁柱架共同承担荷载的内框架结构，房屋室内采用梁柱框架，但靠近外墙的一列柱子被墙体取代，边跨梁一端位于柱头，另一端搭于外墙，墙柱混合承重。主要分布于甘孜南线经康定至雅江、泸定、九龙、理塘及色达县、阿坝县、雅安地区、凉山州木里县等地（图3-2-6）。

从建筑外墙材料看，沿河峡谷地区利用自然资源山岩片石砌筑墙体，河谷冲积地带及草原，普遍采用夯土筑墙作为围护体。土筑藏房主要分布于河谷冲积平原和高原牧区，如甘孜、炉霍、巴塘、新龙、乡城、壤塘、阿坝县等地，其他则为石砌碉房，康定折多山以西、雅江、理塘、稻城、雅安、木里等地（图3-2-7）。

梁柱体系的房屋柱网布置灵活，建筑内部空间也丰富多变，可以根据空间需要任意向四周扩展。其基本单元为四柱构成的空间，每柱间距约为2~3米，在此基础上根据场地及空间需求扩展。通常是先根据使用需要及场地条件砌筑四周墙基，然后架构柱网，柱头承梁形成框架，梁间密铺檩木，之上敷设枝条和楼板，上下层则采用叠柱式，其形制类似于汉式阁楼建筑中的叠柱造做法。

"梁柱框架体系"民居平面为规整的矩形，多为2~3层，石木或土木结构的平顶碉房，也有部分地区在顶层敞间立木架敷设石板瓦成坡屋顶。建筑以室内立柱多少称呼房屋大小，柱列间用木板墙分隔空间。底层为牲畜房及杂物间，

二层为生活用房，用木隔墙分隔出主室、卧室、经堂、储藏间等，三层退至呈"一"形或"凹"平面的敞间，屋顶平台为晒坝，作为生产辅助之用。因此，梁柱框架体系藏房的特点就是梁柱起主要承重作用，建筑空间则以横向扩展为主。建筑形体略有收分，上层开设小窗洞，外观封闭坚实。

如巴塘孔打上巷民居，天井院布局。巴塘民居大多是独栋集中式，这种布局很少，过去只有大户人家才建有天井院。室内柱列规整，四周夯土围护墙，房屋先立柱后打土墙，为梁柱框架结构。底层为喂养牲畜圈、草料房。二层是生活之处，木板墙分隔出厨房、卧室、经堂、储藏间，围绕中心天井三面为一柱距宽的通廊。三层屋顶晒坝，后部建有存放农具、谷草的敞间。（图3-2-8）

稻城罗绒宅由平顶石碉房主楼与坡顶石碉房的经堂组成曲尺形布局。稻城民居大多为三层内框架，墙柱混合承重式

a. 巴塘"框架式"夯土碉房

b. 雅江"内框架"石碉房

图3-2-7　梁柱体系藏房（来源：四川省文物局资料）

平顶石碉房，规模、用材较其他地区大。普通人家主房为独栋矩形平面，有地位、特别的人家才能建独立的经堂，与主楼相交呈曲尺形平面，经堂为坡屋顶。

主楼底层为储藏用的库房，宽大的楼梯设于室内中央。二层在柱间用木板墙分隔各房间，楼梯左侧最大的房间为集待客、厨房的多功能主室，灶台在室内最显著的位置，前壁的灶神壁塑精美传神。右侧围绕小天井的分别是卧室、客房、储藏间、经堂。第三层为晒坝和敞间。其独立经堂的二、三层分别为不同的教派，是唯一一例（图3-2-9）。

（三）康巴"崩空式"藏房

"崩空"是藏族建筑中最为常见的、极具民族与地域特色的木结构类型。"崩空"藏语意为木头架起来的房子，也有称为"崩科"、"崩康"、"棚空"、"棒科"的。早期这种井干式结构的箱型木屋多为单层，林区较多。因其较好的整体性，后来普遍建于地震区，并加以改造，常与木框架结构结合。也有置于"邛笼"碉房上层局部使用。

"崩空"——这种以半圆木垒叠而成的木结构箱形建筑体，保暖性能好，同时具有较好的防震、抗震性，外观也独

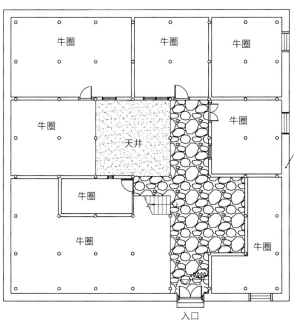

a. 平面布局示意

b. 二层梯井空间

图3-2-8　巴塘民居（来源：《西南交通大学测绘图集》）

图3-2-9　稻城民居（来源：陈颖 摄）

图3-2-10　康巴"崩空"藏房（来源：陈颖 摄）

图3-2-11　木框架结构"崩空"房（来源：陈颖 摄）

图3-2-12　丰富多样的"崩空式"藏房（来源：陈颖 摄）

具特色。靠近森林地区的居民和地震区的居民，均采用这种建筑结构。主要分布在四川林区，如甘孜州道孚、炉霍、甘孜、新龙、德格、白玉县一带。20世纪后期，道孚、炉霍经历几次强烈地震后，人们对传统的"崩空"建筑在结构、布局上都进行了改进，木墙与框架式结构结合的"类崩空"做法逐渐增多。道孚民居成为四川藏区"崩空"民居建筑的典型代表。

"崩空"式藏房有两种类型，一类是井干式结构的箱型木墙，即当地称呼的"崩空"房。另一类与梁柱体系结合，立柱与横梁构成框架式框架，柱间以圆木垒叠成墙，外观类似井干式的木墙，称为"灯笼框架"式（图3-2-10，图3-2-11）。

与其他地区井干式民居相比，康巴"崩空"藏房底层及后部用黏土夯筑外墙，二层以上是木质"崩空"藏房。大多为2～3层平顶藏房，平面功能大致相同，底层牲畜圈房，二层生活用房，顶层晒坝储藏。木件上五彩刷饰、镂刻吉祥图案，装饰华丽精美，各地结构、风格略有不同。特别是新民居柱子直径普遍粗大，上下层使用通柱，梁柱形成框架以增强抗震能力，并注重装饰。

道孚以北甘孜、炉霍地区大都建造框架式结构，类似于"灯笼架"的利于空间扩展又有较好抗震性的"类崩空"藏房。道孚崩空为近几十年来建造的改进型，设有天井，厕所、厨房单独设置。二层为客厅、卧室、经堂、客房、储藏室、厨房。二层客厅外为屋顶平台，正面一角设有煨桑炉。

德格基本保持着早期崩空藏房的传统。室内井干式与框架结构穿插布置，底层之上叠放一或二层崩空，木墙刷饰红褐色。客厅或主人卧室居中，厅室外部窗框与门框均采用镂刻工艺制作。新龙崩空藏房的崩空建在三层，规模较大。客厅与厨房连在一起，室内空间较高（图3-2-12）。

"崩空"式与汉族地区井干式木架做法相同，通常将圆木或半圆木（平整的一面作为室内）端头开挖槽口榫卯相接，层层垒叠，形成整体墙面，在墙面开挖门窗洞口。新发展出的框架混合式，则先立圆木柱、架梁形成矩形框架，在框架柱上挖槽，再将圆木水平垒叠，嵌入柱中形成墙体，开挖门窗。

"崩空"房底层、后部夯筑外墙刷白色。木墙原木涂以红褐色。木件以藏式传统图案彩绘，檐橼、窗楣层层出挑与色彩点缀，层次丰富。屋顶设煨桑炉，挂经幡、插风马旗。

"崩空"房早期多为单层井干式木屋，规模较小。因其整体性好，也常与其他结构类型的碉房结合，置于碉房上层一侧或室内局部使用。"井干式"结构的空间变化受制于材料，所以很快演化出外观相近的新的"类崩空"结构形式，先立木柱呈方形框架，再在柱间水平垒叠半圆木作为墙体，形成框架式木墙，空间大小可随柱列数量增建自如，厚厚的壁体保温隔热。后期大多民居都是将"崩空"与"框架式木墙"两种结构混合穿插使用。

（四）"邛笼"式石碉房

四川嘉绒藏区是藏羌石砌建筑的发源地之一。现存的上百座碉楼，更是中国两千多年以来至今尚存的"邛笼"的实物见证。该地区的民居也是由古代先民"垒石为室而居"演变而来的"邛笼"式石砌碉房（图3-2-13）。

碉房有两种类型：一类是纯居住功能的碉房。另一类是住屋与高碉结合，即建有高碉也称之为"宅碉"。3~5层石砌平顶居多，高者有达8、9层的（图3-2-14）。

碉房整体封闭坚实。厚厚的石墙上只有少量小窗洞，三层以上面向屋顶晒坝的房间和出挑的木墙上才开设稍宽大的

木窗。层层退台和木墙、廊架的交错出挑，形成虚实、轻重的对比，建筑形体丰富。

碉房平面为方整的矩形平面，占地百余平方米。上下层分间基本一致，竖向重叠平面逐层减少，形成退台式。功能布局大致为底层牲畜圈；中间层有主室锅庄，作为客厅、厨房，卧室，各类储藏室；上层为经堂、客房，有些作为喇嘛念经的住房。最顶层为宽大的屋顶晒坝，沿墙边建有"一"字或"L"、"凹"形平面的半开敞房间，敞间是临时储存、放农具之用。敞间大多为木架平顶，马尔康草坡一带则为木构架坡顶（图3-2-15，图3-2-16）。

土司官寨功能较普通民居复杂，规模大，既是土司家人居住生活之处，也有官署的作用，空间较大的房间室内设有少量立柱，从形体到建筑装饰都与普通民居有所区别（图3-2-17）。

图3-2-14　马尔康平顶碉房（来源：王及宏 摄）

图3-2-13　藏寨碉楼（来源：毛良河 摄）

图3-2-15　平顶"邛笼式"碉房（来源：陈颖 摄）

"邛笼"式是墙承重体系的密梁平顶碉房，实墙划分空间，室内无柱或少柱，以房间为单位内外墙承重。平顶敞间为墙柱混合承重结构，坡顶敞间则是支梯形木架支撑梁、檩，并铺石板瓦。墙体以不规则石块加黏土砌筑，从下至上逐渐收分。梁水平搁置在墙上，梁上密铺一层檩木，之上放置劈柴、细枝条，倒入混有碎石的黄泥铺平拍实。楼面在此之上铺置木板，屋顶则在基层上分层铺筑略干的黄泥，用木棒夯打密实。外墙檐部一般平铺一层薄石板，并伸出墙外形成挑檐。

图3-2-16　坡顶"邛笼"式碉房（来源：田凯 摄）

图3-2-17　嘉绒地区土司官寨（来源：毛良河 摄）

建筑的装饰主要是门楣、窗格的木雕图案及极富感染力的色彩。墙面、窗套刷饰白色、黑色图案和檐口红、白、黑色带，屋顶插五彩经幡。

（五）木架坡顶板屋

木架坡顶板屋吸收了汉族木构架的穿斗营造技术，形成汉藏混合形式。主要分布在藏、汉等多民族混居地及海拔相对较低，气候温和、植被丰富的林区。

藏族木架坡顶板屋民居主要分布于四川阿坝州东北部，海拔相对较低、气候温和湿润、木材丰盛的林区，藏、汉等多民族杂居的地区，若尔盖、九寨沟、松潘县及平武县的藏族乡等地。不同民族文化、宗教信仰的相互交流，构筑方式及建筑形式出现文化融合的混合形式（图3-2-18）。

民居多由大门、主房、平台、耳房组成小院落。主房建筑独栋式，以木架结构为主，木板墙。松潘地区大多在板墙外砌筑土石围护墙。房屋大小依室内柱头的多少，小则9柱，大到40多柱。一般不用平顶，采用杉板瓦坡屋顶。建筑外挂经幡、转经筒，以藏传佛教宗教图案装饰。

藏族木架板屋一般3层。从一楼经木梯到二层宽阔的晾晒平台，平台周围栏杆围护，角部建有一个敬神煨桑的香炉。从过道进入主房，两边是独立的卧室，里面最大的房间是起居主室，中间有火塘，兼有厨房、饭厅、客厅的多种功能，炉灶上空方井升高开高窗。三层是经堂和储藏室。松潘地区牟尼沟和热务沟的经堂在三楼，漳腊川主寺一带经堂在

图3-2-18　若尔盖县藏族木架板屋（来源：田凯 摄）

二层火塘屋旁。三层（阁楼）是储藏家庭日常用品或储藏兵器的储藏室（图3-2-19）。

藏式营造方式、构造节点与汉族传统穿斗木架建筑不完全相同。木架板屋下层为藏式梁柱搭接方法，上层类似于穿斗架，汉藏结合型。楼面做法为屋基立柱，柱头水平搁置横梁，梁上密铺檩木及木板作为楼面。木架部分为粗糙的榫卯连接，原木随形，一些次梁头直接搁置在主梁上。顶层类似汉族穿斗式结构，屋架空间做阁楼储物。传统的坡顶屋为多层薄杉板重复叠加之后用木条与石块压住，现大多改为铺设小青瓦或机制瓦、铁皮瓦。

建筑底层畜圈石砌，上层后部的木板墙之外砌筑夯土围护墙。土夯墙每隔一段距离夹木板增加墙体整体性（图3-2-20）。

建筑装饰主要在经堂横梁上贴经文彩旗、哈达。建筑雕

花木格、吉祥八宝等图案，色彩鲜艳夺目。房顶上插五颜六色的经幡和十轮金刚咒画。

（六）碉楼

碉楼是藏羌民族传统村落中的独特建筑类型，以石或土砌筑，高度10～40余米不等，广泛分布于青藏高原东南边缘深山峡谷地带的四川西部、西藏东部以及青海、云南的藏、羌民族聚居地。其中大渡河上游流域及大小金川流域地区留存最多，外形和功能种类丰富。四川藏区碉楼主要有四角、五角、六角、八角、十三角等形状（图3-2-21），尺寸25～100余平方米不一，其中四角碉分布最广，最普遍。藏族与羌族的碉楼外形存在一定差别，藏碉顶部为平台，女儿墙四角高起，垒置白石。

从建造材料分，碉楼有石碉、土碉两类。石碉最普遍，碉楼的外墙以当地山石垒砌而成，墙厚1～3米，除底层使用少量大条石外，墙体基本以小块片石拼砌，黄泥黏接；外墙上开有窗及射击瞭望孔。碉楼内部以木梁、板分层，每层楼板留有洞口，安置活动独木梯上下通行。土碉墙体用黏土夯筑，内部楼面用木材建造。

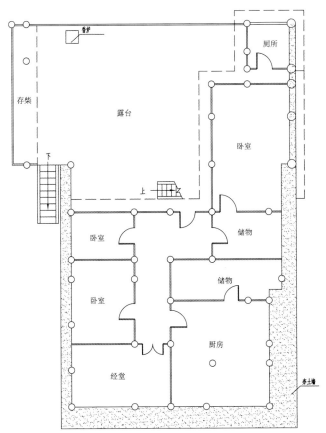

图3-2-19　松潘县民居布局示意（来源：《西南交通大学测绘图集》）

图3-2-20　藏族木架板屋（来源：田凯 摄）

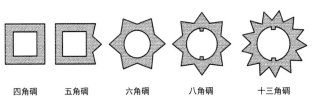

图3-2-21　藏族碉楼平面示意（来源：毛良河 绘）

碉楼是战、居两用的建筑物，从功能类型可分为家碉和寨碉两大类：第一类：家碉，又称宅碉，碉与住宅结合建造，用于家庭仓储、防盗和械斗防卫，体量一般较小；第二类：寨碉。多独立修筑，功能各异，有烽火碉、要隘碉、官寨碉、界碉、经堂碉、风水碉等。要隘碉、烽火碉建于视野开阔的山岩上或要道口，用于监控外来入侵、警戒和传递信息；界碉位于村寨间作为边界标志，同时也是边界的哨卡和防御工事；官寨碉主要为地方统治阶层的战备和仓储建筑，也是其权力的象征；经堂碉用于宗教仪礼和膜拜，室内绘有佛教题材壁画；风水碉造型奇特美观，形体较小，建于村寨附近用于驱魔镇邪，保境安民。

在战事多端的年代，石碉主要是满足人们安全的需要，随着社会的相对稳定，石碉的防御功能逐渐弱化了，人们便不再单纯地修建防御性的石碉，而修建集防御、居住等多种功能于一体的石碉房。嘉绒藏区与羌族地区修碉的用途和意义不同，嘉绒藏族人们认为修碉是男子成家立业的前提，修碉的主要目的是家庭经济和权势的象征意义。因此羌族地区

图3-2-22　莫洛村古碉楼与碉房民居（来源：毛良河 摄）

一般于地势险要处建碉，而嘉绒藏区碉楼更为普遍，民居建筑也依然保持碉楼外形（图3-2-22）。

二、藏族传统建筑的风格成因

（一）自然环境的影响

四川藏民族聚居区内多高山大川，其地貌依河流切割深度、地势高程及地表特征分为高山峡谷区、高山原区、丘状高原区三大类型，地质、气候、资源等条件差异明显。自然因素对建筑的形成与发展产生了较大影响，并在建筑材料、结构体系及形式风格上都有所表现。当地的特殊气候条件需要建筑注重蓄热、保温、防风性能，促成了平面方整紧凑、墙体厚实、对外封闭的建筑形式。土地有限，人们利用边坡、岩地建房，建筑体量集中、空间竖向发展，并利用平屋顶作为晾晒的平坝。

由于地理环境和生活生产方式的差异，传统建筑的结构与形制大致分为墙承重体系石碉房、梁柱体系框架式藏房、康巴"崩空式"藏房、木架坡顶板屋四种类型。因地处地震活动带灾害频发区，四川藏区大部分地区建筑结构都采用梁柱体系框架式密梁平顶形式。甘孜州鲜水河地震带的道孚、炉霍、甘孜以及新龙、德格地区居民则建造既抗震又保暖的箱型体"崩空"房。建筑因地制宜、就地取材，沿河峡谷地区利用自然资源山岩片石砌筑墙体；河谷冲积地带及草原，普遍采用夯土筑墙体作为围护体；林木丰盛的地区以木材为主要建筑材料。

（二）人文社会因素的影响

四川藏区自古以来就是一个多部落、部族杂居，不同民族、文化融合和发展的地区。多民族的聚居带来的文化、技术交流使得建筑营建、形式出现多元融合，形成了建筑类型的多样化和建筑形式的多样性。各类型民居在不同地区也因地方习俗的不同而有所差异。

藏族核心家庭的社会组织使得每户住宅建筑规模适中。传统文化习俗、民族宗教信仰使得建筑布局出现特定的功能空间如"锅庄"、经堂以及竖向分布的空间层次，造型装饰

也形成了与众不同的特色。

以藏式平顶碉房为代表的原生文化建筑形式随着文化的交流融合，也出现新的类型与形式。如在阿坝州北部藏、汉、回等多民族杂居的地区，更多的是吸收了汉族穿斗木架技术的汉藏混合形式——木架坡顶板屋民居。藏传佛教寺院出现围合式院落布局，大殿屋顶局部也出现了汉式风格的歇山金顶。

第三节　建筑元素与装饰

四川藏族地区的建筑技术、形式风格、装饰色彩具有自身强烈的民族性和地域特征，并且丰富的多样化在藏区极为少见。方整简洁的形体、独特的主室锅庄与经堂空间成为藏式建筑的标志。建筑的装饰主要体现在艳丽的色彩运用以及木构件上的雕饰与彩绘图案上。

藏族建筑色彩艳丽，与自然环境和传统文化、宗教信仰有关。高寒少雨地区，紫外线强，建筑的色系偏爱以当地自然矿物质提炼而来的温暖热烈的暖色系，白、红、黑、黄四色为藏族传统建筑立面色彩的主色调，而蓝、绿等色常和其他色彩一起构成装饰图案成为辅助色彩，对比鲜明。源自于古老游牧民族人们对生活中色彩的概念，融入原始苯教的习俗和佛教文化的影响发展，在藏族地区各种色彩有了特殊的寓意和象征。黑色代表威严，建筑外墙上涂抹黑色，具有驱邪之意；红色是庄严和权利的象征，以红色为尊，具有护法之意，通常重要的护法神殿和灵塔殿示以红色墙体；白色是吉祥的象征，代表着温和善良，墙面刷饰白色图案及白色神垒立于建筑屋顶是藏区建筑普遍的做法；黄色代表佛祖，有受到尊敬、代表高贵意思，是佛教传入后开始使用的色彩，一些寺庙中重要的殿堂、修行室有涂刷黄色的习俗。相对于普通民居，四川藏族地区的寺院建筑显得尤为的艳丽。

一、形体特征

封闭坚实、形体错落有致的平顶碉房是四川藏区传统

建筑的代表。其平面方整，墙体厚实，外观整洁，富有雕塑感。建筑竖向组织与发展，下部以实体墙面为主较少开设洞口，上层木质墙体、挑廊穿插其中，建筑体量从下至上逐渐减少，由实到虚、由重变轻。碉房实体的层层退台和木墙、廊架的交错出挑，形成虚实、轻重、暖冷的对比，建筑形体丰富。石砌碉房和夯土碉房，墙体下厚上薄，略有收分，强化了建筑形体挺拔高耸的气势。四种类型的藏房在不同地区，其形式风格和装饰细部的差异都有丰富的文化内涵。

二、主室火塘

主室是家庭的核心，也是空间最大的房间。中心火塘用青石条围砌成一个方形，上面立有三块架锅用的牛角状石，俗称锅庄石，有些地区将此屋称为"锅庄"。家人做饭、烧茶、吃饭、待客以及传统的锅庄舞活动都在这里，旧时还是长辈们的睡卧处。既是起居活动场所，也是凝聚家庭的精神中心。源自于藏族先民对火的崇拜，火塘在人们心目中的位置是非常神圣的，火塘的柴火四季长燃。火塘边的石条和锅庄石是绝对不能用脚踩踏的，人也不能从锅庄上跨越而过。现在的主室起着客厅的作用，藏柜、藏桌、藏床、器具等成为主室装饰的重点，仅次于经堂，是住宅主人财富的象征（图3-3-1）。

图3-3-1　锅庄一角（来源：陈颖 摄）

三、经堂

宗教文化对四川藏族建筑的影响不仅表现在建筑的类型、聚落的布局上，在民居的功能空间、建筑内部的装饰上都有体现。经堂是藏族人民藏传佛教信仰的载体，是住宅不可缺少的组成部分，一般位于建筑的最上层，意为接近神灵的地方，平时不能随意进入。经堂内一般靠窗边吊着绘有盘龙飞天等图案的大鼓，正面墙上画有壁画或挂唐卡，佛龛（柜）正中供奉佛像，前面摆放铜制的"敬水碗"和酥油灯，两侧木架上放经书和宗教法器等。各家也会根据自己的经济状况布置，多少不等。比较富裕的藏民家经堂内壁饰以彩画，藏柜雕刻以表福乐安康、吉祥如意的佛教图案为主，色彩以黄、绿、红色为主，兼以金粉描绘，色彩鲜艳，对比强烈，更显富丽堂皇；地上铺放卡垫，供念经、祈祷、喇嘛做法事等佛事活动之用（图3-3-2，图3-3-3）。经堂旁有一间临时卧室，作为夏季卧室或客房，喇嘛念经时居住于此。

四、墙面装饰

四川藏族传统建筑外墙材料主要有石砌墙、夯土墙及木墙。通过不同墙体材料的肌理和本色，体现出古朴、粗犷的建筑风格。同时墙面的色彩图案也表达了民间传统习俗和宗教信仰文化。

在原始的苯教和藏传佛教的影响下，寺院重要殿堂建筑墙面常刷饰红色或黄色，萨迦派则以竖向的红白灰三色条纹装饰。大型寺院主要佛殿常常以边玛墙作为檐部处理，普通寺院殿堂也有将女儿墙刷饰红色或黑色等，以突出其尊贵地位。

民居建筑中常以红、黑、白色带装饰，成为建筑外立面的点睛之笔。道孚、炉霍、德格一带的"崩空"房，以红色的木楞墙面为基调，白色的挑檐椽头点缀其间，生动简洁。石质外墙民居常以白色绘制日月、山峰、云彩等图案，以表达对自然神的敬畏崇拜，也有涂绘"卍"纹、宝瓶、法螺、吉祥结等图案，祈求平安和幸福。如丹巴民居石墙面上泼出

图3-3-2　经堂内供奉的经书（来源：陈颖 摄）

图3-3-3　经堂室内（来源：郭桂澜 摄）

的大片弧形、圆形、三角形的白色图案象征着日月星辰和山川，源于对自然物的敬畏和崇拜。而碉楼顶层檐口墙面的白色、红色、黑色的色带，更是附合了苯教"神、人、鬼"三个世界的宇宙观，白色是对"天上神"的崇尚，红色是对"地上神"的崇尚，黑色是对"地下神"的崇尚（图3-3-4，图3-3-5）。

甘孜一带的夯土墙民居，从屋顶至墙脚常刷着一道道白色条纹，据当地老人讲这是祖先们祈求丰收的一种标识。乡城在每年的"传召法会"前一月左右时，人们使用白土淋刷外墙，民间称每浇注一次等于点一千盏灯和诵一千遍平安经，人称"白藏房"。巴塘民居以夯土原色与自然保持一致，人称"红藏房"，并不在外墙上做任何粉饰（图3-3-6）。

五、屋顶装饰

四川藏族建筑以平顶碉房最为普遍。源自于原始崇拜中的山神崇拜，人们认为任何一座山峰都有神灵，主宰着风雨雷电、生物的兴衰繁衍、人的生死安危，对于山神的拜祭以一种特殊的形式融入人们的日常生活中。除了建筑的选址布局外，屋顶装饰也反映了民间传统文化。平屋顶碉房女儿墙四个角升高并刷白，牛角状的角顶安放白石，作为四方神祇的象征被崇拜。四角石板内专门留孔插入木杆系挂各色风马旗，随风而动的经幡如同主人在念经积功德。背靠山的那面墙中部砌有煨桑用的"松科"，每天都可看到藏寨碉房屋顶的青烟缭绕，这是人们对山神的敬拜（图3-3-7）。

图3-3-4 虚实相映的形体和独具特色的墙面装饰（来源：陈颖 摄）

图3-3-5 丹巴民居檐口装饰（来源：陈颖 摄）

图3-3-6 乡城"白藏房"与巴塘"红藏房"（来源：陈颖 摄）

图3-3-7　源于原始崇拜的屋顶装饰（来源：陈颖 摄）

图3-3-8　坡屋顶民居（来源：郭桂澜、钟培成 摄）

分布比较少的坡屋顶民居，其屋面材料呈现多样化。大渡河流域的鱼通一带为小青瓦坡顶，康定塔公一带、马尔康地区用石板覆顶较多，而力邱河下游一带、松潘地区则为木板瓦顶。不同材质的墙面和错落的人字形坡顶，以及檐下飘动的五彩经幡，形成了对比和韵律（图3-3-8），丰富了建筑形象。此外寺院中的大殿建筑屋顶常有汉藏混合的形式，平屋顶上升起金色的歇山顶小屋，并饰以宗教意义的装饰物。

六、门窗装饰

门窗装饰一般是运用绘画和雕刻的方式来表达原始崇拜和宗教信仰。门的装饰集中在门框、门楣等部位，分为原色、着色两类，着色以红色为主。碉房大门门楣两侧安有一对雕刻成龙头形的"切生"，源自苯教水神形象，起门神作用。门楣和檐下常饰以鹏鸟或带有宗教意义的吉祥图案彩绘（图3-3-9）。

土、石外墙开设较少的矩形小窗，外窗洞口嵌以井格状木框，在内侧安平开木板窗扇。窗洞四周绘有白色或黑色梯形窗套，是传统图腾崇拜的延续。窗楣以木椽层层出挑形成小檐，减少夏日阳光的直射。稻城民居因门、窗、檐的木质部分涂成黑色，人称"黑藏房"；木雅地区墙体多为石头本色，在窗周围四周的"巴卡"部分，涂以白色。木墙上的窗扇较大而且艺术表现丰富。窗扇以隔扇图案和色彩装饰，方格、板窗为主，多以蓝、绿、红、黄色五彩描绘。窗楣上出挑两层短椽，刷有黑、红、白等颜色，或者集合三种色彩的组合，有的还绘有莲花等图案。窗框雕刻堆经和莲花等宗教题材图案（图3-3-10）。

第四节　藏族传统建筑风格与精神

特殊的自然环境和文化背景，孕育出独具地域特色的建筑形式，就地取材、因地制宜、持续发展是四川藏区传统建筑最根本的营造理念。古朴雄浑的建筑形体、向心凝聚的空间组织、富有生机的建筑形象是四川藏族传统建筑的风格特征。建筑材质、结构、空间不加遮饰的真实展示，显示出民族的自信豪迈。

图3-3-9　保持传统特色的大门（来源：陈颖 摄）

一、　古朴雄浑的建筑形体

四川藏族建筑的形态特征是应对当地自然环境和人文环境的必然结果。藏区特殊的气候条件需要建筑注重蓄热、保温、防风性能，而定居生活又要足够的耕地，安全的环境，由此促成了建筑朝向背风向阳、宅田相间的分散布局，以及平面方整紧凑、墙体厚实、对外封闭的集中式形体。加之历史上部族交错杂居、不断的民族纷争，封闭、厚墙、下圈上居等带有明显防御特色的形式成为该地区的共性特点，由此形成了藏式建筑共有的外显特征：下部封闭厚重，上层开敞轻巧，建筑层层退台，形体错落，虚实有致。

二、　向心凝聚的空间组织

传统的民族习俗与宗教文化主导着建筑的组织布局。藏族民居不论其规模大小，都有三个方面的功能：一是物质的保障。底层圈养牲畜，耕种的牛，奶、肉食的提供和肥料的获取；二是生活的需要，中间层有锅庄、客房、储藏、加工场所，是人的生活场所；三是精神的寄托，最上层设经堂，顶部是敬神之处，表达了神在人之上的精神崇拜。

家庭凝聚于主室空间，火塘成为其精神象征。主室是住屋的核心空间，居住生活的其他功能空间由此展开，经堂居上，敬神于顶。"人"、"神"共存并主次分明的藏族民居空间组织独具特色。

三、丰富多样的形式风格

由于地理环境和资源条件的差异，就地取材、因地制宜的营建，呈现出多样化的面貌。从建筑材料上，有北部草

图3-3-10　藏族民居窗饰（来源：陈颖 摄）

原及河谷平原地区的土碉房，峡谷山区的石碉房以及甘孜州林区附近的木构"崩空"，和阿坝州农林区轻巧的木架房；从结构体系看，既有梁柱体系的框架式碉房、井干式的"崩空"房，又有"邛笼"式的碉房和汉藏混合的木架板屋。地域特色鲜明，个性独特。

传统建筑的多样性不仅是生态环境多样的影响结果，它也是文化多样性的体现。四川藏区地处民族迁移、分化、演变的通道，部落文化十分发达，有康巴藏族、安多藏族、嘉绒藏族、木雅人、西番人、鱼通人、扎坝人等许多分支，族源的不同也反映在建筑形式、细部处理的不同。如嘉绒藏区是藏羌石砌建筑的发源地之一，藏寨碉楼林立，"邛笼"式的石碉房是这一地区的代表。甘孜州北部农区以"崩空"房居多，甘孜地区"崩空"低矮简朴，二层中央设天井；新龙地区"崩空"空间高大；道孚地区"崩空"构件粗壮、装饰华丽。东北部的木架坡顶板屋，既有汉藏混合型的外土墙内木架，下密梁上穿斗的形式，也有底层架空，设通柱的全穿

斗木架板屋等。建筑细部处理上既源于原始宗教文化，也来自民间传说、风俗习惯等。四川藏区民居形式多样、内涵丰富是与其他地区最大的不同。

四、华丽明艳、富有生机

藏族建筑以材质原色及肌理呈现出粗犷的外形。建筑外墙及门窗檐口常常涂刷艳丽的色彩或描绘五彩图案，装饰性极强。明快鲜艳的建筑外表与蓝天白云、青山绿树相映衬，生态性特点十分突出，每个村寨都保持着旺盛的生命力，是活着的古民居群落。这除了与藏民族的宗教文化和传统审美习俗有关，更得益于主人们对自己房屋的精心照顾。在当地，每年的雨季前主人们都会将屋顶重新换土夯实，墙面刷饰一新，按照古老的方法使用传统的材料和色彩对房屋进行维护装饰。建筑装饰源自于民间传说与宗教文化，寓意丰富，传统文化得到很好的传承。

第四章　羌族地区传统建筑风格分析

四川的羌族人口主要分布于阿坝州的汶川、理县、茂县、松潘、黑水以及绵阳市的北川和平武。岷江、涪江的各级干、支流深深切割了地形。羌族人口分布呈现出明显的沿水而居，聚居区域大致界限为：南起汶川绵篪镇，北达松潘南部的镇江关，东至绵阳市平武县的平南乡，西至理县蒲溪沟，西北以黑水县色尔古乡为界，面积约 9000 平方公里。

羌族聚居区地理上位于青藏高原与四川盆地的过渡地带，文化上处于汉藏之间，生产上半农半牧，因此形成了特色鲜明的传统建筑文化。羌人质朴勇武，崇拜祖先和自然，提倡社会平等，在其建设活动中均有体现。

第一节　聚落规划与格局

一、羌族传统聚落的选址

一粒种子在适宜的条件下才能生根发芽。人们大兴土木之前，必得细致周到地推敲村寨选址。这是全寨的百年大计甚至千年大计，是村民安身立命的重大课题，是大规模投资之前的谨慎决策。选址正确则村民有福，生活安定而生产发达，提供子子孙孙绵延不绝的物质财富和精神食粮；反之，村落无法稳定存在，或环境恶劣，或资源贫乏，或屡遭侵袭，不可避免地走向没落，甚至会引起部族消亡、族人遗散。

现今留存的羌寨都经历了千百年的时间洗礼，从各种难以预料的天灾人祸中幸存了下来。毫无疑问，先民的选址决策经受住了实践的苛刻检验，值得今天的人们在建设活动中借鉴。

羌族地区是典型的封闭式的中高山峡谷区，具有高山立体、多层次分布的特点，自下而上形成"河谷——半山——高半山——高山——极高山"的形态。由于坡向和坡度的不同，又可分为阳山、半阳山、半阴山等差异。沿河两岸，岩石裸露，悬崖陡壁。"5·12"大地震加剧了岩体的破碎，境内常年有山崩、滑坡地裂、泥石流等发生。而且河谷干热风盛行，失去森林后，小气候变得极为干旱（图4-1-1）。

唯有高半山以上，保存有原始森林，水源有保证，是农牧业时代最佳的选择（图4-1-2）。

羌族世代生活在这样一个严酷善变的环境中，逐渐总结出一套因地制宜的聚落选址策略。

（一）水源

因为干旱，所以水源极为重要。各个村寨的选址都清晰地反映出对安全水源的选取和规划。好的耕地一定要有方便的灌溉系统，但地势较平坦、土壤较厚的地方，并不一定有充足方便的水源。而在这样的山区，水流经过之处往往狭窄陡峭，别说大面积开垦，恐怕连立足都不容易。

羌人的解决之道是：利用人工挖渠或铺设水管，将水流沿等高线引到最高处的耕地，然后顺坡而下，依次浇灌下面的农田。既然土地搬动不了，那就把水"牵"过来。而寨子

图4-1-2　茂县境内的高山景观（湿润）（来源：李路 摄）

图4-1-1　茂县境内的岷江河谷景观（干热）（来源：李路 摄）

图4-1-3　理县蒲溪沟蒲溪大寨水口（来源：李路 摄）

就设在引水渠的出水口（图4-1-3，图4-1-4）旁边，一来保证生活用水的清洁，二来方便维护这个水利工程，更重要的恐怕是控制水源，保障生产生活的安全有序。

（二）农牧用地

土地是生存和生产最基本、最重要的资源，对土地的渴望一直是人类争斗不息的动力之源。土地的多寡一般直接决定了人的生活水平，是长时间来衡量富裕程度的简单标志。

在羌族人刚刚迁入岷江上游各支流所在的山地中时，他们只对牧业有较多的经验，所以聚落的选址首先要靠近牧场（图4-1-6）。在海拔3700～4500米的地方，主要分布有亚高山草甸和高山草甸。

而半山和平坝河谷地区，从海拔1400～3300米的地

带上，分布有冲积土、山地褐色土、山地棕土。冲积土耕性好，是高产土；山地褐色土是农耕地的主要土壤；山地棕土肥力高。这一地带是发展农业的好地方（图4-1-5）。羌族人打败戈基人，拥有了他们的土地，半牧半农的生产方式逐渐成形。羌族的传统聚落在这些地区也开始建立。羌族的农业发展起来以后，羌人将海拔3300～3900米的林地也改造为耕地。

这时，高山上同时拥有牧场和耕地的聚落变得富裕起来。

（三）防御

羌人很长时间处在战火纷飞、颠沛流离的窘境。《羌戈大战》记载了羌族在战国时期的两场战争。一场是与西北草原上追兵的战争。另一场是来到岷江上游地区后与当地土著戈基人的战争。在羌族大事记里，记载了从公元前十二世纪的商王朝到1949年新中国成立三千多年的时间里，羌族经历的千百次起义和战争。新中国成立前，即使羌族内部各部族之间，也因为争夺土地、家族仇杀、日常纠葛，经常引发规模不等的械斗。

因此，在建造聚落时，为防止突如其来的攻击，选址的防御功能非常重要。

高地利于御敌，高山台地是传统上羌族人修建聚落的首选。高山地区延长了敌人袭击的准备时间，登山过程消耗了攻击者的体力，而且居高临下的地形使防守一方很容易及时发现敌情，大大增加了敌人进攻的难度（图4-1-7，

图4-1-4　茂县松坪沟岩窝村水口（来源：李路 摄）

图4-1-5　汶川雁门乡半山处耕地、果园和聚落（来源：李路 摄）

图4-1-6　茂县松坪沟屋基寨的高山牧场（来源：李路 摄）

图4-1-8）。与之相对，河坝地区靠近道路，战事就频繁得多。从聚落里房屋的间距可以看出，河坝地区的房屋多户户相连，而高山地区的石屋却相对独立。这说明由于河坝地区聚落缺少天然的防御优势而不得不采取别的措施来增强防御性。

新中国成立以后，羌族地区彻底解决了部落械斗问题，社会安定，以往羌寨非常重视的防御因素已经没有必要再过多顾忌了。所以，新中国成立以后的羌寨更多从经济条件方面考虑，河坝寨的数量和规模都大大增加。

目前来看，河坝寨在交通服务、发展旅游业上有很大优势，地质条件也相对稳定，适合发展小城镇，接收高山移民。在游客中知名度较高的桃坪寨、牟托寨都属于河谷寨。

（四）局部气候适宜

选址的朝向也很重要，背风向阳的耕地是最好的。日照时间长、光照强，农作物产量高，同样面积的土地能供养更多人口。所以地处阳面的村寨更有可能兴旺发达。现在有条件的羌寨积极发展特色农业，花椒、苹果、车厘子、杏子等产量逐年提高，充足的光照必不可少。（图4-1-9）

羌族地区为高山深谷地形。其中河谷"焚风"盛行，小气候干热不适；高半山凉爽宜人，又能利用高山森林涵养的水源，小气候更有利于生产生活，是较为理想的选址。

（五）精神需求

羌人本身信仰"万物有灵"的原始宗教，天有天神，山有山神，树有树神。在高山深谷的大环境中，人类求生不易，他们向高高在上的各种神祇祈求庇佑，将无限崇拜敬献给威力无比的大自然，让自己的精神有倚靠，让灵魂有归宿。

羌族传统村寨的选址忠实地反映了人们的信仰，对朝向的选择是他们的表达方式。聚落的朝向包含了物质和精神的双重意义。从物质层面上讲，朝向要解决避风和御寒的问题。从精神层面上讲，聚落要朝向神的地方。根据羌族人的风水观，大门的方向是"门对槽、坟对包"。所谓"包"，是村寨旁的山顶或山梁子。而"槽"是山间的空隙。透过山间，可以遥望远处连绵的雪山。因此，"开门见山"成全了羌人对雪山、白色、天神等神的朝朝暮暮的崇拜（图4-1-10～图4-1-12）。

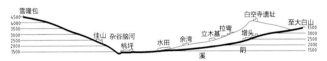

图4-1-7　理县杂谷脑河下游羌寨的海拔分布（来源：李路 绘）

图4-1-8　理县杂谷脑河下游从大西山羌寨俯视河谷（来源：李路 摄）

图4-1-9　阳光充裕的高山羌寨及耕地果园（来源：李路 摄）

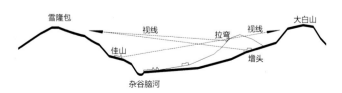

图4-1-10　典型羌族聚落视线分析（来源：李路 绘）

二、羌族传统聚落的布局与景观特征

千尺之台，起于垒土。一个村寨的生长，也要从第一座房屋的建造开始。首批住房的主人是本寨的创始者，生产劳作、子孙繁育，后辈在老宅旁边立新居，聚落一点一点完善起来。

羌族聚落以其质朴雄浑的景观风格著称。

（一）聚落发育依地形展开

1. 平坝聚落

部分聚落位于地势较为平坦的河坝、半山大台地。

图 4-1-11　从大西山拉弯寨看雪隆包（来源：李路 摄）

图 4-1-12　从佳山－若达寨看大白山（来源：李路 摄）

（1）在主要河流较为宽阔的坝子，穿行在聚落中的水渠和纵横相交的道路网成为"骨架"，民居是"肌肉"，附着在"骨架"上。河坝交通较为便利，也较容易受到攻击，所以聚落往往呈团状展开，房屋密集，相互以屋顶平台联通，结成立体防御特征显著的堡垒。

比如地处杂谷脑河坝的桃坪寨，寨前的大道直达马尔康，是经济、战略要道，易受战火波及，因此寨中民居墙高屋深，组团紧密，寨中暗道纵横。就建筑单体来看，体量敦厚，平面自由而复杂，易守难攻。桃坪寨对水的调度和利用非常巧妙，一条人工引水渠将寨旁的阴溪水引入聚落，在水口前设磨坊，水口也是信息交流站和寨内细密水网分流处。看似复杂的聚落，实际是在人工水渠的脉络上形成的。从水口小广场分水后，各个支渠从民居底部流经全寨，然后灌溉农田，最后汇入杂谷脑河（图 4-1-13 ~ 图 4-1-16）。

（2）在小流域较为狭窄的河坝，聚落往往沿河发展，呈现出条带状的平面。为避免山洪侵袭，也为了尽量留出耕地，一些坝底聚落修建在稍高一点儿的山脚。新中国成立前，由于坝底寨交通比较便利，易受其他流域部落攻击，一般规

图 4-1-13　理县桃坪寨民居（来源：李路 摄）

图 4-1-14　理县桃坪寨（来源：潘曦 摄）

模不大且重视防御。现在，坝底寨依托方便的交通往往发展为本流域的中心，乡政府、小学、供销社一般设在这里。

茂县松坪沟上游的岩窝寨位于河坝，以牧业为主，几乎每家都有牛圈，村落在松坪沟北岸条状展开。岩窝寨地处安全宁静的山谷深处，屋舍散布，沿小溪发育（图 4-1-17，图 4-1-18）。

（3）在面积较大的半山台地，聚落从台地面临山谷的边缘开始发育，既可监视山下形势，又能保留大片耕地。

茂县三龙乡的河心坝，选址在得天独厚的大台地上，最早的建筑在台地边缘，可俯视三龙沟，与小流域内其他村寨遥相呼应。台地边缘的建筑一起拱卫着良田，农产品丰富（图 4-1-19 ～图 4-1-21）。

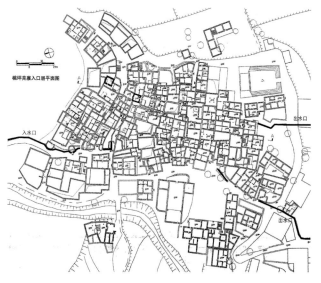

图 4-1-15　理县桃坪寨总平面图（来源：理县政府 提供）

图 4-1-17　茂县松坪沟岩窝寨（来源：李路 摄）

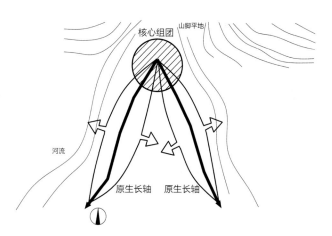

图 4-1-16　桃坪寨生长示意（来源：李路 绘）

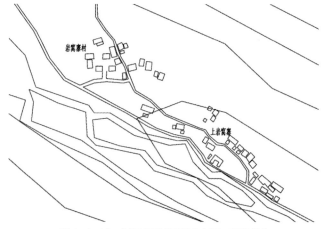

图 4-1-18　岩窝寨总平示意（来源：李路 绘）

2. 坡地聚落

位于坡地的聚落数量最多，有的垂直于等高线发展，有的平行于等高线发展。当聚落发育完善，单一维度已经不够了，这时会出现垂直与平行的多条生长轴。

比如理县增头下寨，建筑沿几条主要道路向四周延伸，像生长着的有机体，道路则是供应养料的血管。原生长轴（主干道路）垂直于等高线，形成依山就势的总体形象。次生长轴（次级道路）平行于等高线横向展开。增头下寨是以点——线——面的程序逐步拓展的。最初的道路围绕核心组团发育，在此处形成一个"丁"字路口。周国文宅过街楼控制南北交通，周李容宅过街楼控制东西方向，在这个交通要冲构成"一夫当关，万夫莫开"之势。相当于设立关卡，对沿阴溪河谷

上行到此的人进行身份检查。一旦有敌人来袭，就成为北边中寨、上寨和东边小寨的前锋，先挡住对方进攻（图4-1-22～图4-1-25）。

而增头沟对面的佳山寨，属高半山，主要经济作物是苹果。周围有上千处汉代以前的土著石棺葬，聚落选址在耕地之上、坡度较大的地段，原有碉楼，可监视杂谷脑河谷，"文革"时拆毁。因其靠近交通线、又在较隐蔽的高半山，战略位置重要，长征时红军在此举行了"佳山会议"。

佳山寨的原生长轴也是垂直于等高线的，寨内主路拾级而上，建筑密集排布在主路两侧，结成易守难攻的堡垒群。在聚落高处，轴线发生转折，民居又变成沿等高线横向发展。寨内高差较大，道路曲折，聚落空间十分丰富。村寨与地形

图 4-1-19　河心坝寨（来源：李路 摄）

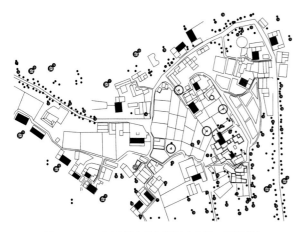

图 4-1-20　河心坝寨总平面图（来源：陈颖 绘）

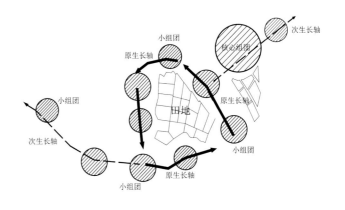

图 4-1-21　河心坝寨分析（来源：李路 绘）

图4-1-22 增头下寨总平面图（来源：李路 摄）

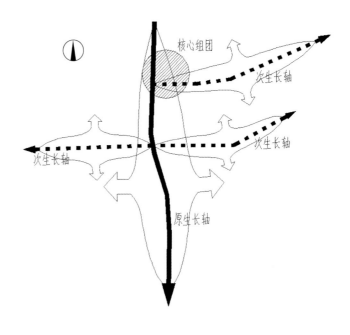

图4-1-24 增头下寨生长结构示意图（来源：李路 绘）

图4-1-23 增头下寨中心区（来源：李路 摄）

图4-1-25 增头下寨入口（来源：李路 摄）

结合紧密，既有利于防御和节地，又形成了壮观的视觉形象（图4-1-26，图4-1-27）。

（二）一沟一世界的聚落群格局

村寨不是孤立的。人与人之间有交流互惠也有矛盾纠葛，有联合也有分裂，有投靠也有背叛。丰富多彩的人际关系必然反映在村寨关系上，由此形成多层次、相对稳定的聚落群格局。

一般来说，一条三级支流，在当地一般称作"XX沟"，如永和沟、龙溪沟、三龙沟、蒲溪沟、黑虎沟……在这条三级支流的流域内，分布着若干羌寨，从沟底平坝到高半山，数量根据流域承载能力而定，从数个到数十个不等，个别大沟甚至有上百个寨子。

沟内是一个高度稳定的合作组织。沟内各寨血缘相连、世代结亲、守望相助，一些羌族老年妇女一辈子没出过沟。这些血缘关系结成一张大网，集团的每个成员都处在网络的某一点上。家族、家支等血缘组织被视为神圣不可侵犯，一人受到危害，整个网络都会反击。沟内有自己的方言，相邻两沟之间语言有一定差异。新中国成立前，两条沟之间的关系是争夺领地、械斗、抢粮。这样的社会关系，导致一条沟就是一个独立的小社会。

沟口村寨是前哨；沟内坝底寨是交往和交换的中心；而沟两侧山坡上散落着零星民居；在耕地、光照、水源条件良好的高半山，主要的大寨子分布在各个山坡上；高山区则是水源涵养林，在羌族传统文化中，崇拜神树，每年祭山祭林，

图4-1-26　理县佳山寨（来源：卿松 摄）

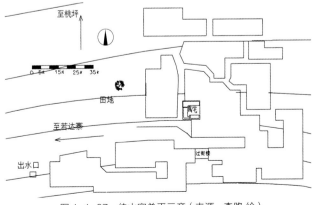

图4-1-27　佳山寨总平示意（来源：李路 绘）

图4-1-28 蒲溪沟口的激流（来源：李路 摄）

图4-1-29 蒲溪沟腹地广阔（来源：李路 摄）

图4-1-30 蒲溪大寨（来源：李路 摄）

仪式过后封山育林，万物生息。这是一个古老的可持续发展系统。

比如理县蒲溪沟，如同桃花源的现实版，归隐在群山背后、白云深处。狭窄的入口，溪流湍急，两山对峙，荒无人烟。如果没有电线杆做提示，很难想到内有良田和数千人口（图4-1-28）。在沟内的高半山上，坡度较缓，土层厚，适宜开垦。高山原始森林涵养了稳定水源，日照也充分，羌人聚族而居，人丁兴旺。口小腹大的浦溪乡，沟口隐蔽狭小，易守难攻，沟内阡陌纵横田舍俨然（图4-1-29，图4-1-30）。

浦溪乡以浦溪沟流域分水岭为界，自成独立小世界（图4-1-31）。域内海拔变化，从低到高依次分布次生林—农田果园—原始森林—草地，生产方式也是农牧结合、兼营采集。新中国成立前，居民大多只在沟内通婚，对外界充满防备。这是一个典型的羌族小流域聚落群体系。

（三）羌族传统聚落的景观特征

羌族传统聚落以依山就势、质朴雄浑著称。村寨散落于高山峡谷之中，与自然景观水乳交融。石材、木材、生土，利用这些就地取材的建筑材料建造起的聚落具有鲜明的个性，总是给人以强烈的视觉冲击。

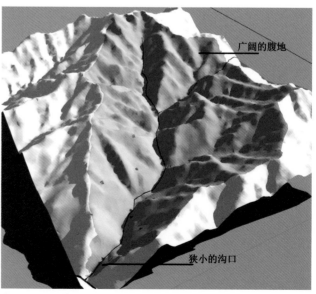

广阔的腹地

狭小的沟口

图4-1-31 蒲溪沟流域形势（来源：陈汐 绘）

　　不同区域的羌族聚落景观存在一定差异，其原因既有不同区域的建筑风格不同（表4-1-1），也有安全形势的差别（表4-1-2）。石砌碉房聚落气势恢宏，土碉房聚落与环境浑然一体，板屋聚落则松散自在得多。另外，交通干线旁的聚落、接近羌藏边界的前线寨都特别注重防卫；远离繁华的高山寨就显得随性分散。

聚落建筑景观类型　　表4-1-1

类型	石碉房聚落	土碉房聚落	板屋聚落
景观特点	由石碉房组成，铁骨铮铮，气魄恢宏，是羌族聚落最为人熟知的类型	由生土碉房构成，敦厚亲切，与周围水土浑然一体。这类聚落数量少，仅在汶川县城附近有分布	由木架坡顶板房构成，轻盈灵秀，布局自由。分布于松潘、北川、平武等深受汉、藏文化影响的地区
实例	三龙乡河心坝 蒲溪沟	布瓦寨 萝卜寨	埃期沟 朱尔边

（注：表内图片由李路拍摄）

聚落环境景观类型　　表4-1-2

类型	危险聚落	安全聚落
景观特点	地形险峻，建筑密集，屋高墙深，小窗户，组成堡垒形式的立体防御聚落	民居较为分散，间距较大，方便生活，悠然自得
实例	 雅都乡聚落	 朱尔边

（注：表内图片由李路拍摄）

三、羌族传统聚落的风格要点及其成因

（一）匀质空间

聚落空间的内部组织是以一定的规律和自有的模式形成，是羌族社会生活的缩影，同时也是羌族人的生产生活方式的体现。

传统羌族社会没有严密的组织和阶级分化，村寨以血缘为纽带聚集村民，人人平等，贫富差距小，没有太多观念束缚，寨中民居规模相近，地位相当，以此构成匀质空间（图4-1-32）。

（二）鲜明的居住与防御功能

羌族聚落内部空间组织是在综合考虑防御、水源、生产、

图4-1-32　大尔边体型相似的民居（来源：李路 摄）

图4-1-33　三龙乡易守难攻的聚落（来源：李路 摄）

生活以及宗教信仰等方面的需要后而生成的，展示了其内在的严谨和理性的秩序。羌族聚落以"居住"与"防御"两大现实功能为出发点，基本上自由生长，少有确切规划，也没有固定模式，是较为单纯的聚居地，接近于住宅的单纯集合体。道路都是建房过程中逐渐形成的。而新中国成立前，当地部落械斗频发，中央政权与地方土著常有矛盾，羌人不得不充分考虑安全措施，产生了防御性很强的聚落结构（图4-1-33）。

（三）受周边文化影响的多样化建筑景观

羌族杂居于汉、藏之间，一直没有文字，甚至没有统一的语言，是实际上的文化低地，因此不断接受着汉、藏文化的辐射。临近藏区的羌族聚落呈现出藏族建筑的特征，而毗邻汉族的羌寨则展示出汉族建筑的文化特点，这钟特性同样显现于羌族聚落的空间形态上，使得羌族聚落在传承本族建筑文化的同时不断吸收外来的各种文化影响，兼容并蓄、灵活多变、空间型质多种多样、空间形态变化纷呈，是多元文化交流与交融的产物（图4-1-34，图4-1-35）。

（四）少有公共建筑，依旧有亲密的邻里关系

羌人结寨不同于汉人。汉族聚落总会有意识地设立宗祠、庙宇、会馆等凝聚人心的公共场所，对其朝向、选址、规格都有严格控制，形成聚落的精华部分。除去受汉文化影响较大的河谷村寨（例如桃坪、羌峰），原生态的羌寨崇尚各个自然神，祭祀仪式在野外的神台（图4-1-36）、神树进行，寨内并没有刻意建造的公共活动空间，这是羌寨最突出的一个特点。寨中的公共碉楼（图4-1-37）是保障公共安全的瞭望哨位和万不得已时的避难所，而不是日常的聚会场所。

这并不是说羌人互不往来，没有公共生活。正相反，他们几乎每晚都有大小不等的聚会，只是聚会场地可以是任何一家的房间、平台，客人就像在自己家一样随意，所以不需要专门场所了。没有"公共场所"，反而是母系氏族社会财产公有观念的遗迹（图4-1-38，图4-1-39）。

图 4-1-34　靠近藏区羌寨的喇嘛教经幡（来源：毛良河 摄）

图 4-1-37　曲谷乡的公共哨碉（来源：李路 摄）

图 4-1-35　靠近汉区的北川羌寨已汉化（来源：毛良河 摄）

图 4-1-38　哪家平台都可以游戏（来源：李路 摄）

图 4-1-36　松坪沟的部落神台（来源：李路 摄）

图 4-1-39　哪家火塘都可以聚会（来源：李路 摄）

第二节　传统民居建筑

一、羌族传统民居建筑的类型及特征

从建筑形态来看，羌族传统建筑可分邛笼式石碉房、木框架式土碉房、木架坡顶板屋三类（表4-2-1）。

羌族建筑文化本身自由不羁，又受到周边多民族文化影响，无论是建筑形态还是建筑结构均呈现出多样性。

羌族传统民居分类　　　　　　　　　　　表4-2-1

种类	邛笼式石碉房	木框架式土碉房	木架坡顶板屋
特征	岩石垒砌，平屋顶，收分墙，雄浑勇武。是最为人熟知的一种类型。抗震能力强	外墙由生土夯筑，形态与石碉房类似，室内有木梁柱，但结构在抗震方面不及石碉房，因此分布区域很小	穿斗结构的两坡顶民居，底层棚圈石墙围护。受邻近汉族、藏族影响的结果
举实例	曲谷乡石碉房	布瓦寨土碉房	朱尔边板屋

（注：表内图片由李路拍摄）

（一）邛笼式石碉房

石碉房是羌族民居里最为人熟知的一种类型，几乎成为大众观念中的羌族民居定式，其形制、材料、建造、结构都充分体现了羌族居民对自然环境的适应、利用和共生。

石碉房主要分布在岷江西侧的杂谷脑河流域、黑水河流域以及茂县境内的岷江东岸地区。

羌族传统聚落多数位于可耕种的高半山台地以及河坝平地。为保护良田，羌族民居多选址田地附近的石坡、崖壁。地形复杂多变，各家各户要求各异，使得建筑形态灵活非常，绝无定式。

石碉房体型厚重雄浑，外墙收分，平屋面可上人，特性鲜明（图4-2-1）。

一般来说，石碉房平面近似矩形，多为3～4层，高约10～20米。底层是牲畜圈；二层是堂屋、灶房、主室；三层是卧室；四层是储藏室；房顶是"罩楼"。只有3层的

民居，一般将卧室分散设于二层主室和三层储藏室的空间里。上下层之间以独木梯或活动木梯相连（图4-2-2）。

进入二层内第一个空间是堂屋，是联系二层其他房间和

图4-2-1　曲谷乡王泰昌土司官寨（来源：李路 摄）

上下层空间的过厅。主室类似现代住宅的客厅或起居室。火塘、中心柱和神位构成主室的核心空间，同时兼有餐厅的功能。有一种说法认为中心柱是羌人千年前游牧时所居帐幕中柱的遗构。

石碉房厚墙收分，气势雄浑，结构坚固，抗震性能良好。

传统羌族社会，几乎人人会石作技术，因此石碉房一般是家庭自建。建筑过程原始，没有绘图、放线、吊线等步骤，全凭经验掌握外墙收分。

石碉房以石材作为墙体材料，泥土作为砌筑材料，就地取材，成本低廉。墙中砌入木条增加横向拉结。

在结构上，一种石墙承重，木梁端头插入墙体，梁上架木楼板或屋顶。此类型的改进结构是外墙、内框架共同承重，木梁一端直接插入墙体，另一端支撑在内框架柱上，容易获得较大空间，分布更加广泛；另外一种木框架承重的，石墙仅起外围护作用，室内空间更为灵活。

1. 理县增头小寨周育社宅

位于全寨最高处，居高临下，规模大大超过其他房屋，后来的建筑紧接着它向下延伸。周宅建于裸露的大片岩石上，不占耕地。宅后不远是原始森林，常年有清洁冰凉的泉水流出。周宅建在小山坳里，避风避寒。周家先辈选址很有眼光（图4-2-3～图4-2-6）。

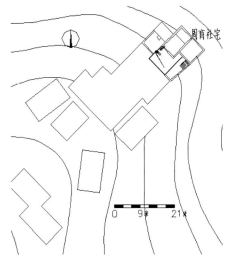

图4-2-3 周育社宅在增头小寨的位置（来源：李路 摄）

图4-2-4 增头小寨（来源：李路 摄）

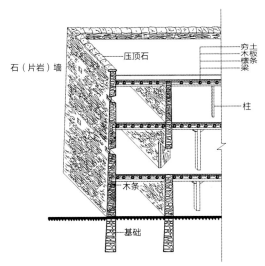

图4-2-2 碉房民居结构（来源：李莹 绘）

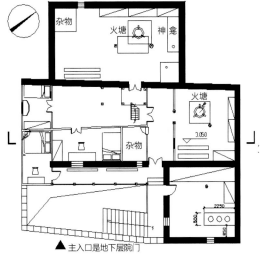

图4-2-5 一层平面图（来源：李路 绘）

周育社宅原有碉楼，后坍塌。一层有两个火塘，分别在两个完整的主室内，这是20世纪60年代兄弟俩分家形成的。其中一家已迁走，两边又重新打通。现在主人使用的是西边大主室——住宅本来的主室（图4-2-6，图4-2-7）。

这里一定有过一个人丁兴旺的大家族。主室使用面积达45平方米，层高3.7米，宏大庄严。室内所有梁、柱的用材都比一般民居大得多，用作楼地面的木板平均有5厘米厚，储米的大箱竟然是将整根圆木凿空。可以想见，在这个家族建房时，周围一定林木参天，几人合抱的大树不难寻找。

靠墙一列气派的大置物架已经空空如也，但豪气干云的故事雕刻依然清晰（图4-2-7），狩猎野兽、战争攻防的场景栩栩如生。

不知几百年了，火塘里升起的烟熏得内墙黑黝黝一片，天窗却泻下一个四方的光柱（图4-2-8）。走进房间，有种时光倒流的感觉，仿佛一个兵强马壮的家族还集合在这里，威严的族长正在布置下一个任务。

2. 汶川龙溪沟阿尔村马永清祖宅

龙溪乡地处汶川县西北杂谷脑河东岸，龙溪沟内。阿尔村位于龙溪沟上游，是最深处的羌寨，保持了完好的传统风貌。阿尔，羌语叫"阿扎窟"，意为秀丽神秘。四周高山环抱，云雾缠绕，寨子是大自然掬在掌心的宠儿。时间对于阿尔村来说几乎是静止的，清代《汶志记略》称其为：壁立千

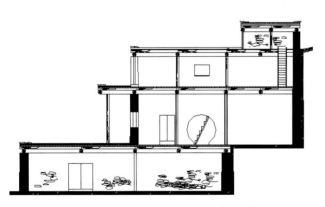

图4-2-6 1-1剖面图（来源：李路 绘）

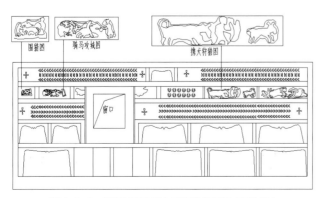

图4-2-7 周育社宅主室大置物架（来源：李路 绘）

图4-2-8 中心柱（来源：杨磊 绘）

仞、飞鸟绝迹、中通一线、路不容车。或许就是这种与世隔绝的感觉才让村民们保持了久远的生活状态（图4-2-9～图4-2-12）。

阿尔村的老民居建在玉米地南面的坡地上,显示建房"不占良田"的原则。老建筑依地形垂直于等高线布置,相互紧密联系,过街楼式的平台搭接起各家各户的交往空间。建筑由片石垒砌外墙,抗震保暖;内部木柱、木梁、木楼板、木隔墙,空间灵活亲切。

在汶川大地震中,阿尔村山摇地动,老民居普遍出现裂缝,但无一倒塌,证实了碉房出色的抗震性能。震后,居民在原来的玉米地里建起了砖混结构的新房。新民居1～2层,平面方正,与四川院坝式农房相差无几。而新建民居明显增大了间距,占地多于老聚落。现在的阿尔村建筑出现了新老并置的局面,所幸风貌基本统一（图4-2-11）。

马永清祖宅位于碉楼西侧约30米处,是阿尔村最古老、最气派的民居。屋主马永清介绍说,先辈于清朝晚期来此定居,是阿尔村的第一批开拓者。该住宅位于俯瞰河谷的崖岸上,时刻注意河谷情况,可以看出当时严苛的安全形势。马家在阿尔村是望族,子孙繁茂,还出过"保长",马永清本人就是前任村长（图4-2-13～图4-2-18）。

马永清祖宅正面全部为木质外廊、内部空间大量使用汉族样式的雕花木门窗,主室正中摆放高大供桌,让人不禁有了解马家先辈的真实来历的好奇心。

汶川地震中,该建筑受到一定损伤,但主体结构依然坚固,现在已荒废。

图4-2-10　阿尔村新民居（来源：李路 摄）

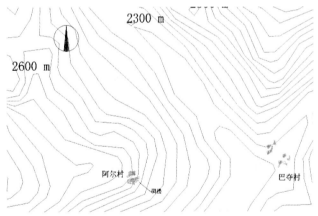

图4-2-11　阿尔村地形示意（来源：李路 绘）

图4-2-9　汶川县龙溪沟阿尔村（来源：李路 摄）

图4-2-12　从阿尔村俯瞰龙溪沟（来源：李路 摄）

图 4-2-13　马永清祖宅 1（来源：李路 摄）

图 4-2-14　马永清祖宅 2（来源：李路 摄）

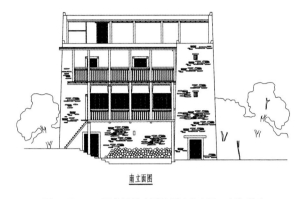

南立面图

图 4-2-15　马永清祖宅测绘图 1（来源：李路 绘）

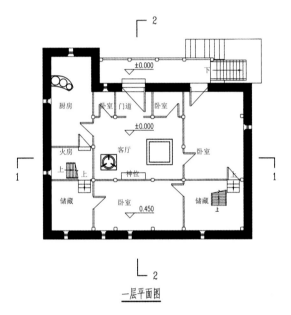

一层平面图

图 4-2-16　马永清祖宅测绘图 2（来源：李路 绘）

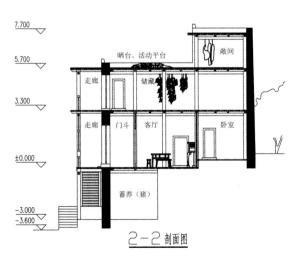

2-2 剖面图

图 4-2-17　马永清祖宅测绘图 3（来源：李路 绘）

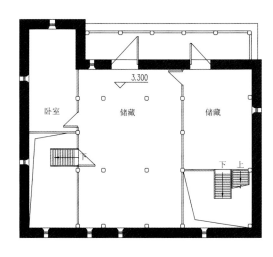

二层平面图

图 4-2-18 马永清祖宅测绘图 4（来源：李路 绘）

3. 理县桃坪寨杨布先宅

桃坪羌寨位于杂谷脑河下游的北岸，交通便利，历史悠久，也是最早有意识进行旅游开发的羌寨，被称为"东方古堡"，为人们熟知。

杨布先宅位于桃坪寨中心地段，水渠从底层穿过，主入口在二层。空间复杂多变，灵活又充满戒备。进入设在二层的大门，一个小小门厅扼守 3 扇房间门，有一夫当关、万夫莫开的气势，通过门厅可进入主室和各个卧室。三层是储藏空间，挂着大块腊猪肉。该建筑经过陆续扩建而成，两部分的二层楼地面在相同高度，但楼顶不同高（图 4-2-19 ~ 图 4-2-22）。

（二）木框架式土碉房

土碉房是羌族民居的一种类型，外墙由生土夯筑，形态上与石碉房类似，室内梁柱呈框架式，但结构在抗震方面不及石碉房，因此分布区域很小。

土碉房主要分布在汶川县城附近的布瓦寨、萝卜寨一带，是分布范围最小的一类羌族民居，应与其抗震方面的弱势有关。

羌族土碉房多选址田地附近的石坡、崖壁，有一定的形制。土碉房体型厚重雄浑，外墙收分，平屋面可上人，与基

图 4-2-19 杨布先宅入口（来源：陈颖 摄）

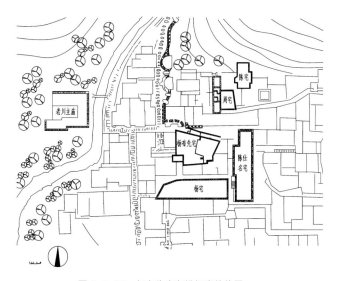

图 4-2-20 杨布先宅在桃坪寨的位置
（来源：李路根据《中国羌族建筑》绘制）

地融为一体

　　一般来说，土碉房平面为矩形，多为 2 层，高约 7 ～ 10 米。一层是堂屋、主室、灶房，可能有卧室；二层是卧室和贮藏；屋顶有罩楼。上下层之间以独木梯或活动木梯相连。在"主楼"外侧有一层牲畜棚。

　　进入一层内第一个空间是堂屋，是联系二层其他房间和上下层空间的过厅，墙上有神位。主室在堂屋后方，类似现代住宅的客厅或起居室，火塘构成这个核心空间，同时兼有餐厅的功能。屋顶可供休息、家务、粮食作物加工（图 4-2-23 ～图 4-2-26）。

　　一般是家庭自建。建筑过程原始，没有绘图、放线、吊线等步骤，全凭经验掌握外墙收分。就地取土，加入竹筋夯

图 4-2-23　布瓦寨土碉房（来源：李路 摄）

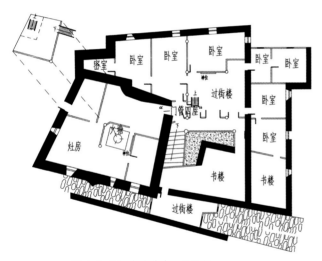

图 4-2-21　杨布先宅二层平面
（来源：李路根据《中国羌族建筑》绘制）

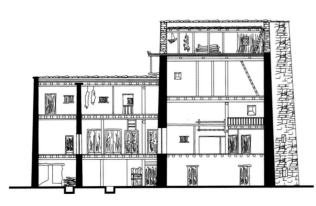

图 4-2-22　杨布先宅剖面（来源：李路根据《中国羌族建筑》绘制）

图 4-2-24　布瓦寨土碉楼（来源：李路 摄）

筑，外墙收分比石碉房略小，高度也普遍小于石碉房。

在结构上，一种土墙承重，土墙和内框架共同承重，木梁一端直接插入墙体，另一端支撑在内框架柱上，容易获得较大空间，梁上架木楼板或屋顶，布瓦寨属此类。另外一种木框架承重的，土墙仅起外围护作用，萝卜寨属此类。

生土墙抗震性不足，汶川地震中，这两个寨子都遭遇重创。

1. 汶川布瓦寨杨朝志宅

布瓦寨的山脚下，杂谷脑河汇入岷江，威州镇（汶川县城）越来越繁华。布瓦寨高高的土碉，从县城里就依稀可见。全寨生土垒墙，仿佛从山麓厚厚的冲积土层中生长出来的一样，与田坎、断壁浑然一体。布瓦寨农业发达，现在种植大樱桃、杏、苹果，收入不错（图4-2-27，图4-2-28）。

图4-2-25 萝卜寨土碉房（来源：李路 摄）

图4-2-26 萝卜寨土碉房内部（来源：李路 摄）

图4-2-27 布瓦寨（来源：李路 摄）

图4-2-28 从布瓦寨俯瞰汶川县城（来源：李路 摄）

杨朝志宅位于布瓦寨核心区，原建筑毁于 2008 年汶川地震，现在看到的是震后重建的住宅，依旧保持了原来风貌。主人家三代同堂，主要经济来源是果树种植。建筑层层退台，外墙收分。平面方正，中间堂屋两层通高，神位高挂，受汉族建筑布局影响，一层有堂屋、卧室、厨房，二层储藏（图4-2-29～图4-2-32）。

2. 汶川萝卜寨张家院子

萝卜寨俯瞰岷江河谷，土地肥沃，人口稠密，是发达的农业寨，被称为"云端的羌寨"。老寨在汶川大地震中受损严重，正逐步修复做旅游观光。居民们在地势更高处建立了新寨，现在广泛种植大樱桃，发展农家乐产业（图4-2-33，图4-2-34）。

图 4-2-29　杨朝志宅（来源：李路 摄）

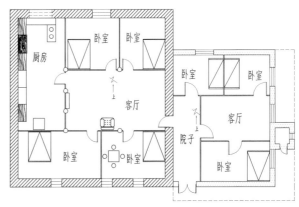

图 4-2-31　杨朝志宅一层平面图（来源：李路 绘）

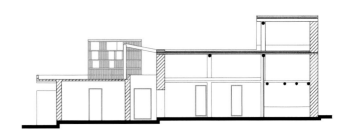

图 4-2-32　杨朝志宅剖面图（来源：李路 绘）

图 4-2-30　杨朝志宅堂屋（来源：李路 摄）

图 4-2-33　萝卜寨老寨（来源：李路 摄）

　　张家院子位于老寨的主路旁，外围生土垒墙，内部是完整独立的木框架承重。两层，主体建筑平面方正，进门的堂屋供奉"天地君亲师"神位，堂屋之后有火塘。总平面顺应地形，院墙沿道路边沿垒成弧形（图4-2-35～图4-2-41）。

图 4-2-34　萝卜寨新寨（来源：李路 摄）

图 4-2-36　张家院子 2（来源：李路 摄）

图 4-2-37　张家院子 3（来源：李路 摄）

图 4-2-35　张家院子 1（来源：李路 摄）

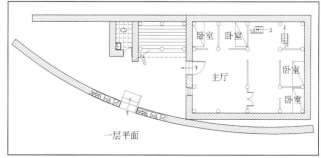

一层平面

图 4-2-38　张家院子测绘 1（来源：李路 绘）

（三）木架坡顶板屋

木架坡顶板屋是羌族建筑文化受汉族、藏族影响的结果，主要分布在汶川南部、松潘南部、北川、平武一带，范围仅次于石碉房。

为节约耕地，羌族板屋多选址田地附近的石坡、崖壁，有一定的形制，沿等高线展开。木架坡顶板屋体型轻盈，外廊式，平面比较规律，有歇山顶和悬山顶。

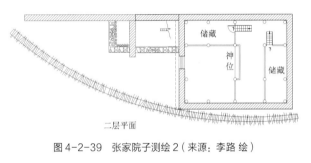

二层平面

图 4-2-39　张家院子测绘 2（来源：李路 绘）

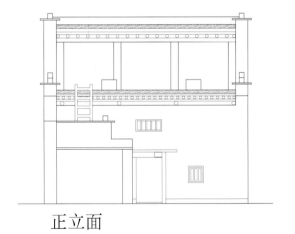

正立面

图 4-2-40　张家院子测绘 3（来源：李路 绘）

纵剖面

图 4-2-41　张家院子测绘 4（来源：李路 绘）

邻近汉族地区的板屋多吊脚和"L"形平面，木板外墙，与四川汉族山区民居相似；邻近藏区的板屋多"一"形平面，外墙往往土、木结合，有挑台厕所，底层多石墙。

一般来说，汶川南部羌族板屋为两坡顶、木屋架，2～3层，石砌墙体。

松潘南部羌族板屋平面为矩形，多为 2～3 层，高约 8～15 米。底层是牲畜圈；二层是火塘、灶房等组成的主室；三层是卧室；利用坡顶空间的阁楼是储藏室。只有 2 层的民居，一般将卧室分散设于二层主室两侧。上下层之间固定木扶梯相连。二层的主室墙上有神位，火塘构成这个核心空间的主题，同时兼有餐厅的功能（图 4-2-42～图 4-2-45）。

北川、平武的羌族板屋多为一楼一底。底层根据地形做吊脚，形成的底层空间养牲畜。一层是生活区，有主室和卧室（图 4-2-46，图 4-2-47）。

木架坡顶板屋为穿斗结构，先做地基，再立木架，之后填墙铺木地板。主室火塘部分单独处理为石板地。少数遗存板屋是木板瓦的屋顶，其他都是小青瓦铺作。

如松潘大尔边邓宅。大尔边寨位于松潘县南部的小姓沟南侧，属于羌、藏边界处，民居形式受到藏族影响，色彩华丽，平面规整。

邓宅是典型的大尔边民居，木框架承重，两坡屋顶，外廊式。底层牲畜圈由石墙围合，楼上木板墙。三楼堂屋有一面老旧的释比鼓（图 4-2-48～图 4-2-55）。

图 4-2-42　松潘朱尔边板屋（来源：李路 摄）

图 4-2-43　松潘大尔边板屋（来源：李路 摄）

图 4-2-45　松潘白花楼（来源：李路 摄）

图 4-2-46　北川青片乡板屋（来源：李路 摄）

图 4-2-44　松潘朱尔边板屋（来源：李路 摄）

图 4-2-47　平武徐塘乡板屋（来源：李路 摄）

图 4-2-48　大尔边邓宅（来源：李路 摄）

图 4-2-50　大尔边邓宅的鼓（来源：李路 摄）

图 4-2-49　大尔边邓宅外廊（来源：李路 摄）

图 4-2-51　大尔边邓宅屋架（来源：李路 摄）

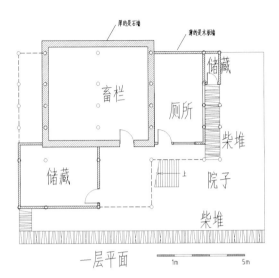

图 4-2-52　大尔边邓宅测绘 1（来源：李路 绘）

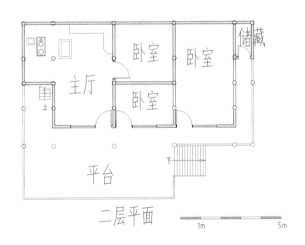

图 4-2-53　大尔边邓宅测绘 2（来源：李路 绘）

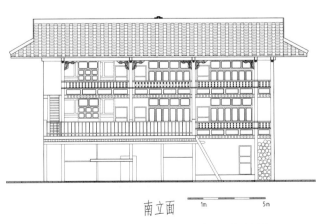

图 4-2-54　大尔边邓宅测绘 3（来源：李路 绘）

二、羌族碉楼

历史上，羌族地区战争、械斗频繁。碉楼既可用作瞭望预警、亦可据险退守，而且平时可作储藏，因此新中国成立前广泛分布于岷江以西的羌族地区。经过六十余年的和平生活，碉楼数量已大大减少。

碉楼形态高耸挺拔，是聚落的制高点，也是大众熟悉的羌族聚落标志。碉楼内部只有活动的独木梯上下，紧急情况时，爬上一层，然后将梯子抽上来，可阻止敌方逼近。碉楼平面形式是有利于抗震的正多边形，从 4 边到 12 边不等（图 4-2-56）。

图 4-2-55　大尔边邓宅测绘 4（来源：李路 绘）

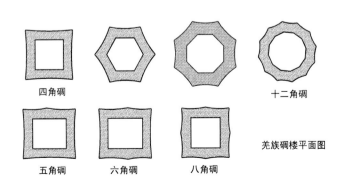

图 4-2-56　羌族碉楼平面图（来源：李路 绘）

（一）碉楼分类

从所有权来看，碉楼可分为寨碉（公共碉楼）和家碉（私人碉楼）。

寨碉一般独立一隅，由寨民一起建造，视野开阔，是全寨的哨位。平时可储存公共物资；战时可供全寨退入其中避险，当然这是不得已而为之（图4-2-57）。

道路关隘处的碉楼由军队驻守，也属于公共碉楼。

家碉由一户寨民自己修建，可独立成宅，与普通碉房相连时组成碉楼民居。安全形势越是堪忧的地区，家碉越多（图4-2-58）。

从建筑材料来看，又可分为石碉和土碉。石碉楼有良好的抗震性，分布广泛（图4-2-59）。土碉仅见于汶川布瓦寨，2008年汶川大地震中受损严重，现已修复（图4-2-60）。

（二）碉楼实例

桃坪陈宅是一处碉楼与碉房结合的民居，碉楼7层，高挑挺秀，一层封闭，二层以上每层有外小内大的瞭望/射击窗，测绘时楼板已毁。主人平时生活在碉房中，当外敌来犯时可从二楼退入碉楼（图4-2-61，图4-2-62）。

三、羌族传统建筑的风格及成因

（一）建筑多样性

羌族地处汉族与藏族之间，有多个来源，各个小区域的羌人在语言、认同感上是有差异的，也发展了有自己部族个性的民居。长期以来，羌人积极吸收周边其他族群的建设经验和造型装饰，使得羌族传统建筑呈现出多样性。

图4-2-57 阿尔村寨碉（来源：李路 摄）

图4-2-58 雅都乡四瓦村家碉（来源：四川省住建厅村镇处 提供）

图4-2-59 黑虎乡石碉（来源：熊瑛 摄）

同时，羌人因地制宜地选择建筑材料，分别发展了石碉房、土碉房和木板屋，使得不同区域的建筑展现出各异的建筑风貌。

（二）低成本

羌族聚居区生存条件普遍严酷，物资比较贫瘠，经济不够发达，人烟也稀少。建设活动必须尽量降低成本。

羌族建房时，居住者全家动员、邻里互助，主人家管饭即可，人力成本低。建筑材料也是就地取材，无论片岩、黄土还是木材，在当地随手可得，运输费用少，材料成本低（图4-2-63，图4-2-64）。

（三）抗震性好

羌族地区全部处在地震带上，近代以来，1933年叠溪大地震、1976年松潘平武地震、2008年汶川大地震均造成了重大人员伤亡和财产损失。这一地段的建筑都需要抗震。事实上，除极少的土碉房外，羌族石碉房和木架坡顶板屋都有良好的抗震性。

一般石碉房的建造方法：先在选择好的地面上掘成方形的深一米至两米左右的沟，在沟内选用大块的石片砌成基脚。

图 4-2-60 布瓦寨土碉（来源：李路 摄）

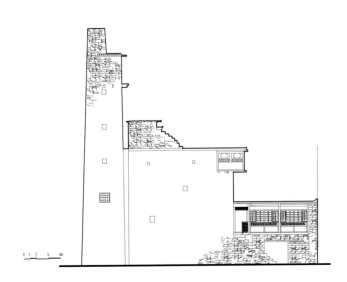

图 4-2-61 陈宅西立面（来源：李路根据《中国羌族建筑》绘制）

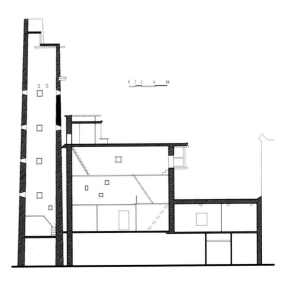

图 4-2-62 陈宅剖面（来源：李路根据《中国羌族建筑》绘制）

图 4-2-63　茂县黑虎沟就地取石（来源：李路 摄）

图 4-2-64　茂县黑虎沟建房的主人（来源：李路 摄）

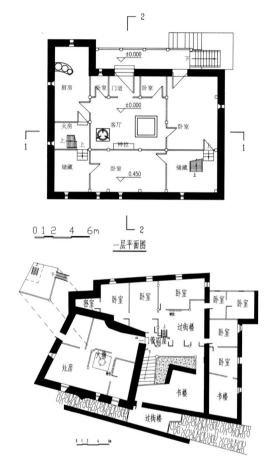

图 4-2-65　灵活变化的平面（来源：李路 绘）

宽约三尺，再用调好的黄泥作浆，胶合片石。石墙厚度大，又层层收分，仅是重力作用就可以维持良好的抗横向荷载能力，并且这些石头的建筑不易损坏腐蚀，可以长久保存，以至于到了现代，这里还是有一座座石头砌成的民居聚落。

木框架板屋则是依靠轻盈、可形变的穿斗结构抵消地震力，减少伤亡。

（四）自由平面，灵活形体

羌族传统上没有专门的建筑工匠，居民们总是自己动手造房。建造过程中充分考虑自己的需要和能力，并为后期扩建预留空间和接头。羌族核心区的石碉房，没有两座是一样的。每户的平面都是独家订制，相应的形体也在自由生长（图 4-2-65）。

第三节　建筑元素与装饰

羌族建筑淳朴自然，建筑材料显露。经济条件有限，装饰不多，但稍稍一些点缀也是灵动的点睛之笔。细部构造普遍简单明了，以实用为主。

一、建筑元素

（一）收分石墙

羌族核心区，石碉房是最普遍的民居形式。

在形式上，那些粗壮的石墙自下而上逐渐见薄，逐层收小，石墙重心略偏向室内，形成向心力，相互挤压而得以牢固、安定，这样的结构在远处看去，有增加房屋透视感的作用，并且配合

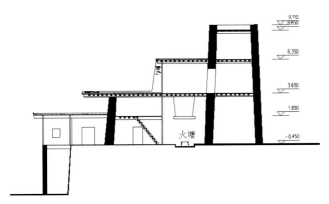

图 4-3-1 羌族民居剖面的收分墙体 1（来源：李路 绘）

图 4-3-3 三龙乡雄健的碉房（来源：李路 摄）

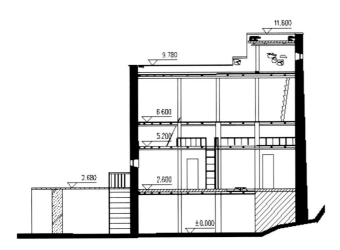

图 4-3-2 羌族民居剖面的收分墙体 2（来源：李路 绘）

本身厚重的材料，更显其挺拔之势、刚劲有力。而立面开窗较小，由于其建筑有较强的防御性，有很多开窗有意增强保护功能，洞口内大外小，便于内部射击和外部防御，这些都是历史上部落之间的长年战争而导致的，但是这样的立面也使建筑的外形更加纯粹，坚固厚实感更强（图 4-3-1 ～图 4-3-4）。

（二）主室空间

羌族传统民居虽然多样多变，但主室火塘一直是其核心空间（图 4-3-5）。

二层平面和空间万变不离其宗，主宰二层平面的三大要素是不变的：火塘，中心柱和神位。这三大要素被赋予了神的象征。不同时期的羌族建筑中（最早的距今有 2000 多年），可以看出：中心柱、火塘、神位三点一线主宰的主室空间基

图 4-3-4 维城乡的碉楼（来源：李路 摄）

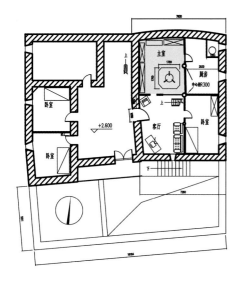

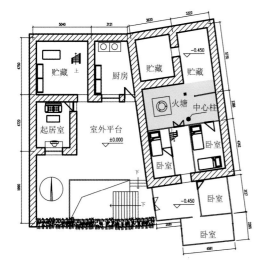

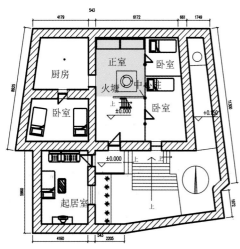

图 4-3-5   增头寨各民居主室布局以及在平面的位置（来源：李路 绘）

本不变，主室空间决定的建筑其他空间的布局也基本不变，因此，羌族建筑的空间形态也就基本不变。

火塘——使用火是人类从原始走向文明的标志。对火的崇拜，对火塘的诸多禁忌以及火塘在生活中的功能许多民族都比较相似。最早羌族火塘的三足是用三块白石作支撑的，三块白石代表不同的神。后来火塘改为铜或铸铁做的三足，古老的内涵消失了。但羌族人又加入了汉民族的宗教意识，如火塘四面的位置又有"上八位"、"下八位"等的尊卑贵贱之分（图 4-3-6）。

中心柱——中心柱是羌族建筑二层平面中最粗大的一根柱子，被尊称为中柱神或中央皇帝神，保佑着房屋的稳固。它保留了羌族最早作为游牧民族的烙印，与祖先帐篷里的中柱呼应。

神位——羌族每家的火笼里都有神龛，神位便设在神龛里。过去羌族人的神龛里供奉的是白石，现在基本上改为供奉"天地君亲师"及日、月、玉皇大帝、观世音菩萨和十二尊家神。在"天地君亲师"的牌位上写有供奉人的姓名和供奉日期。神位的设立可能是受汉族的影响，而从神位供奉的神灵的变化上可以看出汉文化和宗教对羌族宗教逐渐深入的

图 4-3-6   火塘（来源：李路 摄）

影响（图 4-3-7）。

神圣又亲切的主室火塘，这里有祖先的庇佑、自然神的照拂和热腾腾的食物，是羌人最依恋的地方。

二、建筑装饰

（一）石作

羌族石雕装饰有着鲜明特色。寺庙大门口必有一对石狮子，体型不大，憨态可掬。两只狮子动作不同，正在嬉戏，调皮对望（图 4-3-8～图 4-3-11）。

受汉族影响，不少羌族人家门口都有"泰山石敢当"。

另外，羌人本就擅长石作，在砌筑石墙时，较长的墙面中央常常砌一道小脊做装饰，削减沉重的体量。在石墙转角处，两侧的石材交叉叠砌，增强两面墙的连接，有利于建筑整体性。

（二）木构装饰

羌族建筑淳朴自然，装饰不多，但少量的点缀也是灵动的点睛之笔。

图 4-3-8　汶川萝卜寨寺庙遗址（来源：李路 摄）

图 4-3-9　茂县三龙乡寺庙遗址（来源：李路 摄）

图 4-3-7　主室一角的神位（来源：李路 摄）

图 4-3-10　门口的泰山石敢当（来源：李路 摄）

图4-3-11　后村民居墙面小脊（来源：李路 摄）

大门多是单扇门，却按照汉族建筑双扇大门的风格进行装饰，简练的垂花、对联和两幅年画，显示出汉族文化的影响。门上有挑檐，檐下垂花，两个方形门簪。门的右侧约1米高处的墙上有槽，供门闩拉动（图4-3-12，图4-3-13）。

窗棂以直棂、正交格为主。邻近藏区的窗棂会做一些简化的牛头窗（图4-3-14～图4-3-17）。

（三）置白石表示白石神崇拜

羌人来自青海湖地区，后被迫南迁，对祖居地的皑皑雪山念念不忘，对白石的崇拜表达了羌人对祖先和自然的礼赞。白石一般为当地的白色石英岩，无论是一块还是几块堆砌，都会仿造山峰的形状。白石可以置于屋顶女儿墙

图4-3-12　大门1（来源：李路 摄）

图4-3-13　大门2（来源：李路 摄）

图 4-3-14 传统直棂窗（来源：卿松 摄）

图 4-3-15 在传统直棂窗外添加窗框装饰（来源：李路 摄）

图 4-3-16 新窗户（来源：李路 摄）

图 4-3-17 受藏族影响的简化牛头窗（来源：李路 摄）

图 4-3-18 萝卜寨民居屋顶的白石（来源：李路 摄）

图 4-3-19 三龙乡民居大门上的白石（来源：李路 摄）

的转角处；也有的在门楣、窗楣上排列白石，中央一块白石最大；更讲究的建筑，在檐口镶嵌一条白石带（图4-3-18，图4-3-19）。

屋顶女儿墙正中还设有煨桑炉，是敬天、祈福和驱秽的工具（图4-3-20）。

图4-3-20　煨桑炉（来源：李路 摄）

第四节　羌族传统建筑风格与精神

历史上羌人长期生活在艰苦、冲突的环境中，羌族传统建筑厚重朴实，充满活力，重视防御，又对祖先和自然充满敬意。

四川羌族传统建筑风格　　　　　　　　　　　　　　表4-4-1

基本构成		功能	成因	色彩	风格	精神
房	主室、卧室、畜圈、仓房	居住生活	人文环境	材料原色：暖色（木质赭红色），灰调（石墙）	气势雄浑，自由无羁，向心凝聚，意向朴拙	灵活随性，质朴防备
院	庭院	饲养畜禽	自然环境			

图4-4-1　三龙乡碉房1（来源：李路 摄）

图4-4-2　三龙乡碉房2（来源：李路 摄）

图4-4-3　维城乡的废弃碉楼（来源：李路 摄）

一、气势雄浑——收分墙体

羌族核心区，那些粗壮的石墙自下而上逐渐见薄，逐层收小，更显其挺拔刚劲。而立面开窗较小，使建筑的外形更加纯粹，坚固厚实感更强，防御性突出。收分垒石墙也往往被大众看作羌族建筑的显著特征（图4-4-1~图4-4-3）。

图 4-4-4　维城乡民居 1（来源：李路 摄）　　　图 4-4-5　维城乡民居 2（来源：李路 摄）　　　图 4-4-6　维城乡民居 3（来源：李路 摄）

二、自由无羁——丰富多样的民居形态

　　由于羌人自己建房，没有固定形制约束，没有匠人程式，造就了羌族民居变化多端的平面和形态。可以说，即使在同一个寨子，也找不到两座完全相同的民居。风貌大体一致下的各种自由演变，使羌族民居魅力非凡（图 4-4-4 ～图 4-4-6）。

　　羌族聚居区有石碉房、土碉房和板屋三种建筑类型，显示羌族居民积极适应自然环境、善于吸纳周边民族经验的文化传统。在适应与吸纳之后，再有了多姿多彩的本民族建筑形式。

图 4-4-7　维城乡的火塘与中心柱（来源：李路 摄）

三、向心凝聚——主室火塘

　　羌族传统民居虽然多样多变，但主室火塘一直是其核心空间。

　　羌人把二层的主室视为最庄严和最温暖的空间。主室一角的神位代表各位神灵和祖先，中间部分受汉文化影响，供奉"天地君亲师"。主室中间的中心柱被认为是古代游牧羌民帐幕住居的中柱遗存，中心柱能支撑大梁，形成较大主室空间。但有些中心柱并没有真正的结构作用，是家族的精神支柱。火塘的铁火圈有三个支脚，分别代表女性祖先神、男性祖先神和火神（图 4-4-7 ～图 4-4-10）。

四、意向朴拙——门窗装饰

羌族建筑朴实凝练，唯有门窗位置稍作修饰。

大门有浓厚的汉族建筑味道，简练的垂花、对联和年画，显示出汉族文化的影响。窗棂以直棂、正交格为主。邻近藏区的会做一些简化的牛头窗。

五、万物有灵——白石崇拜

羌人来自青海湖地区，后被迫南迁，对祖居地的皑皑雪山念念不忘。当他们跋涉至岷江河谷时，与当地人争夺地盘，羌人投掷白石取胜。白石即是故乡雪山的象征，又是帮助他们取得新领地的武器，对白石的崇拜表达了羌人对祖先和自然的礼赞（图4-4-11）。

图4-4-8 桃坪寨的火塘（来源：陈颖 摄）

图4-4-10 角角神（来源：孙占春 摄）

图4-4-9 使用节能灶的主室（来源：李路 摄）

图4-4-11 屋顶白石（来源：陈颖 摄）

第五章　彝族地区传统建筑风格分析

　　四川彝族主要聚居于凉山彝族自治州及乐山市峨边彝族自治县、马边彝族自治县的小凉山一带，散居于攀枝花市仁和区迤沙拉地区及米易县、盐边县，雅安石棉县、汉源县和甘孜州泸定县、九龙县的彝族乡，宜宾屏山县、泸州市古蔺县、叙永县也有少量分布。其中凉山彝族自治州是最大的彝族聚居区。彝族由于长期的民族生活习俗的原因，形成了大分散、小聚居的状况。居住地常选择高山、半山坡或河谷处。聚落中以居住建筑为主，公共性建筑较少，住宅形式以独栋式、院落式为主。

第一节　聚落规划与格局

一、彝族传统聚落的风格特征

　　彝族是农牧兼营的民族。村寨的形成与分布方式受传统奴隶制社会制度的影响，同时也受几千年民族生活习性的影响，村寨多建于高山山坡之上和河谷平地上。一方面由于大部分地形地势受分割的原因，导致彝区耕地零星分散，人们为了方便使用耕地，随耕地而落址建屋，造成彝族村寨布局分散。另一方面，彝族在长时期的奴隶制社会体制影响下，一个家支便形成一个聚落。血缘较近的各支分布地相邻，以便保持一定的联系。新中国成立前，为了防御家支间的冤家械斗，常在家支地域范围内修筑土围墙和碉楼群，奴隶主居住的建筑旁碉楼密集，成为彝族建筑的显著特征。"聚族而居"、"据险而居"、"靠山而居"是传统彝族聚落的典型特征。位于高山区的多为散居聚落，而半山和平坝河谷地的村落以集居为主。

（一）高山区聚落

　　在高山地带，人们选址多在半山向阳山凹或平坝处，环境依山傍水、向阳避风、树木茂盛、土地肥沃、地形开阔、有利于牧耕和军事防御的环境，聚落较为分散，山坡上的平地用于居住，坡地用于放牧和耕种。这种布局方式多建于海拔2000米至3000米的高寒山区，生产方式主要以畜牧为主农耕为辅，一般一二十户成一寨，也有三五户为一寨（图5-1-1）。在大的范围内仍是同血缘家支聚居一个区域。也有村寨择址于于山顶较大的缓坡地带，人们在缓坡之地耕地植林，建房造屋居住生活，缓坡边缘陡峻的山谷或山崖成为村寨天然的屏障。

　　村寨顺应地势布局，既没有明确的村寨边界，也没有明显的村内主道路，交通系统随意性强。与外界联系的主要道路及其所产生的多条分支小路，延伸至各家各户，成为连接各独立建筑之间的脉络，方向单一明了。村内民居布局自由分散，每家的住宅以单层独栋式、或由院墙围合成院，沿等高线布置或如棋子般散落。户与户之间院落和墙体都不相连，仅有土质的小道相通。村寨内往往有一片开敞空地，作为人

图5-1-1　高山上的彝族村落布局（来源：郑斌 摄）

们各种娱乐和宗教活动等礼会群集活动之用。

（二）河谷平坝区聚落

　　集中式的村落布局多见于河谷和靠近河坝区的缓坡山脚等地带。地势较平坦，土地肥沃，农业在生产中占主要地位。村寨建筑集中布置，一般二三十户成一寨，大的村落上百户人家。如攀枝花市仁和区平地镇的迤沙拉村，始祖是阿普都木，因战乱自中原一带迁移至此地生存繁衍，至今有六百余年的居住历史，逐步发展形成现在的518户，2千多人的规模。由于农业耕作占主导地位，故先留出适宜耕种的土地，建筑退至坡度稍陡的地方，耕地与村寨之间常种植有小树林，利于水土保持。其中，有些是具有向心性的村寨，单体建筑群依一定中心组合而成，如以水源、活动场地为中心布置；有些村寨是沿等高线集中布置，布局灵活自由，无过多限制（图5-1-2）。河谷区民居规模相对较大、形式多样，大多呈院落式布局。

二、彝族传统聚落的风格成因

　　彝族生产和生活依靠大山，多在高海拔处居住。他们的生产方式以山地农耕和高山畜牧业为主，游耕与游牧相结合的生计方式使他们具有很强的流动性。凉山地区彝族传统村寨便是由各部落迁徙而形成的村落集群，大多依山傍水，环境幽美。

图5-1-2　彝族河谷和半坡上的聚居村落（来源：四川省住建厅村镇处资料）

（一）聚落的选址与自然环境生活方式的关系

聚落一般都依照水流和山势的走向，选择向阳、背风、取水和交通方便的、有利于耕种放牧和防御的平缓山坡建造房屋。由于村寨多位于地势险要的高山或斜坡上，或接近河谷的向阳山坡上，随着地形自然伸展，形成了背后有山、左右有山，前后有平坝与水的选址方式。这和汉族建筑在选址中遵循的"五行"有一定的相似之处，山为村寨聚落的安全提供天然的屏障，水为人们的日常生活提供自然资源，山坡上可以放牧，平坝上可以居住和耕种，在漫长的发展过程中，形成一种自然性质强烈的村寨风貌。

（二）聚落的形成与民族信仰文化的关系

民间对村落和住宅的选址有一套传统的方法。彝族人进行村落、住宅择址时，采用"毕摩"烧羊甲骨的方法进行凶吉的预测。彝族人主张住宅以背依山、近水源、土肥、草美为佳，大门朝向除了以所在村组地址决定外，还要朝向太阳升起的方向。卜宅时所看的户主不是家里的男方，主妇成为影响住宅吉凶的主体，以主户母亲年龄算出建房地址。

（三）聚落的选址与历史原因的关系

聚落的基本形式与彝族早期的社会形态相关。新中国成

立以前，凉山彝族长期处于奴隶制社会，统治阶级是奴隶主，根据奴隶主财富的多少，决定拥有奴隶的数量。一个村落的布局是以奴隶主的住宅为主，四周围绕着奴隶的简陋建筑。彝族一个家支的房屋基本上是一个村落。家支的大小、互相之间的斗争和帮助影响了村寨聚落规模的大小和相邻村寨聚落的远近。另一方面，相对平地而言，凉山彝族村寨更喜欢选择建设在高海拔处。海拔越高、气温越低，在生产力和科技不发达的彝区，这样更利于食物的保存、不利于细菌的传播，从而保证人畜的健康。凉山地区长期以来，是汉族和彝族的混合居住形式，汉族居住在平原区，彝族多居住在高山区。

第二节　建筑群体与单体

传统彝族建筑的群体布局反映了彝族千百年的民族生活习俗、社会关系。四川地区的彝族民居布局简单、自由，是艰苦、简朴的生活环境造就了这样的风格特征。

彝族民居的平面有矩形、"L"形和"凹"形。依据建造者的地位和家庭成员的多少，最常见的民居平面是矩形，家庭成员较多和地位等级较高的家支常为"L"形和"凹"形。

传统彝族村寨主要包括以下组成要素：居住房屋、祖灵洞、祭祀场所、墓地、寨门、公房、神树等。

由于彝族的神明崇拜，世界被划分为不同层次，而这种思想观念也充分贯穿到人们生活居住的村寨之中，村寨空间因此形成具有民族特色的精神空间和现实生活空间。

第一、精神空间：此领域主要指人们进行宗教信仰活动的空间。例如：祖灵洞空间、祭祀场所空间、墓地、神树等。其中祖灵洞空间多位于各家支中心，村寨树林茂密、向阳安静之处，以体现祖先神灵的神圣，不容干扰。而祭祀场所空间则多位于岭上平缓开阔地带或居住建筑周围田地。精神空间是彝族家支成员的精神中心，赋予了民族传统民俗文化和感情，是彝族人民生活中不可缺少的空间场所，它不为人造，具有自然性质。

第二、现实生活空间：此领域主要指人们居住、生产、娱乐等空间。例如：居住房屋、劳作场地、公房、集会场地等，其中集会场地多位于平缓而宽敞的居住地外山岗或台地上，以满足人们的体育、娱乐活动需求。

一、彝族传统建筑的风格特征

（一）建筑布局特点

高山地区的彝族民居一般为独栋的单层矩形平面建筑，也有在主屋侧面沿院墙修建小体量的附属建筑成为曲尺形或凹型。民居院落由一幢主屋和一、二幢附属建筑及院墙围合

而成。长方形院落，没有对称轴；院门开在院落的一角，因彝族人对太阳的崇拜，院门的开设方向一般向东、向南，而不向北。

院落的组成按照彝族人日常生活习惯而来。院落中主体的建筑或为独栋，或为一正两厢的形式。建筑主要房屋供使用者居住、炊事、牲畜的饲养、生产资料和储存，次要房屋有的供成年子女的居住等。少数富裕家庭的院落中设有碉楼，有较强的防御性质。

河谷平坝地区民居受汉文化影响，较多的出现由建筑围合而成的三合院及四合院，甚至多进院落的组合布局，如土司衙署和千户宅等。

1. 院落的基本形式

彝族民居最常见的形式是一字式院落（表5-2-1）。院落由土墙或竹篱笆、木篱笆围合而成。院门不在正中而开在一侧，面向东方、南方。整个院落没有对称轴，院落中有主体建筑一座，为日常起居、牲口圈和仓储，建筑矮而宽，侧面或接有小型耳房一座。采用全生土或木板建造，高度在5米左右。少数院落中建有碉楼一座，供家庭防御。

一正两厢式的三合院、四合院存在于金沙江两岸地势较平坦开阔的河谷地带。三合院没有明显的对称轴，主体建筑是正房，一般坐北向南，采用三开间单层或两层，供日常起居；两侧为厢房，采用两开间两层或单层，供仓储、牲口圈、儿女住房、厨房（表5-2-2）。

彝族一字式院落		表5-2-1
彝族一字式院落平面	彝族一字式院落外观	彝族一字式院落主体建筑

内院

彝族三合院院落		表 5-2-2
彝族一正两厢式的院落布局	彝族一正两厢式的院落外观	彝族一正两厢院落的单体建筑①

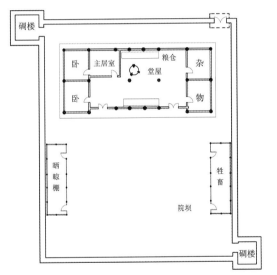

图 5-2-1　甘洛县斯普乡彝族院落平面图（来源：根据《四川建筑》杨睿添 绘）

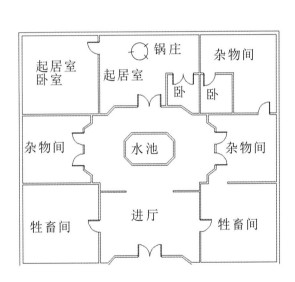

图 5-2-2　美姑县巴甫乡彝族院落平面图（来源：《四川建筑》）

彝族三合院形式多受汉族院落影响，内部布置又适当保存了一些民族习惯，例如，攀枝花市的迤沙拉村的杨宅。此建筑建于清朝康熙年间，是河谷平坝地形中的一正两厢三合院。它的正房为三开间两层，两侧的厢房为 2 层二开间楼房。正房、厢房与院落入口用走廊相联系。

凉山州甘洛县斯普乡某黑彝住宅，采用三合院布局形式，院落外形方正，院门向北侧角落开，院落四角其中一条对角线上，各有一座碉楼，起防御作用。院中，有主要建筑一座，

是正房；正房前两侧，分别有晾晒棚和牲畜圈建筑各一座。正房中当心间布置起居室，左右两侧分别布置卧室和仓储，起居室偏右设置锅庄（图 5-2-1）。

也有少数彝族住宅外形仿照一颗印的形式，内部建筑物布局却不一样。如美姑县巴普乡彝族住宅，采用土墙围合成方形四合院，院子中心是水池，水池周围用走廊环绕。院墙正中心开院门，院门后是门厅，门厅左右两侧布置牲口圈；门厅后是院落中的水池，水池后是三开间房屋，当心间是起居室，内设

---

① 图片来源：刘妍拍摄。

置锅庄，起居室左右两侧是仓储和卧室。从这座四合院中可以看出，人与牲口已经分离，院落以水池为中心布局，周围是回廊，空间变化不同于其他彝族院落（图5-2-2）。

在部分彝族与汉族混居的平坝地区，受汉族人住宅形制的影响，采用四合院的布局形式（表5-2-3）。正房一般坐北向南，居于院落中最高的位置。正房两层，一层明间为堂屋，供奉祖先牌位，左次间为主卧室，右次间为次卧室，分别供祖父母、父母居住，二层用于储藏粮食。两侧厢房，

根据实际需求，可用于关养牲畜、储存草料、晚辈卧室、厨房等功能使用。倒座主要用于会客使用。家中正房堂屋靠后墙设有天地及祖先神位，立神龛，中供"天地君亲师"，右为历代祖考妣，左为灶王府君玉夫人，设置香烛、酒、糖、果品等贡品，每逢节日祭拜，神龛下供有土地菩萨。堂屋的左角与右角分别供坛神"苍龙"、"锅龙"。后墙或山墙顶上墙角处插有一根云南松枝条，上挂红线，供奉土地神灵"小土主"。

彝族四合院院落   表5-2-3

四合院式布局	四合院内院	四合院正房堂屋

（来源：四川省住建厅村镇处提供）

2. 单体建筑的组成形式

由于彝族传统社会基本单位是父权核心小家庭，子女长大成婚后即分居另户，因此彝族家庭少则三、五口，多则七、八口或更多，这种家庭结构体现在民居上的特点是一户一屋，单家独院居住。彝族建筑单体多为长方形平面，室内空间以火塘为中心进行布局，火塘是彝族建筑的核心部分（图5-2-3）。

民居单体建筑一般为一层的矩形平面房屋，无固定朝向，外墙几乎不开窗。大户人家住房面积较大，一般在100平方米以上，长宽比一般在2:1以上。大门在建筑平面轴线一侧，而不在正中。室内空间用木柱、木板或竹席作为隔墙分为三个部分，正中一间为堂屋，是家庭成员聚会之所，面积约占室内面积的二分之一，一侧设置一座火塘，火塘边取三块洁净的石块支搭成鼎状，锅支其上，称为"锅庄"。锅庄

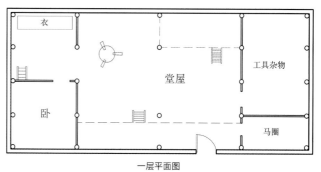

一层平面图

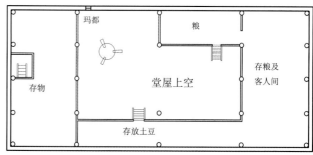

夹层平面图

图5-2-3 彝族单体建筑平面布局示意图（来源：根据《彝族文化探源》杨睿添 绘）

严禁人踩踏跨越，否则认为不吉。

锅庄上方，以篾索吊一长方形木架，上铺竹条，作烘烤食物或蒜头、花椒、辣椒之用。火塘除用以煮饭、烧茶、取暖和照明，还有聚会、交流等功能，均围绕其进行，是家庭活动中心，也是功能布局中心（图5-2-4）。日常生活和接待客人时，以火塘上方为尊位方，围绕火塘，逆时针方向依次坐家庭里年长者、中年者和儿童；顺时针方向依次坐客人中的年长者、中年者和儿童。两方向年龄和尊卑相当者对称入座。

堂屋两侧分别为卧室、储藏间及马厩。屋内不采用实体墙分割而采用竹席或竹板做不完全的隔断。一侧为男女主人的居室和储藏贵重物品的处所，外人不可进入，其上方有时也利用空间架木檩条放置物品和住人；另一侧是堆放杂物和生产用具、圈养牲畜的处所。通常两侧房屋及门廊上空用檩

图5-2-4　彝族家庭中的火塘（来源：四川省住建厅村镇处资料）

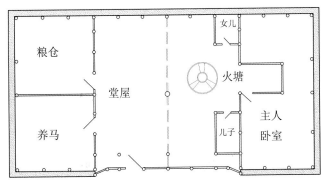

图5-2-5　水普什惹住宅平面图（来源：根据《中国民居建筑》杨睿添 绘）

木架夹层，其上搭木板作为二层，用以堆放柴草、粮食、生活用品，或供客人或未婚子女居住。两层之间用可移动的木梯相联通。

普通人家住房面积较小，约40平方米至70平方米，室内空间没有专门的分隔物（有的利用承重木柱），布局也没有明显的界线，只是以左边作为牲畜圈，右侧为就寝和杂物堆放处，中部偏右为火塘空间。

彝族社会是父系氏族社会。儿女成年后，可独立另建新院落，老人随年纪最小的儿子生活。若家庭中孩子较多，可在主要建筑一侧再建一形同主建筑的房屋。

凉山州斯普乡黑彝水普什惹住宅（图5-2-5）是奴隶主住宅的典型代表。此住宅为单幢建筑，长21.3米，宽11米，高7.65米，建筑面积261.93平方米，占地面积925.76平方米。它独踞山头，气势雄伟。建筑物四周由高大的围墙环绕，四角碉楼高耸。房屋正中是堂屋，空间高敞，室内采用多层的拱架出挑减少室内立柱。堂屋设置火塘，作为家庭生活的中心；堂屋的左边房间作为养马、储粮食使用；右边是主人和子女的卧室。

凉山州彝族地区，在1949年新中国成立之前，处于奴隶制社会。贫苦的奴隶住在较原始的"棚屋"里面。这种建筑的平面是简单的长方形，门开在平面的右侧，建筑平面上分为左右两部分。左边平面作为卧室，面积较小；右侧平面，布置起居室，面积较左边大，起居室中间设有锅庄。牲口圈设在建筑以外（图5-2-6）。

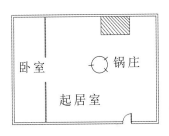

图5-2-6　新中国成立前奴隶的住宅平面图

图5-2-7　简易的权权房（来源：四川省住建厅村镇处资料）

图5-2-8　纯木结构的木罗罗房（来源：达史 摄）

图5-2-9　彝族瓦板房（来源：四川省住建厅村镇处资料）

（二）单体建筑的形式特点

1. 权权房

权权房是旧时凉山彝族的古老民居形式，为贫苦阶层居住的一种简易房舍（图5-2-7），它主要分布在凉山州彝族地区的美姑县、布拖县、昭觉县等，一般分有墙体和无墙体两类。前者建造方法是先在平整好的地基两端竖立两根带叉或砍以叉的木棒作柱子，一根树干横在叉上作为横梁房架，四面用茅草遮掩围合而成，无墙壁，侧面开设一小房门，用篱笆作门板，四周泥土压脚排沟即成。后者是在平整好的房屋基础上排插木桩，又在木桩上用箭竹穿插编制成墙体或先将篱笆编好再绑扎于桩上，房门设在建筑中线的一侧。这种建筑结构简易，建造便捷、实用，但现在少见，有时临时搭建的建筑会采用这种形式。

2. 木罗罗房

木罗罗房是彝族地区古老的简易房舍，多分布在凉山州彝族地区的美姑、木里、昭觉等地区。它常为森林等树木资源丰富的地区采用，原木纵横交叉重叠，两端砍出卡口相扣成井字状，由此构成房屋墙体（图5-2-8）。房间平面为单一的矩形，屋顶是悬山双坡式。屋顶的做法有两种，一种与瓦板房屋面做法相同，另一种采用原木两端卡口相扣的形式拼接形成双坡屋面。

3. 瓦板房

瓦板房是凉山州彝族地区最常见的建筑形式（图5-2-9）。它的平面呈长9～15米、宽5～6米的矩形，建筑外墙采用土墙或木墙建造。屋顶是悬山双坡屋顶，出檐0.5米至1米左右，屋檐距地面3.5米左右，上面铺盖杉木板两层，并用石头压实，形成独特的"瓦板"屋顶。建筑立面上，门开在一侧而不在正中央，门矮小，两侧有50厘米宽的小窗或不开窗。整个建筑立面少有外窗。

4. 土墙瓦房

土墙瓦房是乐山地区的峨边县、马边县，攀枝花的仁

图5-2-10 彝族小青瓦房（来源：四川省住建厅村镇处资料）

图5-2-11 彝族建筑中的火塘（来源：四川省住建厅村镇处资料）

和区的彝族地区常见的建筑形式。建筑平面呈矩形，建筑外墙采用夯土砌筑，室内内设木柱、木梁为木构架结构（图5-2-10）。

悬山双坡屋顶，屋檐出檐 0.5 米至 1 米左右，距地 3～4 米，屋脊微微有曲线，顶端起翘。屋面铺设小青瓦，有瓦当，山面做悬鱼装饰。立面向内院面开窗，对外立面封闭。建筑外墙涂白色、朱红色装饰或不装饰。

（三）特色功能空间的设计手法

彝族民居建筑包括精神空间、现实空间、交汇空间。这里主要通过空间受到较大分隔，功能划分清晰的民居建筑进行说明。

1. 精神空间指人们精神寄托的建筑空间场所——祖灵空间。此空间是家庭中最神圣的空间，要求尚洁尚暗，其象征物是祖灵灵牌或葫芦。在安灵祭祖后，将灵牌供于火塘右或左上方的墙壁上，或挂于火塘正壁上方的孔洞中或屋架下，并在灵位下方设供桌作放置祭品之用。在灵牌供奉之处经常举行各种祭拜和祈祷仪式，是家庭成员每逢过年过节、婚丧喜庆、疾病灾患祭告祖人、祈福免灾的地方，也是家中的精神圣地。

2. 现实空间指人们日常生活起居、储藏、牲畜等空间，分为室内空间和院落空间两部分。

室内空间由木墙和木板进行分隔，分为左、中、右三个部分。中部是起居与仪式空间，它是一个通高空间，公共、仪式活动都足在此空间进行。室内左侧分为上下两层，下为

牲畜及杂物空间，上为粮食储存空间（有时兼作卧室）。凉山彝族历史上将牲畜作为重要财产，对其极其重视，另外由于高山气候寒冷的原因，故形成了人畜同居的空间特征。粮食置于二层上也为保持其干燥并长久保存，上下两层没有直接通道，需在堂间搭活动楼梯进入。室内右侧主要为通高居住空间，是家庭中主要的卧室。由在穿斗木构件下半部分嵌入木墙板分隔出主卧室，同时家中贵重物品也置于其中，私密性较强。有的建筑在主卧室与堂屋之间以木墙板分割出几个次卧室，但这些房间只供睡觉使用，空间只容纳床，功能单一。有的建筑也在右侧的主卧室上方搭木板设夹层，堆放杂物及粮食。

院落空间属于室内空间的延续，作堆放材草、饲养家禽、晒物的场所，同时也是举行红白事的场地，因此具有生活和仪式的双重功能。院落空间几乎包容了家居的全部生活内容。院落周边的院墙总是围砌得较高，使建筑深埋在院落空间中，住居整体凸显出一种乡土性，进而与周边环境相融合。

3. 交汇空间指火塘空间（图5-2-11），具有既神圣又实际的双重空间角色，人们的一切活动都围绕其进行，如饮食、起居、取暖、会客、议事、交流、室内宗教法事等。在现实空间里，彝族住宅的各个功能空间便是以火塘空间作为中心呈发散状扩展，火塘周边为生活居室，再向外扩展为生产储蓄和居住空间，再外为墙体，以至到院落空间，形成一个以"聚"为中心的空间序列。火塘代表了强烈的向心趋势和内聚力，是家庭室内活动空间的中心，甚至也是氏族家族的核心。

二、彝族传统建筑的风格成因

凉山彝族独特的单体建筑特征——矩形的平面布局、以火塘为中心的正房和左右两侧厢房的空间分割、人畜共居的空间组合，这样的单体建筑形式和彝族的精神信仰、自然气候条件、人文条件及经济因素相关。

（一）彝族信仰文化的影响

在彝族的传统文化中，有对火的忠实崇拜。火是彝族人生产的动力、取暖、生活的主要依靠，特别是在高寒气候的彝区，火的作用更为重要。火塘变成了建筑中的核心部分。一家人的生活起居、接人待物都要围绕火塘进行。

彝族人不仅对火有强烈的崇拜，他们也崇拜牲畜中的羊与牛。牲畜要为他们提供农业生产的劳动力，也要提供肉食的来源。彝族习惯把牛与羊和人一样住进一间屋子里，一方面是由于自然条件与经济条件的原因，还出自于对提供生产力帮助和肉食供给的牛羊的爱护与尊敬。

（二）彝族自然环境与经济条件的影响

几千年的彝族奴隶制社会，经济相对落后。特别是在物资匮乏的年代，羊与牛不仅是提供劳动力的资源，更是家庭中重要的财产。彝族多数居住在高山，气候寒冷，为保证财产的安全性，一方面他们采取了人畜共居的形式，将牲口圈就设置在屋内，另一方面采取建筑的外墙上不开窗，以达到防寒和防盗的目的。

第三节　建筑元素与装饰

一、院落的制高点——碉楼

彝族碉楼，是大凉山彝族建筑中奇异而独特的景观（图5-3-1）。它是整个村落中的制高点。它有观望村外情况，控制村内情况、组织抵抗外敌入侵的作用。一般设置在村落

中，或个别家庭的院落中。彝族碉楼造型奇异，有四方形、圆形、转角多边形等几类，主要建筑结构是夯土式。高度在10米左右，外部不开窗，仅有数个小型的观望口。碉楼的结构比较复杂，它可分为基座、主体、顶盖、分层、耳朵、屋檐、窗子、瞭望孔等。碉楼有高低不同的形制。有的有三四层高，有的只有两层，每层只有一间房子大小，各层采用木质可移动的楼梯连接。

二、建筑墙体、屋顶、门窗构件的形式

（一）墙体形式

彝族建筑的墙体有夯土墙、木板墙、竹编夹泥墙（表

图5-3-1　彝族村寨里的碉楼（来源：http://www.yizuren.com/plus/view.php?aid=8005）

图5-3-2　彝族建筑中的夯土外墙　（来源：郑斌 摄）

5-3-1）。建筑外墙常用土墙、木墙；建筑内墙常用木板墙和竹席等。普通人家的墙体用夯土墙，它采用就地取材的黄土拌合砂与稻草，用木板支模的夯土方式（图5-3-2）；经济富裕人家的墙体采用木材围合构建。不论贫富与否，传统彝族建筑的外立面不开窗。到了近现代，在政府支援彝族民居的建设过程中，才采用部分开窗的形式。

（二）屋顶的形式

彝族建筑的屋顶有瓦板屋面、小青瓦屋面，均采用双坡悬山式屋顶（图5-3-3）。

瓦板屋面的做法是在承重的夯土墙上放置檩条，上下层用劈开的长约2米、宽约25厘米的云杉木板为瓦，其中下层满铺，上层在两板相砌处放置一板。为了加强屋面材料

图5-3-3　左图为瓦板屋顶　右图为小青瓦屋顶　（来源：达史 摄）

彝族建筑墙体材料　　　　　　　　　　　　　　　　　　　　　　　　表5-3-1

形式	图片	材质	特征
夯土墙		生土、砂、稻草	用于外墙；一般立面上不开窗
木板墙		原生木板	多数用于房间内部分割的内墙，少数用于建筑外墙；用于内墙、外墙均可以开窗
竹编墙		竹篾、藤条	多用于建筑内部的分割；用于院落围合；立面均不开窗

（注：根据四川省住建厅村镇处资料绘制）

的稳定性，还在屋面上放置石块，形成了独特的瓦板屋面。由于彝族建筑立面不开窗，采光方式靠屋顶瓦板完成（表5-3-2）。瓦板屋顶自然形成的木纹凹凸条理，下雨时形成屋面排水沟，瓦板之间的缝隙形成屋顶独特的天窗。瓦板屋面屋脊几乎平直，多数无曲线变化。屋檐出檐0.5米左右，多数贫苦人家屋檐下无装饰，少数经济富裕之家屋檐下有枋，枋间有端木支撑，且作黑色、红色、黄色彩绘。

小青瓦屋面的做法是檩条放置在承重墙上，上铺椽子及小青瓦。屋檐挑出0.5～1.5米左右，屋檐出3～4跳。屋脊中部和两端翘起，有明显曲线变化。

（三）门窗构件

彝族建筑中的门窗古朴简洁。传统建筑中，门窄而低，采用普通原木板制成，无装饰（图5-3-4）；因自然环境和人文因素原因，传统彝族建筑中没有或少有窗户的存在。近年来，在政府改造彝族村落的建设活动中，彝族建筑中的门窗有巨大变化，出现了栅格状的门窗，富有很强的装饰效果（图5-3-5）。

三、结构构件与装饰构件的形式

彝族民居的结构形式主要为穿斗式结构，也有室内木架、外围护土墙的做法。彝族民居的木架类型多样，位于山墙面及分隔墙处采用穿枋拉结立柱的穿斗木架，室内堂屋空间无立柱，常常采用大斜梁或抬梁式结合悬挑的拱架，跨度更大的空间则用多层悬挑拱架——"搁架式"结构（图5-3-6）。"搁架式"借鉴汉式斗栱结构的部分做法，同时融入彝族传统的建筑工艺创造而成，是彝族建筑结构形制中最富特色和科学性的一种。搁架结构多用于正房堂屋间，利用杠杆原理层层出挑形成拱架。以前后檐柱为主柱，沿进深方向每榀穿斗屋架的各层穿枋由檐柱开始同时向室内外，由下而上层层悬挑，悬挑的枋头做成牛角拱形式，在檐柱处向内外两侧，由下而上依次层层承托相邻的内侧檩柱，直至屋脊下悬空中柱。这种结构加大了空间的跨度，室内没有支撑柱（图5-3-7a）。还有一种搁架结构，是出挑加大斜梁的做法，使得室内空间更加开敞（图5-3-7b）。其他形式的木构架还有类似于汉族的穿斗式结合抬

<h3 style="text-align:center">彝族建筑屋顶形式</h3>

表5-3-2

形式	图片	材质	装饰特征	装饰图片
瓦板屋面		杉木板 木条 石块	屋檐0.5~1.0米出跳；屋檐下有少量装饰；屋脊平直无曲线	
小青瓦屋面		木材 小青瓦	屋檐出跳3~4跳，出檐1.5米；屋檐下有短木支撑；屋脊有曲线	

图5-3-4　传统彝族建筑中的门（来源：郑斌 摄）

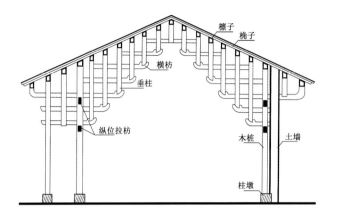

图5-3-7a　搁架结构（根据《四川民居》甘雨亮 绘）

图 5-3-5　现代彝族建筑中的门和窗（来源：达史 摄）

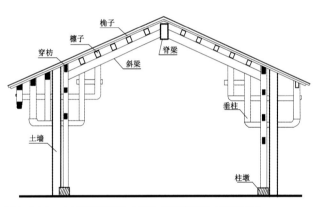

图5-3-7b　大斜梁搁架结构（根据《四川民居》甘雨亮 绘）

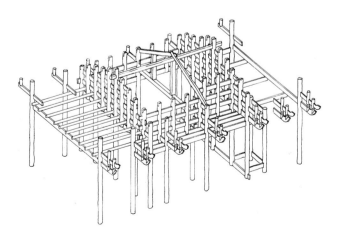

图5-3-6　木架形式多样的彝族民居（来源：《"栋梁之材"与人类学视角下的中国建筑结构史》）

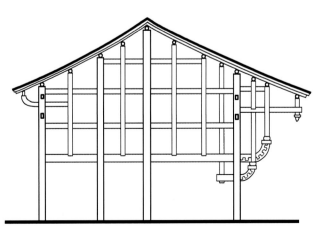

图5-3-8　穿斗抬梁混合式结构（根据《四川民居》甘雨亮 绘）

梁式的混合形式（图 5-3-8）。在林区的民居也有井干式结构的木罗罗房。

　　彝族枋头结构的牛角形式，是枋头的一种装饰性构件，与彝族文化中对牛、羊等动物的崇拜有很大的关联。而竹的崇拜还表现在民居建筑檐下檩柱与牛角横枋交接处的竹节样榫卯结构（图 5-3-9、图 5-3-10）。

四、火塘空间

　　火塘，即是火坑，它是彝族民居建筑的中心部分（图 5-3-11）。它的功能作用广泛，是精神生活和物质生活的核心，是照明、取暖、饮食、会客的重要场所，也是"祖先和神灵聚集的地方"。一般情况下，火塘位于建筑的当心间，不在屋面梁的正下方，而是有一定偏移。火塘一般深 20 厘米，内径 40 ~ 60 厘米。坑外三个方向上有洁净的、三角形状的石块，名曰"锅庄石"。锅庄石必须是洁净的石头，普通人家锅庄石外形是三角体，富裕人家的锅庄石上有精密的雕刻。火塘之上挂有竹篮，可放日常调味品，祭祀时，也可放祭祀

图5-3-9　彝族民居当心间处的搁架结构和组成构件（来源：郑斌 摄）

图5-3-10　彝族建筑装饰的牛角构件（来源：郑斌 摄）

图5-3-11　彝族的火塘空间和火塘组成（来源：达史 摄）

物品。火塘一侧的空间用竹帘或木板围成，这是一家中的私人处所，一般用作主人的寝室，寝室内外仅有竹帘或木板分隔，并不设室内门。彝族人的生命起于火塘边也止于火塘边，火塘是彝族人重要的精神领地。

五、建筑色彩

彝族人崇尚黑、红、黄三种颜色。"黑"象征土地，是孕育万物的母亲，同时还含有庄重、勇敢、豪放、吉祥，是崇拜太阳与火的含义，也是神和荣耀的象征；"黄"代表太阳光辉、人类、美丽、喜庆，也象征善良、友谊、如金子一样高尚的品质；"红"代表热情、也象征源源不断的生命力。

彝族人以黑色为最尊贵的颜色。建筑物装饰上，采用黑色为底色，红色、黄色相搭配的彩绘（图5-3-12、图5-3-13）。

第四节　彝族传统建筑风格与精神

四川彝族传统建筑在长时期的实践积淀中，形成自己独特的风格。彝族传统建筑简易自然、豪爽直率，呈现出简易保守、实用性安全性第一、信仰文化至上的风格特征。

图5-3-12　彝族建筑中的装饰色彩（来源：郑斌 摄）

图5-3-13　彝族建筑中的装饰构件与色彩（来源：达史 摄）

一、简易自然，实用性第一的建筑风格

从商周时期民族的迁移、和土著民族的融汇，四川彝族的发展经历了漫长曲折的过程。由于地处我国西南边陲地带，且又长时期安居在高山峡谷或河谷封闭地带，社会关系和经济的发展几乎与外界隔绝，形成较封闭和自成一派的体系。凉山彝族传统住宅有"聚族而居"、"据险而居"、"靠山而居"三大特点。

生活环境的简单，建筑材料就地取材，采用常见的土、木、瓦，茅草等，使得彝族建筑呈现简易自然的状态，类型以瓦板房和土墙瓦房为主（图5-4-1）。

彝族习俗结婚后独立门户，均为小家庭的宅院。传统住宅布局是以土墙、竹篱、柴篱围成方形院落，院内修建坡顶一字形住房，屋门矮而宽，门两侧各留50厘米见方小窗，有的不设窗孔。建筑墙身、屋顶、构件采用木材和土搭配建造，房间分隔简易。由于生产力不发达，经济较汉族地区落后，建造房屋的技术欠缺，致使彝族人主要注重建筑的简朴性和实用性。

彝族单体建筑规模普遍不大，建筑技术以工匠口头传承为主，没有形成较为完整的可记载的建筑技术，建房是经验性建筑活动。建筑类型原始粗犷，有极少的建筑分类且多集中于低技术含量的建筑。住宅建造习惯与其半农半牧重牧轻农的生活习惯相适应，房屋结构和材料等易于搬迁，人畜共房及粮仓空间划分现象成为其居住现象的一大特点。

建筑种类中，没有太多供其余活动使用的建筑，多数围绕人的居住和牲口的蓄养而建；物质资源的稀缺，使得他们珍惜爱护身边的物质财富，于是将牛羊的蓄圈与人的住所建造在一起。

二、质朴简明，防御性强的建筑风格

彝族的文化与外界文化没有太多关联，彝族人在封闭的环境中，性格豪爽直率，体现在建筑物也是如此。建筑室内空间简明朴素，内外立面没有繁琐的装饰装修，墙、屋顶、梁等构件几乎水平或垂直，都成简单明了的直线状（图5-4-2）。

外界环境的封闭和险要、家支械斗与外民族战争原因，

图5-4-1　彝族建筑简易自然，实用性第一（来源：四川省住建厅村镇处资料）

图5-4-2　彝族建筑中的豪爽直率，防御性强（来源：郑斌 摄）

从村寨选址布局到建筑的修建特点均具有很强的防御性。院落周边的院墙总是围砌得较高，使建筑深埋在院落空间中，住宅整体呈现出一种乡土性，同时也具有很强的保护作用。村寨中有碉楼防御外敌进攻，看守村内情况，单体建筑外立面几乎不开窗，保护建筑内部的安全。

三、信仰文化至上的建筑精神

彝族的文化自成一体，受汉族文化的影响较小。彝族人在长期的生活中，形成了自己的氏族社会体系和自然崇拜体系。氏族社会体系对建筑的影响表现在建筑以氏族为单位建造为一个村落，或以氏族为单位集居；民族信仰体系对建筑的影响表现为建筑中经常以信仰符号为单位出现。他们对天地、日月、山川的崇拜，甚至对影响日常生活的牲畜的崇拜，形成了万物皆有神灵的信仰观。在这些信仰文化中，对火的崇拜、对牛羊的崇拜、对神灵的崇拜深深地影响到建筑建造。

彝人始终把家牛作为最重要的耕地家牲，认为能为人们带来财富，对其十分爱护。彝族礼仪中最高级是以宰杀家牛待客或祭祀。除了对牛的崇拜喜爱之外，能为人们带来食物、衣物的羊也同样受人们所崇拜，其被视为财富的象征，因此在屋内也常挂羊头、羊角进行装饰（图5-4-3），在建筑室外也常采用牛角作为建筑装饰元素。

彝族民居面向院内的檐下出挑拱架，门楣刻画日月、花鸟图案，或加以黑、红、黄色彩绘。室内木架挑头及瓜柱雕刻花饰、牛头或吊瓜。屋脊中部用叠瓦花饰，山面做悬鱼。

在建房选址时要延请"毕摩"择定优良的地址，院门和大门的朝向要选择向太阳的方向。建筑中要有火塘，且火塘是建筑物中最神圣的地方，不能侵犯，家庭生活、祭祀、会客都要围绕火塘进行。神灵的存在贯穿彝族人的生活，火塘上或是火塘边的隔断上，是祭祀神灵的重要场合，每个建筑皆有这样的特殊场所。

图5-4-3 彝族建筑中的信仰文化至上（来源：潘曦 摄）

下篇：四川传统建筑的现代传承

第六章　四川近现代建筑发展解析

解析与传承是本书的核心主题，传承与解析同等重要。那么，四川地区传统建筑发展至今到底传承了什么传统特质，它们又是如何传承和发展的，是接下来需要解答的关键问题。为了得到更准确的答案，有必要对近现代四川地区优秀建筑案例进行归纳与分析，先对四川地区建筑发展的真实历程进行全面而深入的了解。

本章以时间为线索，将四川地区传统建筑的发展按近代和现代两部分进行解析，全面展现四川地区近现代建筑发展的历程以及在发展历程中建筑创作对传统特征的延续与发展。从近代发展历程中可以看到，传统建筑特征随社会变革呈现出丰富多样的变化以及中国第一代、第二代建筑师作出的许多有益的探索和尝试。近代是一个承上启下的时代，它不但稳固了四川地区传统建筑的特征，还从一定程度上衔接了历史与现代，是四川地区传统建筑特征传承不可或缺的重要时期。四川地区现代建筑发展属于中国现代建筑发展的总体范畴，也因为延续了地域特征而具有自己鲜明的时代特征。文中对各个建筑的发展阶段以及四川地区涌现出的优秀建筑案例进行了分析与总结，并根据现代建筑的特点按建筑功能属性对四川地区现代建筑进行分门别类的解析探讨，从而发现现代建筑对传统建筑特征传承和发展的蛛丝马迹。

第一节　近代发展

一、发展历程

四川地处中国西南一隅，是典型的内陆省份，具有特殊的地理位置和社会发展特性，近代社会发展的起步较晚且缓慢，外国资本主义的冲击影响也比较微弱，近代建筑的发展要比东部沿海地区的发展晚将近十年。如果没有诸如重庆开埠、抗日战争爆发等一系列重大社会事件的发生，四川建筑的发展可能会在传统建筑时期停留相当长的时间。因此，四川近代建筑的发展主要表现为受战争等重大历史事件的影响下，以时间为线索的阶段性发展脉络。

四川传统建筑的发展随历史的脚步不断前进，受外来文化、经济等方面的影响，在清代晚期发生巨大的变化和转折，这种变化主要体现在汉族建筑上，藏、羌、彝等少数民族由于位置偏远，文化、经济落后，几乎没有受到影响，建筑的发展依旧沿着自己的节奏进行。在近代早期阶段，由于西方殖民文化的渗透以及洋务运动的兴起，四川汉族建筑地区相继出现教堂、医院、厂房、宿舍、领事馆、邮政局、银行、剧场等新型建筑类型。

（一）19 世纪中叶到 19 世纪末期

1840 年鸦片战争后，受外来宗教文化传播的影响，在四川成都以及宜宾、自贡、泸州等长江沿岸城市，出现了大量以新建教堂为代表的教会建筑，以及一批医院、住宅及教会附属建筑，成为四川地区早期近代建筑的重要组成部分。

外国资本主义的发达现实以及落后挨打的痛苦也刺激国内有识人士的改革决心，促成洋务运动的兴起。由此带动了四川近代工业的发展，引发了近代工业建筑的产生。1877 年创建的四川机器局（老厂）是我国早期的工业建筑（图 6-1-1），作为四川第一座机器制造工厂，成为四川近代工业的起点。

图 6-1-1　四川机器局（老厂）立剖面图
（来源：《中国近代城市与建筑（1980—1949）》）

（二）19 世纪末期到抗日战争前

19 世纪末期，重庆被迫成为通商口岸，随着《马关条约》的签订，外国势力借由便利的长江及其支流的航运通道进入四川腹地，给四川社会、经济、文化带来了极大冲击，四川近代的交通运输业开始发展，由线及面地带动了沿江城镇和其他城镇的经济贸易和城镇建设发展。

由于外国殖民国家在重庆、成都设置办事管理处，这一时期的领事馆和领事行馆建筑尤为突出，同时也不乏洋行和金融建筑的出现。这些新兴建筑具有非常明显的殖民式建筑特征，也融合了一些不太成熟的四川传统建筑做法，形成中西合璧式的建筑风格。

此外，经济发展促使社会繁荣，催生了一些为满足人们生活需求而建的新式商业和文化娱乐建筑。例如位于成都繁华地段的劝业场，建筑群布局形成若干平行通道，二层以上有天桥相连，内有商铺三百余家，盛况空前，呈现出现代商业建筑的雏形。在劝业场后老郎庙旧址，又兴建了脱胎于传统茶馆书场的近代剧场——悦来茶园（今锦江剧场）（图 6-1-2，图 6-1-3）。

开埠后的四川，近代学堂逐步取代了传统书院和私塾，教会学堂建筑开始出现[①]，甚至出现中国第一批大学，如 1901 年英美教会在成都创办的华西协和大学。

---

① 方芳. 巴蜀建筑史——近代[D].重庆：重庆大学，2010.

图 6-1-2　悦来茶园老照片（来源：《成都城市特色塑造》）

图 6-1-3　今日锦江剧场（来源：《成都城市特色塑造》）

图 6-1-4　刘存厚公馆及妙园的现状遗存（来源：熊唱 摄）

图 6-1-5　大邑刘氏庄园（来源：熊唱 摄）

　　辛亥革命以后，由于军阀势力对四川的政治经济起到绝对支配作用，大量象征着财力与权势的私人住宅开始修建，并且追逐西式建筑风格，出现了供官僚、士绅和军阀居住的各式公馆建筑。这些建筑质量上乘、特色鲜明、历史文化价值较高。如传统院落式的东打铜街熊克武公馆，园林式的刘存厚宅建筑群（图 6-1-4），由传统院落、花园洋楼组合而成的文庙后街 37 号，军阀田颂尧在龙泉山修建的唯仁山庄以及抗日将领李家钰的公馆等。尤为著名的是四川近代建筑史上的代表性建筑大邑刘氏庄园（图 6-1-5）。

图6-1-6　1938年落成的四川大学图书馆（来源：《杨廷宝建筑设计作品集》）

四川大学理化楼　　　　　　　　　　　　　大楼全景

立面图

图6-1-7　四川大学理化楼（来源：《杨廷宝建筑设计作品集》）

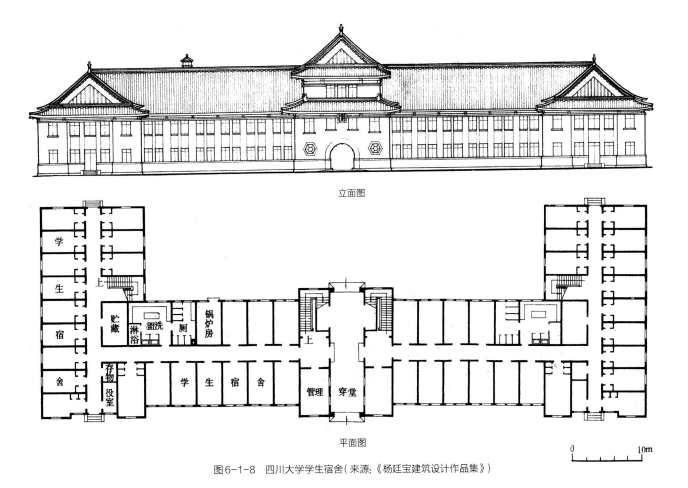

立面图

平面图

0　　　　　　　10m

图6-1-8　四川大学学生宿舍（来源：《杨廷宝建筑设计作品集》）

（三）抗日战争爆发到新中国成立

作为抗战大后方的中心，四川在抗战时期涌入了大量来自全国的机关、学校和工厂企业，随着迁入人口的骤增，经济社会得到了大力的发展，建筑活动也呈现出丰富繁荣的态势。

这一时期的公馆建筑更多地受西方文化影响，西式小洋楼建筑居多；在省会成都出现的里弄住宅多采用四川传统民居的三合院或四合院形式，也有采用"下店上宅"的街铺形式，更出现了具有现代居住区雏形的"新村"。

此外，活跃的社会环境也为当时的四川吸引来了大量技术人才，包括中国当时著名建筑师杨廷宝先生在内的一、二代建筑师群体，他们带来了沿海地区的先进思想和建造理念，使得包括四川大学图书馆（图6-1-6）、理化楼（图6-1-7）及学生宿舍（图6-1-8）在内的一大批学校、影剧院、医院和宾馆等类型的建筑得到大力发展。

二、近代传承思想

纵观四川建筑的近代发展史可以发现，四川地区近代建筑的发展是与近代西方文化的传入密不可分的，外来文化对四川地区长期固有的传统文化和思想观念造成了巨大的冲击。这种冲击是一种强势入侵，打破了长期以来形成的传统建筑格局和文化观念，带来了一些西方先进思想，极大地丰富了四川地区建筑类型，通过新的建造工艺、材料和结构形式的引入，从某种程度上促进了四川地区建筑的发展。这种影响主要集中呈现在成都、泸州、乐山、宜宾等较大城市，建筑多以教堂、领事馆、医院、学校等公共建筑为主，少数出现在一些从事资本活动的大户宅院建筑上。

这些四川近代建筑的主要特点为中国传统建筑特征与西方建筑风格的融合，即中西合璧——既能看到中国传统建筑特征的继承，也能看到近代西方文化传播的痕迹。其本质是内在文化的生长与外来文化的影响相互碰撞与融合，在四川

图6-1-9 华西协和大学（今四川大学华西校区）建筑群（来源：杨娟 摄）

传统建筑向现代建筑转化和衍变的历史进程中起到了承上启下的重要作用。

在中西方建筑、文化互相交融的过程中，由于四川浓郁的地方文化和地域特色，建筑师在进行建筑创作时主动向本地传统建筑的精华特征取经，这其中包括西方建筑师，也包括具有民族自信的本土近代建筑师。例如从19世纪中叶开始，西方教会为了使建筑获得当地人的认同，在建筑设计时主动吸纳传统建筑特征，虽然西方设计者不理解传统文化的精神内涵，但却可以从建筑的形式语言中找到灵感，通过形态模仿与符号堆砌，形成了一些中西合璧的建筑风貌。华西协和大学内的"华西坝建筑群"就是典型的例子（图6-1-9）。建筑群选择了中国传统歇山顶、四角攒尖顶和重檐屋顶形成多样的屋面形态，设置了极为丰富的中式装饰符号和西式浮雕元素，建筑立面采用了当时使用较多的青砖，辅以夸张的色彩搭配，通过对传统建筑要素的重组形成了在当时全新的独具一格的建筑风貌。华西协和大学尽管地处西南地区，却较早地采用了"中西合璧"式整体建筑风格，一定程度上拉开了中国传统古典建筑复兴的序幕。正是这种中西结合、亦中亦西的建筑风格唤起了中国本土建筑师的责任感和荣誉感，进而在日渐西化的大趋势中开始了对中国传统建筑复兴的深层探索[①]。

① 方芳. 巴蜀建筑史——近代[D].重庆：重庆大学，2010.

三、传统建筑近代传承特征

近代四川建筑在外来建筑文化的冲击下，在坚持自我本体的原则下，根据建筑使用功能、空间特征、使用对象进行一定程度的变革，对传统建筑进行继承与发展。这种变化不仅体现在聚落空间、建筑形体上，还体现在建筑元素与装饰等方面。

（一）院落空间

四川地域范围宽广，地理条件复杂，形成了不同形态的院落空间形态，平原地区建筑多采用规整式院落布局；山地丘陵区则随地形呈不规则变化，出现吊脚、出挑等不同形态。景观上，平原地区建筑多利用自身围合的院落空间，模仿自然山水，塑造宛若天成的人工景色；山地丘陵区建筑则利用自然景色，通过建筑的空间的错落、转折、收放等手法形成自由、开放的空间特征，在空间形态上对传统进行充分传承。

如上述提到的刘存厚公馆，主体建筑临近城市街道，对称式两进院落，规整布局，公馆风格，其余建筑位于公馆内部，布局灵活，为传统风格的亭、廊、水榭。整个公馆虽然外在形态上西式风格烙印鲜明，但由于不同建筑在空间上通过连廊进行连接，在材料上通过筒瓦、青砖、木门窗进行统一，

图6-1-10　刘存厚公馆（来源：成都军区机关第一幼儿园 提供）

在景观上通过假山叠水进行互相渗透，因此具有典型的传统院落和园林的空间模式（图6-1-10）。

（二）建筑形体

传统建筑形体反映丰富多元的传统文化、生活方式以及社会结构，是历史进展过程中逐渐发展，不断自我完善形成的，适应于各自地区的自然环境和气候条件。四川地区传统建筑布局活泼自由、自然随性、有序而不死板，由于历史上以农业文化为主，因此居住建筑是出现最早、数量最多、形体特征最突出的类型，是其他公共建筑、宗教建筑、景观建筑等各种类型建筑的原型和母体。近代四川建筑由于外来文化的影响以及社会发展的需要，出现较多类型的公共建筑以及工业建筑，如教堂、医院、图书馆、学校、邮局、工厂等类型，这些不同类型建筑形体均经历一个不断发展的过程，如教堂建筑早期出现时，由于均为西方传教士设计，平面布局多采用巴西利卡式，风格为哥特式、罗马式，而在后期则增加较多的传统建筑元素。

早期的教堂、医院、图书馆等建筑均由外国人员进行设计，建筑风格为典型欧洲古典式，这些建筑位于城市中心区，周边均为传统建筑，显得较为孤立突兀，与城市环境格格不入。19世纪末期，由于社会的变革，传统文化的影响，完全西式的建筑风格开始转变，设计师开始主动吸纳四川传统建筑特征，从建筑的形式语言中找到灵感，通过形态模仿、材料运用，形成中西合璧风格的建筑风貌。

成都平安桥主教堂始建于1894年，由大小经堂、主教公署等建筑群体组成，由法国神父骆书雅设计、施工、监造，历经十余年建成。骆书雅十分喜爱中国传统文化和建筑，他尝试将许多传统建筑元素融入教堂建筑中。不同于传统西方教堂的砖石结构，平安桥主教堂主教公署建筑群采用木结构、坡屋面、单层院落式布局，穿斗木构架和外廊是其最鲜明的特征，具有浓郁的四川传统建筑风貌（图6-1-11）。主教堂只在重点部位保留教堂建筑的必要特征，其余地方尽量削弱西方建筑特性，表达四川传统建筑特征，内部建筑外形采用传统穿斗木结构，坡屋面。整个建筑群

图 6-1-12 华西协和大学万德堂（今四川大学华西校区六教学楼）（来源：熊唱 摄）

图 6-1-11 成都平安桥天主教堂主教公署（来源：熊唱 摄）

图 6-1-13 大邑刘氏庄园大门（来源：朱伟 摄）

将西式风格、中式院落、传统形态结合到一起，是一座中西合璧的教堂建筑。

（三）建筑元素与装饰

穿斗木结构是四川传统建筑的主要特征，屋面、出檐、山墙、门窗、屋脊、柱础、栏杆是建筑元素和装饰，具有浓厚的地方特征，文化色彩。四川传统民居建筑外形精美空透、色彩清明素雅，屋面多为双坡悬山屋面，瓦材为青瓦，檐口出挑轻巧深远，山墙造型独特，门窗图案丰富多样。官式建筑、宗教建筑等外形厚重大气，屋面多为歇山、庑殿、攒尖等样式，瓦材为筒瓦或琉璃瓦。

近代四川公共建筑受西方建筑风格的影响以及建筑功能的需要，建筑体量变得高大，结构形式由传统的木结构改变为砖木混合结构、框架结构等不同形式。有些屋面虽然采用传统歇山顶、四角攒尖、重檐等形式，但屋面的坡度、比例、尺度、构造发生较多变化。有些屋面高高耸立，具有典型哥特式风格，有些将檐口中部呈弓形凸起，具有拱券式特点，有些建筑将出挑檐口简化，取消或减弱翘角幅度，并且将檐口下部封闭，仅在外部形态上表现传统样式。

四川大学华西校区第六教学楼（万德堂）由于体量较大，采用纵横三段式西方古典主义构图模式，建筑主体中部采用中国传统建筑重檐歇山式屋面，在正面入口为协调立面拱形门窗，特将下部檐口中部向上弧形处理，并将古典建筑元素飞檐、斗栱嵌入到青砖墙体中，将中式屋顶与西式立面结合一体。青砖、灰瓦、歇山屋面、对称的布局、具有民俗文化的花卉鸟兽饰物，处处都显示出典雅而独特的神韵，是外来文化与本土文化的完美结合，被称为"中国式新建筑"（图 6-1-12）。

大门是传统建筑的重要标志，但随着西方建筑文化的传播，四川近代建筑的大门也逐渐西化，用砖石材料模仿欧洲巴洛克和哥特式样式和风格，但在细部装饰的技艺和文化内涵上又沿用和保持四川传统特色（图 6-1-13）。

图 6-1-14 大邑安仁星廷戏院（来源：朱伟 摄）

门窗栏杆是传统建筑的围护结构与设施之一，也是主要装饰元素。门窗起到采光通风、空间隔断及装饰的作用，门窗图案也是传统文化的精神诠释。传统门窗图案丰富多样，由于窗芯用麻纸黏糊，采光、保温、耐久性差，并且导致窗棂分割小，为保证室内采光充足，建筑立面往往设置尽可能多的门窗。近代以来，由于西方建筑的影响以及建筑材料和技术的发展，尤其是玻璃的出现，使门窗摆脱传统束缚，变得更加自由灵活，建筑立面开窗相对减少，窗的形式也从传统单一的方形增加了圆拱形、梯形等不同形状。但窗子材料依然以木材为主，窗芯图案也保留传统式样（图6-1-14）。

这种中西结合变化也体现在栏杆上，四川传统建筑栏杆多为木勾栏，上下用2根或3根横木，中间间隔距离增加立柱，栏芯一般为竖向直立木条，只在部分建筑采用花格棂条。而西式建筑栏杆多为石材，造型复杂，尤其是栏芯形态复杂繁琐，雕刻成多种曲体形状。受西方建筑风格的影响，近代许多公馆建筑采用木制栏杆时，均进行一定的变化，如减少或取消立柱，将直立栏芯做成欧式曲体形。

总体而言，四川地区的近代建筑经历的是一个从传统建筑的延续到西方建筑理念的强势输入，再到两种风格的交融混合、和谐共生的过程，在这其中，我们能看到地域条件对近代建筑的决定性影响，以及社会人文条件的变革在建筑发展中所留下的历史印记，也能欣喜地发现地域文化特征顽强的生命力，和中外建筑师在传承四川传统建筑精髓之路上的初步探索。

这是一个承上启下、新旧交替的阶段，四川地区的近代建筑呈现出来的丰富多彩的建筑文化，是中国建筑文化遗产的一笔宝贵财富。

第二节 现代发展

四川现代建筑是指包含在四川地域范围内的现代建筑实践活动，从1949年新中国成立至今，具有中国现代建筑的一般特征和经历。现代建筑在发展中与对传统建筑的传承这一课题密不可分，且在碰撞中曲折前进。

一、发展历程

（一）曲折前进阶段：国家政治因素主导下的现代建筑探索

新中国的成立，是中华民族的伟大复兴，标志着中国结束了一个多世纪的外来殖民入侵，这极大地激发了国民的民族自豪感和自信心。从1949年新中国成立到改革开放前的这一段历史时期，四川地区的建筑活动虽然受到了苏联建筑思潮的影响，初步开始呈现出现代建筑特征，但同时也受到国家政治活动的深刻影响，经历了建国初期的自发延续、"第一个五年计划"时期民族形式的主观追求、20世纪50年代末期的技术革新和"文化大革命"时期的建设停滞等历史阶段，政治性、地域性和现代性并存，现代建筑发展一直处于曲折摸索的阶段，发展方向飘忽不定，对传统建筑精髓是否传承、怎样传承一直未及深入思考和直面正视。

因为技术的进步和思想的活跃，在长达三十多年的发展历程中，四川地区出现了一些的早期现代建筑作品，例如原中共西南局礼堂、玉沙街专家指挥所、以成都量具刃具厂为代表的成都东郊工业区、锦江宾馆（图6-2-1）、锦江大礼堂（图6-2-2）、双流机场候机楼（图6-2-3）、金牛坝招待所、原四川医学院附属医院门诊大楼、四川省工业展览馆等。

这一时期的现代建筑在通过结构形式、建筑形态方面体现现代建筑思想的同时，也从建筑符号、细部构造和空间格局等方面传达出设计者对地域文化特征的追求和传承探索。同时，发端于近代并一直存续的对中国现代建筑的探索并未停止，追求传统形式和中国气派的建筑在1950年代又一度勃兴。

建于1954年的成都工学院主楼（现四川大学行政楼）正是这种探索的代表，是具有中国特色的现代教育建筑（图6-2-4）。大楼建筑中部采用了纵横三段西方古典主义构图模式运用了中国传统建筑重檐歇山式屋顶、中国古代吉祥图案以及传统的红色梁柱等中国古典元素。整体建筑造型浑厚凝重，构图错落有致，台基式的坚实外观形成了庄重大方的格调。

建于1957年的中国建筑西南设计研究院有限公司旧办公楼（图6-2-5），是成都市第一座新型办公楼，建筑风格既非当时流行的仿苏式风格，也非简单模仿传统建筑风格，而是在体现新时代建筑理念的基础上，融入了传统建筑的符号和元素，建成后获得了全国各地的高度评价并被争相模仿，在新中国建筑史上占据了一席之地，现已入选成都市第三批历史建筑保护名录。

原中共成都市委办公楼兴建于20世纪50年代，整个规划采用中国传统轴线对称式，景观构图采用西方古典几何式。建筑以民族风格为主，加入前联的一些元素。整个建筑屋面采用传统歇山屋面，庄重大气，朱红柱子、青砖立面、木门窗、出挑斜梁、柱间装饰雀替、檐口木封檐板等都具有典型中国传统特征；但立面上下的三段划分，门窗的韵律比例，入口门上部外凸装饰线条，局部拱形门窗，屋面弧形老虎窗，这些均具有西方古典主义特征，是中国传统建筑风格与西方古典主义相融合的典型案例（图6-2-6）。

图6-2-1　锦江宾馆（来源：《中国建筑设计大师——徐尚志作品集》）

图6-2-2　锦江大礼堂（来源：《中国建筑设计大师——徐尚志作品集》）

图6-2-3　双流机场候机楼（来源：《中国建筑设计大师——徐尚志作品集》）

图 6-2-4　成都工学院主楼（现四川大学行政楼）（来源：张超 摄）

图 6-2-5　西南院老办公楼
（来源：中国建筑西南设计研究院有限公司 提供）

图 6-2-6　原中共成都市委办公楼群（来源：熊唱 摄）

图 6-2-7　自贡恐龙博物馆（来源：四川省自贡恐龙博物馆 提供）

（二）创作繁荣：开启多元化现代建筑时代

1978 年 12 月中国共产党第十一届三中全会以后，政治对建造活动的影响逐渐淡化，经济影响迅速上升到主导地位，我国进入建设社会主义现代化国家的新时期。

新的历史条件和经济社会的飞速发展也使四川地区现代建筑如雨后春笋般涌现出来，在诸多领域均有大量的现代建筑建成并投入使用，它们在满足新时代条件下的使用功能和空间要求的同时也逐渐开始探索对传统建筑风貌的表达以及建筑地域性的初步研究，尝试运用新的建筑材料、装饰材料和技术工艺，结构形式也呈现多样化态势，展现出多样性的建筑形态（图 6-2-7）。

朱德同志故居纪念馆建成于 20 世纪 80 年代初期，建筑从布局上考虑到与朱德同志故居的空间关联，沿山势东西坡向组织了层层跌落的院落群，借鉴川北地区民居的建筑形式和细节做法，通过坡屋顶、垂花门、柱廊以及吊脚楼等传统建筑特征的运用，很好地融入自然环境，展现地域特色。

乐山大佛寺楠楼宾馆建于大佛寺内，建筑师利用峭壁旁狭窄的项目用地，将建筑楼层与台地花园用天桥进行巧妙连接，创造了一个具有内庭、外院、台地花园、悬崖石洞等变化丰富的空间和环境（图 6-2-8）。建筑采用了四川传统建筑形式，使得新旧建筑浑然一体[1]，是四川改革开放初期最早获得国家级设计金奖的设计项目。

位于自贡的中国彩灯博物馆项目，灵感来自自贡传统灯会活动，建筑体量采用了宫灯造型作为母题，建筑立面点缀灯形角窗，以形寓意，准确地表达了博物馆的文化特色（图6-2-9），将民俗文化传统与建筑时代精神进行了有机的结合。

老九寨宾馆对九寨沟当地的民居形态进行了"基础—主体—屋架"关联模式的类型总结，通过现代建筑结构体系的搭建，融入建筑设计中，形成极富九寨沟地域特色的建筑形态（图 6-2-10）。

图 6-2-8　乐山大佛寺楠楼宾馆（来源：《中国西南建筑设计研究院建院五十周年纪念册》）

成都石室中学逸夫艺术楼与教学综合楼（图6-2-11）建于 20 世纪 90 年代中期。在教学综合楼的设计中，建筑师延续了"石室"（成都石室中学前身为西汉景帝末年蜀郡太守文翁创建的"石室精舍"），历史上明清"锦江书院"四合院平面形制的特点，采用连廊将不同功能空间有机组合成现代四合院空间，底层大部分架空的方式体现了四川地区传

① 邹德侬,戴路,张向炜.中国现代建筑史 [M].北京:中国建筑工业出版社，2010.

图6-2-9　中国彩灯博物馆（来源：杨福海 摄）

图6-2-10　老九寨宾馆
（来源：《中国西南建筑设计研究院建院五十周年纪念册》）

图6-2-11　石室中学教学综合楼（上）与逸夫艺术楼（下）（来源：成都市建筑设计研究院 提供）

统"灰空间"的典型空间特征，并为学校争取到更多更自由灵活的活动空间。在教学综合楼与逸夫艺术楼的建筑造型设计中，建筑师从汉代建筑中提取阙、勾栏、枋、柱等传统符号，通过对传统符号的简化重构，赋予了建筑既传统古朴又现代简洁的形态特征。

　　1999年在北京举行的国际建协第20届大会通过了《北京宣言》，给中国建筑走向可持续发展之路注入了新的动力。

　　进入21世纪以来，四川地区的现代建筑创作呈现出更为繁荣的创作局面。以本土建筑师为代表，更多地把目光聚焦在深度挖掘四川传统建筑文化特征上，结合现代建筑设计理论，摆脱了简单化的符号附加与形式模仿，以更巧妙的方式和技巧在现代建筑创作中融入地域特色的表达。

　　2008年汶川"5·12"特大地震对四川地区尤其是少数

图 6-2-12 汶川灾后重建新貌（来源：海鹰 摄）

图 6-2-13 北川擂鼓镇吉娜羌寨（来源：中国地震局网站）

图 6-2-14 北川文化中心（来源：《北川文化中心，北川，四川》）

民族地区的城镇规划与建筑发展产生非常重大的影响。在国家和兄弟省市的大力支持下，灾后重建工作如火如荼地展开，在快速恢复受地震重创影响的同时，也给建筑创作提供了新的机遇（图 6-2-12），并出现了一些传承民族建筑风格的优秀案例，例如北川吉娜羌寨（图 6-2-13）。

震后，更多的青年建筑师和建筑设计大师来到四川，也带来了更多新的设计理念，碰撞出更多元化的思想火花（图6-2-14，图 6-2-15）：震后的四川地区当代建筑创作更多地

图6-2-15 茂县太平乡杨柳村灾后重建项目
（来源：筑龙图库 photo.zhulong.com）

图6-2-16 宽窄巷子窄巷子（来源：熊唱 摄）

关注建筑与自然环境的融合，关注建筑对传统的继承和发展，关注新材料和绿色生态技术的运用，关注建筑所传达的地域文化和精神意象——正是这些多维角度的关注使得四川地区当代建筑得到长足的发展和进步。

二、汉族地区现代建筑传承与发展概览

（一）历史保护街区

历史街区是城市在其漫长的发展过程中逐步形成，具有独特建筑人文风貌，蕴含丰富深远历史文化信息的城市区域，具有与现代城市空间截然不同的格局形态、空间肌理、建筑形态、建造技术，是城市历史文化的延续和发展，是城市中极其宝贵的财富。正如《华盛顿宪章》中所提到的，历史街区"不仅可以作为历史的见证，而且体现了城镇传统文化的价值"。[①]

随着城市化进程的加速，以成都宽窄巷子（图6-2-16）为代表的历史街区的生存面临着诸多问题，迫切需要顺应社会发展进行有机更新，将有历史价值的城市肌理、街区格局和建筑保护下来，保护场所精神和社会生活的网络，激发街区的活力，使过去和现在能够和谐地共生，促进城市和资源的可持续发展。

历史街区的更新模式丰富多元，譬如深入挖掘传统文化脉络，致力于保存历史街区原有的生活方式、文化氛围、风尚习俗，以体现当地文化特色的传统功能为主，实现功能、文化的延续性。又如，在保留历史街区整体风貌的同时，增加或置换符合街区性质的现代功能，适当引入现代的设计理念和材料，与历史肌体形成新旧对比的效果，给人全新的感受。

历史街区的更新途径也是丰富多样的，根据历史街区的不同特质，可由延续历史文脉、营造空间场所、重构建筑形态、运用传统或乡土材质、在细节中体现文化符号等手法来实现。

（二）城市特色街区

城市特色街区是在城市空间中，符合现代城市空间要求、又延续传统城市空间格局的城市区域，它是人们在探索维护城市特色、延续城市文脉过程中得出的一个重要成果。

城市特色街区能够鲜明地展现城市文化特点，围绕场所

① ICOMOS. 保护历史城镇与城区宪章（华盛顿宪章）[R]，1987.

精神寻求继承和创新的结合点。然而它与历史街区不同，并非是群体性的历史遗存，它可以依托名胜古迹和历史保护区形成，也可以是完全新建塑造出特色风貌，植入现代商业、旅游观光和文化功能。近年来，作为历史文化悠久、名胜古迹众多、地方人文独特、民风闲适的四川地区，涌现出了一大批城市特色街区，例如成都锦里、铁像寺水街、琴台路（图6-2-17），都江堰幸福路（图6-2-18）、杨柳河街等。

（三）旅游度假小镇

旅游度假小镇的出现与近年来经济与社会的快速发展有关，尤其是旅游业的发展和人们生活水平的提高，产生了大量位于城市近郊或临近风景名胜区开发建设的主题性建筑项目，是将新与旧、传统与现代、保护与开发、人文与自然融合共生的一种项目类型。

它们或融合得天独厚的自然环境，或依托传统城镇的深厚历史底蕴，集商业、旅游、文化展示及民俗体验于一体，在呼应协调历史文化资源的同时，通过挖掘地域文化精髓和引入新的文化亮点来强化项目自身的特色，从传统城镇物质空间中提炼精华，营造出焕发新生的富有生活气息和文化意义的场所，与历史文化资源组合构成空间协调、功能互补、形态多样的文化坐标，是带动地方经济、改善居民生活水平的重要手段之一，也具有传播传统建筑文化、地域乡土文化，体验当地人文民俗及生活方式的重要意义（图6-2-19）。

（四）文化博览建筑

文化博览建筑是近年来城市建设热潮中最为重要、发展最迅速的公共建筑类型之一，在其发展早期涵盖了文化展品收藏、历史遗存保护、科教普及、专业学术研究等功能，近年来更加强调观众参与体验、传承地域文化，建筑设计理念和方法也有了很大的变化。尤其在城市高速发展的今天，城市面貌雷同的弊病日趋明显，而文化博览建筑作为城市中展示和传承文化的重要建筑类型，更担负起了延续城市文脉、传承地域文化这一重任，因此，文化博览建筑对传统建筑设计原则与手法的传承和实践就显得尤为重要。

因其担当的社会角色，文化博览建筑在很大程度上已然成为历史文化的重要载体，具有强烈鲜明的文化性和展示功能。文化博览建筑的设计实践也是最能体现对传统文化、地域文化及其展示的特色主题文化的传承，设计手法上，

图6-2-17 琴台路特色街区"琴台故径"（来源：熊唱 摄）

图6-2-18 都江堰幸福路特色街区（来源：蚂蚁图库无崖子 摄）

图6-2-19 依托自然环境打造的峨眉山七里坪风情小镇（来源：田耘 摄）

图 6-2-20 邓小平故居陈列馆（来源：新浪博客"微广安"）

图 6-2-21 广汉三星堆博物馆
（来源：《中国西南建筑设计研究院建院五十周年纪念册》）

充分延续了传统营造思想中对自然环境的融合，再现了传统特色空间场所与建筑造型元素，运用了具有传统特征或地域性的建筑材料等。

四川现代文化博览建筑数量众多，从一个方面也反映出文化类建筑创作在传承地域文化方面具有一定的优势，设计师结合建筑主题通过与自然环境的适应、文脉的传承、形态的模仿与创新、材料的运用、建筑符号的强化和特殊空间的营造等手法传达地域文化（图 6-2-20 ~ 图 6-2-22）。

（五）商业建筑

商业建筑是市场经济作用下的产物，在现代建筑中具有非常重要的地位。随着经济水平的不断提高，市场的开放活跃，很多大型商场、超市、综合体等不断涌现，商业建筑为现代建筑增添无限风采，成为现代文明的重要标志。

商业建筑不同于住宅写字楼，其服务内容和功能结构，已远远超出了常见的特定建筑类型范畴。对于建筑师而言，无疑是一个新的挑战。新一代建筑师在建筑创作过程中，通过各种各样的设计手法来营造商业建筑的商业、文化氛围以求得到与众不同的建筑体验，更好地满足人们的物质和精神文化生活的需求。

四川地区现代商业建筑在满足现代商业功能和使用需求的基础上，通过对文脉的传承、传统材料和装饰细节的运用、符号化建筑语言的表达和空间场所的营造等手法传达地域文化精神，体现了对传统建筑特征的传承和发展（图 6-2-23）。

图 6-2-22 江油李白纪念馆照壁及太白堂（来源：海鹰 摄）

图 6-2-23 成都人民商场（来源：中国建筑西南设计研究院有限公司 提供）

（六）教育科研办公建筑

教育、科研、办公建筑在中国有着悠久的历史，与人们的日常生活息息相关。随着时代的发展和科技的进步，现代教育科研建筑已不再是单一的"教育"和"科研"场所，而是复合型的空间场所，具有科学实验研究、学术交流、教育办公、管理、休憩交往以及学术展示等多种功能性。

一方面，因为环境及人文理念的影响，使教育科研办公建筑具有文化建筑的特征；另一方面，现代教育理念不断更新，现代科学飞速发展，跨学科写作，集体研究，学生与学生以及学生与教师之间的交往互动，带给建筑功能配置及布局等技术层面新的适应性及可持续性。

四川当代的教育科研建筑在"5·12"汶川地震后发展尤其迅速。"5·12"汶川地震中学校倒塌的校舍和葬身其中的孩子让我们刻骨铭心，不仅暴露出学校建设中存在的问题，而且让建筑师们更加关注并重新审视教育建筑的设计与建设，涌现出许多优秀的教育建筑设计作品（图6-2-24）。

四川地区现代教育建筑总体而言满足现代教育建筑设计要求，属于现代建筑范畴。在此基础上，设计者通过对建筑造型（图6-2-25）、建筑空间（图6-2-26）和材质运用（图6-2-27）等方面做出了传承传统建筑特征的尝试，使建筑展现了蕴含传统意蕴的时代风格。

图6-2-25　石室中学北湖校区教学楼（来源：四川省建筑设计研究院 提供）

图6-2-26　西南交通大学新校区图书馆（来源：何震环 摄）

图6-2-27　德阳奥林匹克后备人才学校建筑立面竹格栅（来源：马承融 摄）

图6-2-24　德阳孝泉镇民族小学灾后重建工程（来源：马承融 摄）

（七）交通建筑

当代交通建筑是在时代发展和城市化进程中，伴随交通工具的更新和发展而出现的公共建筑，包括汽车站、火车站、码头、机场、地铁站、轻轨站等。交通建筑是以使用功能为主导的建筑，强调功能分区和流线组织，是一个高效、有机、和谐、逻辑性和秩序感极强的完善系统。近年来，随着技术的进步，交通工具从单一向综合发展，交通建筑也逐步从单一类型向综合型、集约化方向发展，出现了集合多种交通工具的城市交通枢纽中心，以满足现代人的多样化需求。

为了更好地组织动线关系，适应各类交通工具的使用需求，并提供能灵活使用的内部空间，当代交通建筑多采用大空间的建筑形式，形成巨大的建筑体量；因为其交通集散特征，交通建筑也是城市空间中的重要节点，是城市重要的门户口岸，作为城市对外的窗口代表着城市的形象。

四川汉族地区交通建筑设计常采用符号化的语言，通过色彩、形态、材料、装饰等部分要素的意向传达（图6-2-28），或象形，或隐喻地表达地域文化特征。

（八）景观建筑

景观建筑是与自然及人文景观相结合，拥有一定观赏与实用价值的建筑，对周围景观起到环境调节及艺术烘托的作用。区别于一般建筑。它不是作为单一建筑孤立存在的，大多存在于公园或城市绿地当中与周围景观环境融为一体，与环境高度融合，能自由地表达设计师的意图，重点表现材质、空间和形态。

四川地区的景观建筑有较大的设计自由度（图6-2-29），或通过建筑造型与传统建筑取得意向上的一致（图

图6-2-29　广元凤凰楼（来源：剑阁山人 摄）

图6-2-28　成都东客站（来源：中国中铁二院工程集团有限责任公司 提供）

图6-2-30　成都安顺廊桥（来源：《成都城市特色塑造》）

图 6-2-31 成都合江亭
（来源：摄友之家 http://bbs.photofans.cn/ 美幅达 摄）

图 6-2-32 成都清华坊（来源：《成都清华坊》）

图 6-2-33 成都华韵天府（来源：金盘网 2015 年第十届金盘奖评选）

6-2-30），或通过空间塑造反映传统建筑特征，或通过材质的选用与环境取得某种关联，或通过构造方式重现传统建筑风貌（图 6-2-31），或通过符号的附加传达传统文化意蕴，这一点与巴蜀园林建筑不拘一格、自由洒脱的特质相仿。

（九）居住建筑

居住建筑是所有建筑类型中出现年代最久远、建筑形态最多样的一种建筑形式，伴随人类的出现而产生，并且随着社会的发展不断丰富完善，从远古时代的穴居、上古的巢居，到今天的楼房，居住建筑作为一种最基本的建筑形式，伴随着人类生存和文明的脚步分布在世界各地，从一定程度上反映了各个不同的历史时期的自然环境、物质文明和社会文明。

居住建筑在不同的历史时期所包含范围不同，在古代由于建筑类型简单，居住建筑主要以民居为主，也包含一些休闲度假功能的别院、庄园，当代社会由于功能的需要，居住建筑类型变得复杂多样，有居民自建住房、商品住宅、别墅、公寓、宿舍等多种类型。

随着时代的进步和社会的发展，人们对居住空间的关注重点越来越多地回归到地域文化的表达和本土传统的体现上来，这是一个很好的现象，代表了社会对中华传统人居理念的重拾和地域文化价值的回归。在这个领域，建筑师们做出了相当多的尝试，例如与自然环境相适应和不同属性场所的规划组织，再如传统居住建筑原型空间的现代创新和建筑室内空间的优化调整等（图 6-2-32 ~ 图 6-2-34）。

家，是中国人的立业之本，而住宅则是容纳家最好的空间。在居住建筑设计中传承地域文化是值得我们鼓励和支持的主流之道（图 6-2-35）。

三、少数民族地区现代建筑概览

（一）文化博览建筑

四川少数民族地区地广人稀，历史悠久，地理环境独特，生活方式、文化信仰差异很大，由此形成藏、羌、彝等不同

图6-2-34　上善栖（来源：四川省建筑设计研究院 提供）

图6-2-35　成都芙蓉古城（来源：张理 摄）

文化性格，如藏族的豪迈自信、羌族的粗犷勇武、彝族的豪爽直率。

不同于诗书礼仪、仁义礼智儒家思想严谨的汉族文化，历史上少数民族地区地理偏远、教育资源匮乏，文明程度落后，文化的继承传播多是以故事、叙事的方式进行口头传播，文化中更多的是对自然神灵、日月星辰的图腾崇拜。这些文化的传播多以石刻、壁画石柱、火炬、图案、饰物等形式表现，出现的地方相对开放、随意，没有汉族建筑中文庙、宗祠、书院、学堂等这些文化建筑。新中国成立后，政府关注并支持少数民族的教育活动，大力弘扬民族文化，出现学校、图书馆等教育建筑。进入21世纪，社会迅速的发展，全球一体化、大同化趋势越来越明显，作为集中展示地域文化的文化博览建筑越来越受到重视和关注。这类建筑功能简单、规模相对较小，尺度更加贴近传统，空间更加人性，内涵更加深邃，建筑无论是在外在形体、材料，还是内在的装饰、细节等方面都对不同民族的文化进行了诠释和展现（图6-2-36）。

四川少数民族地区文化博览建筑的创作重点主要表现在：注重人性的关爱、注重符号的运用、注重乡土材料的运用和注重自然环境的融入。建筑创作越来越注重人的生存质量，"以人为本"，体现人文关怀；通过符号的提取，挖掘各民族地域文化特征，在建筑创作中运用，展现地域特色（图6-2-37）；通过乡土材料的运用传达地域特征要素和人文

图6-2-36　阿坝州博物馆（来源：李峰 摄）

图6-2-37　北川文化中心（来源：《北川文化中心，北川，四川，中国》）

图6-2-38　北川巴拿恰商业步行街（来源：海鹰 摄）

情怀，反映地区环境特色，体现地域文化内涵；建筑创作依山就势，根植于当地自然环境中，在选址布局、空间组合、构造处理等方面延续并创新传统方式。

（二）商业建筑

四川少数民族藏、羌、彝族地区历史上以游牧、打猎生活方式为主，农耕技术发展落后，民族矛盾纷争不息，商业活动极其匮乏，因此几乎不存在商业建筑，仅在松潘、丹巴、嘉绒等一些人口较多的城镇出现少量商铺，业态多为酒肆、客栈、钱庄。

改革开放之后，随着社会的进步，经济的发展，旅游文化业的兴起，少数民族地区居民生活水平迅速提高，出现越来越多的服务业、零售商业，甚至综合商业。这些商业的规模、业态随各地交通状况、人口规模、旅游业情况而异。

在一些交通集镇、中小型旅游景点，商业建筑规模通常较小，多为单体建筑；业态以餐馆、小超市、纪念品商店、旅馆、客栈等为主；修建方式多种多样，以居民自发建造活动为主，这些类型商业建筑层数不多、规模很小，外形上多仿制传统样式，材料采用当地材料或者回收旧材料，结构以钢筋混凝土为主，仅在建筑局部或小体量建筑上采用传统的结构形式。还有一些商业建筑是由现有居住建筑改造而来，增加一些商业服务功能，如川西南木里县，当地居民将碉房底部改为商铺、零售小商品或餐馆，日常住家生活集中在二楼、三楼，必要时候甚至增加旅馆功能。仅少数位于城镇中心或者景点附近的建筑由政府、开发商修建，这些商业建筑多采用框架或者砖混结构，建筑形体上以现代风格为主，仅在屋面、檐口、材料、门窗等构件模仿传统样式，或者运用一些传统装饰符号。

在一些县城、旅游聚集中心、大型风景区，如汶川县城、北川新城、九寨沟，这里交通便捷，游客人数多且消费能力强，商业规模较大，类型较多，有综合体、餐厅、酒店、超市、商业步行街等。上述这些地区由于自然环境优美、资源丰富、人文资源丰富，建筑风格独特，地域特征明显，商业建筑多在形态、风格上与传统建筑相协调（图6-2-38），对传统建筑文化进行继承与传达。

四川少数民族地区现代商业建筑对传统聚落模式、空间肌理、建筑形态进行直接复原、模仿和拷贝，在整体或局部上对传统进行原生的表述与诠释，在材料表皮上进行嫁接，与地方人文环境相协调；或通过对传统建筑特征进行研究、分析，提取其有代表性的元素，结合建筑的使用功能，采用新的结构体系、材料技术对传统符号进行重组，将传统构件进行创新，以新的方式组合进行建筑整体的突破，创造一种契合当代精神的新地域建筑，显现地域文化特色。

（三）旅游建筑

四川地区少数民族较多，分布较广，这些地区多高山峡谷、湖泊河流，自然环境十分优美，再加上不同地区的独特民族文化特点和民俗风情，吸引越来越多的目光，形成各具特色的藏、羌、彝族等民族文化的旅游区。这些文化旅游景区依托丰富的自然资源、良好的生态环境和独特的民族文化，旅游业发展迅速。在这种情况下，各旅游景区兴建了许多旅游建筑，用于宣传、接待、服务、展示等方面，满足游客的多种功能需求。

四川少数民族地区旅游建筑随着旅游的发展不断进行完善丰富，经历从无到有，从简单到成熟的过程。这些旅游建筑根据旅游模式和功能的不同而多样化，有在景区入口附近提供售票、游览信息、展示景区特色、办公管理功能的游客接待中心；有容纳住宿、休息功能的木屋、旅馆、营地；也有提供餐饮服务功能的餐厅、茶室；更有向游客出售旅游纪念品以及特色商品的商店等不同功能建筑，上述各种功能可以多种一起叠加在一个建筑上。

这些旅游建筑虽然规模大小和分布位置不同，但具有或多或少的共同特点：建筑风格具有强烈的民族地域特色，与周边地形结合紧密，建筑色彩、体量巧妙地融入景观环境，保持与景观的协调，同时根据功能要求进行一些时代更新与发展，材料采用地方乡土材料，形式充分体现本土人文特色，与地域文化氛围相融合（图6-2-39，图6-2-40）。

（四）教育建筑

新中国成立后特别是十一届三中全会后，党中央、国务院高度重视少数民族教育，并根据实际情况制定了许多重要政策，采取了许多重大措施，从人力、物力、财力等方面给予特殊扶持，将教育覆盖到少数民族地区的每个角落，兴建许多幼儿园、中小学校，有些州府甚至兴建专门培养少数民族教育人才的师范专科学校。

教育建筑因其特殊性，对建筑物自身的要求更高。"5·12"汶川地震的发生，对少数民族教育建筑的规划、设计提出新的要求，主要体现在以下几个方面：

1. 建筑的选址更科学

建筑前期规划选址时对地质条件进行仔细勘察，对气象条件进行详细分析，将建筑选址在地形相对平坦、周边地形条件较好的地段，避开地质灾害多发区域（图6-2-41）。

图6-2-39　九寨沟风景区诺日朗旅游服务中心（来源：熊唱 摄）

图6-2-40　西昌邛海观海亭（来源：杨建华 摄）

图6-2-41　黑虎小学选址于山麓平坦地带（来源：北京别处空间建筑设计事务所 提供）

2. 结构设计更安全

对建筑的结构抗震等级提出更高的要求，对结构支撑体系提出更多的限值，取消抗震性能差的砖混结构形式，推广使用抗震性能好、荷载轻巧的钢结构、木结构、竹结构。

3. 内部空间的人性化

站在不同对象的立场角度进行空间设计，关注使用者的需求，在比例、尺度、色彩、材质等细节方面进行多重设计，创造人性化的建筑空间。

4. 建筑风格的地域性

建筑扎根于地域土壤，采用地域特色和民族色彩的建筑符号，使校园的建筑风格与地域文化相协调。

5. 建造技术的生态化

秉承可持续发展理念，采用绿色建筑技术，充分利用太阳能、风能、地热等各种天然能源，建造生态建筑。

（五）交通建筑

四川少数民族地区，地理位置较为偏远，历史上交通一直非常不便，社会发展较为落后。而随着交通的发展以及旅游业的开发，在主要旅游景点如九寨沟、西昌、马尔康、稻城逐渐兴建机场、火车站，同时公路交通网络覆盖到大多数少数民族地区，极大地便利了当地生活，推动了地区经济、文化的发展。

少数民族地区现代交通建筑在满足使用功能要求的同时采用现代结构材料与传统装饰符号，浓缩展示地方文化，民族性格鲜明，成为展示地方文化的第一窗口。

（六）居住建筑

四川西部藏、羌民族地区，地理环境艰难、气候条件恶劣，民族纷争不息，民居建筑多依靠山势，体量方整紧凑，内部空间高大封闭，形成带有明显防御特色的碉房民居，而南部彝族地区气候炎热潮湿，森林资源丰富，民居因地制宜、

顺山修建，规模较小，成散居状态，形成以木为瓦的"瓦板房"建筑形态。

近年来，四川少数民族地区的居住方式发生了根本性的变化。传统的封闭性居住模式变得更加开放，更多的年轻一代走出封闭大山，来到旅游景区、县城工作生活，只有少数老人留守山上。这种人口的迁移极大地影响了旧有的居住模式，传统聚落民居形态逐渐发生变化，尤其是靠近县城出现了住宅小区，临街商住楼等，这种变化在"5·12"汶川地震之后更加明显。

"5·12"汶川地震之后，政府根据实际情况对居民进行安置，对地质条件相对不错，传统肌理特征明显，历史年代久远的村寨进行原址原貌重建，并进行一定规模的旅游开发，促进当地居住水平的提高，如汶川萝卜寨、茂县桃坪羌寨。对一些地理位置偏远、破坏严重的村寨进行集体搬迁，重新选址在场地条件好，交通便利的山下。新建居住建筑都延续传统的空间肌理，在风格上都遵循传统的式样（图6-2-42），外墙采用当地材料，尽量做到与地域环境相协调，为提高抗震性能，对结构体系都进行加强或采用轻钢结构。

第三节　对近现代建筑发展的思考

以时间为线索，能清晰地看到四川建筑从传统向现代演变的各个发展阶段以及各阶段内建筑的整体特征与趋势。在近代这一重要的历史时期内，四川建筑在院落空间、建筑形体以及元素和装饰等方面对传统建筑特征进行了延续与发展，可以说是传统建筑向现代建筑演进的过渡时期，起到了承上启下的作用。对现代建筑而言，除了各历史阶段内的群体特征以外，结合现代建筑的自身特点，通过划分建筑类型的方式，也能使我们对四川现代建筑的发展概况有更详细的认知与了解。

虽然近现代建筑的发展并未离开四川这一特定的地域环境，但社会历史的发展与技术条件的进步却造就了丰富多样的建筑形态，也使那些我们所熟知的具有典型四川特色的空间环境、形态特征、符号语言、材料构造一直延续并保留了

图 6-2-42 桃坪羌寨老寨（上）与新寨（下）（来源：雪峰晨景 摄）

下来，积淀成为具有强烈地域特色的建筑特征要素。

当下，受到全球化的深刻影响，四川地区当代建筑的发展呈现出异常丰富与繁荣的局面，也给我们带来了一丝隐忧。如何在全球化语境下彰显四川地域特色，运用现代技术条件表达传统建筑特征，以及在建筑创作时选择合适的方法、掌握好传统特征传承的"度"是今天我们在建筑创作中所要解决好的问题。

一、全球化语境与特色的彰显

全球化的发展，带来了社会的进步和生活方式的改变，城市面貌和建筑活动也发生了巨大的变化，不可避免地出现了城市面貌与建筑特色趋同化的现象。受到多元化的现代建筑思潮的影响，本土设计师在建筑活动中更多地满足建筑功能、使用需求和现代审美要求，通过高效率的重复设计来适应建筑市场的飞速发展，建筑产品缺乏对传统、对地域文化的思考；同时，随着越来越多的境外设计师的参与，我们城市中留下了大量的以时代为标签的现代建筑作品，也成为本土设计师争相效仿的对象，出现了以追求新形式、制造新话题为目标的建筑活动，偏离了城市发展与建筑设计的初衷。

究其原因，主要是因为以西方文化为主体的现代文化体系对本土地域文化的冲击，人们在享受现代化营造的高品质生活的同时，也越来越习惯地接受西方强势文化的影响，自觉不自觉地把西方的价值取向和评价标准作为我们的取向和标准[①]，使本土地域文化成了弱势力量，地域文化"失语"的现象越来越严重。

对传统建筑的现代传承是解决地域文化缺失、改变千城一面城市趋同现状的根本策略。需要我们提升对本土地域文化的自觉与自信，建构属于本地域的历史观与文化观，立足自己，在全球化语境下深度挖掘本地域的文化特征，通过适应现代社会发展的转化提升，在建筑创作中予以突破创新，赋予传统建筑特征以时代性，延续其生命力。

二、现代技术发展与特征的表达

时代的发展带来了现代建筑技术的发展，新结构形式、新建筑材料、新构造方式与新的建造技术在现代建筑发展中起到了举足轻重的作用，从技术层面推动了现代建筑的发展和进步，也直接体现了技术对传统建筑特征延续的影响力。

技术发展给传统建筑的现代传承带来了更多的机会，设计师有更大的自由度选择适宜建筑自身的材料和技术，通过灵活的技术展现建筑的地域文化特征。但同时，自由度的提升也对地域文化的传承构成了巨大的挑战，在丰富的技术领域，如何选择适宜的技术体现地域特征，如何利用新材料表达传统意蕴，如何不让材料成为阻碍传统传承的障碍，都是设计师在具体的建筑创作实践过程中需要深入思考的问题。

三、方法的选择与"度"的把握

决定传统建筑特征形成和发展的因素有很多，除了对自然条件的适应外，还有历史发展过程中社会人文发展的影响以及伴随社会进步产生的技术发展的推动。在他们的共同作用下，形成了传统建筑丰富多样的特征要素。

现代建筑创作在传承和发展传统建筑这些特征要素的过程中，如何选择一种或几种正确或者说适宜的方式方法是至关重要的。方式方法是手段，是现代人在现代社会这样一个时空背景下传承地域文化特征的工具，错误的方法可能会导致对传统特征要素的挖掘不够，在提炼和抽象的过程中偏离了要素的本源，在实践过程中无法将特征要素所包含的文化精神表达出来——任何一步出了差错，都有可能导致使用者无法领会设计者的意图，最后呈现一个失败的建筑设计案例。

同时，对传承"度"的把握也至关重要。它在建筑创作的全过程中，可以控制设计者表达传统特征的程度，避免出现过度表达或者表达不到位的现象，防止过度堆砌传统符号、为传承而传承的形式主义等错误的做法，能确保设计者的意图被使用者准确地捕捉，提升建筑的地域认同感，传达地域文化精髓。

---

① 程泰宁. 文化自觉引领建筑创新[J]. 四川勘察设计，2015（1）.

第七章 传承四川传统建筑特征的脉络与手段

为了更进一步解答四川传统建筑特征是如何传承至今这一问题，本章对四川传统建筑特征传承与发展的脉络进行了梳理，总结出影响特征传承与发展的三大重要因素：地域环境、社会发展与技术条件。在四川地域范围内的建筑创作和建设活动，都会受到这三个因素的深刻影响，从而形成丰富多样的传统与现当代建筑特征。

沿着这一股传承与发展的脉络，本章将三大重要因素细分为六个方面：自然环境的适应、文脉肌理的延续、形态造型的传承、符号意象的展现、场所空间以及材料建构方式的发展。这六个方面是在建筑创作和实践活动中落实体现传承发展脉络的设计方法，也是传统特征延续与发展的重要手段。本章对六种手段的解析是建立在真实、翔实的案例分析基础之上，这些案例是传统特征传承和发展的优秀案例，是众多四川现代建筑中的闪光点，折射出四川地域现当代建筑创作中优秀的传承与发展理念。

第一节　传承脉络

四川传统建筑不同于北方传统建筑，也与同属西南地区的贵州、云南传统建筑有显著的差异，这是由四川所处的地域环境造就的——传统建筑适应盆地、丘陵、山地和高原地形，适应盆地潮湿多雨、夏季炎热、高原日照强烈、干燥少雨、冬季严寒的气候条件等，因此可以说自然条件是促成四川地区传统建筑风格形成的主要原因。

四川现代建筑对传统建筑的传承，仍须坚持以尊重自然条件为基础。这是因为，虽然设计理念千差万别，但建造活动仍属于四川这一地理范围内，仍需要尊重建筑所在地的客观条件——地形、气候与资源，形成与地形环境、气候条件和自然资源的适应与协调。抓住了这一条脉络，才能从根本上实现对传统的传承。

如果把自然条件看作是四川传统建筑特征形成的根本原因，那么在历史的发展长河中，伴随朝代更替出现的社会结构、经济水平、生产生活方式、民俗习惯、宗教信仰、思想观念、审美追求等要素的发展也深刻地影响了传统建筑特征发展的方向，战争、民族迁徙等重大历史事件更对四川地区传统建筑风格特征产生了深刻的影响，是影响其发展路径的主要原因。

当下，现代建筑创作处于新的历史时期，必然需要适应当前的社会人文要求，与之相协调。同时，为了更好地延续传统特征，还应该结合历史社会人文条件分析传统建筑各特征要素形成的原因，保留其中能适应现代社会发展的因素，通过适当的方法呈现，体现地域文化的延续和发展。

在社会人文因素影响传统建筑风格发展的同时，由社会进步所引发的技术发展也起到了积极的作用：从先民就地取材运用乡土材料建造房屋，到人们有意识地运用材料和技术指导设计，材料和建构方式的发展深刻地展现了四川的地域特色。

现代建筑创作对传统建筑的传承中，设计者必然借助材料和建构方式来完成。继承四川特色的工程做法、沿用四川传统乡土材料，结合现代技术创新乡土材料的形式与用法。材料和建构方式的传承和创新发展，不但能清晰地展现四川地区传统建筑传承的脉络，还能体现现代建筑创作的时代特征。

适应自然条件、顺应社会人文和材料建构方式的发展是四川传统建筑传承的主要脉络，归结成与建筑创作相对应的手段，主要有以下6个方面：

1. 境

环境，指建筑与自然环境的关系，包括对气候、温度、湿度等自然条件的反应，对地形地貌、水文、生态群落等场地环境的态度以及在适应环境过程中所构建的具有特色的空间环境。

2. 脉

文脉，指建筑对文化脉络和历史记忆的表达，包括对城市空间格局和街道空间肌理的延续和展现，对场地文化记忆和重大历史事件的回应以及对传统生产工艺工序等非物质文化成果的重塑。

3. 形

形态，指建筑的外在形式、构成、造型、尺度和比例等方面对传统建筑特有形态的继承、发展和创新。

4. 意

意象，指建筑所传达的对传统文化和设计理念的深层理解，它跳出"形"的限制，通过建筑实体表达抽象的文化意境、写意的精神理想和对传统哲学思想的当代追求。

5. 场

场所，指建筑营造的空间环境和空间所体现的建筑功能，例如火塘、厅堂等室内使用空间、四川地区特有的天井、院落、檐廊、吊脚等室外"灰"空间以及街道、巷弄等建筑群落外部空间环境。

6. 材

材料，指建造材料和装饰材料，具体表达为现代结构构件、装饰构件和构造节点等建筑细部对传统的继承、发展和创新。

第二节　传承手段之"境"——自然环境的适应

独特的自然环境是四川多元文化的基础，也是四川传统建筑思想从萌芽到成熟的最根本的原因。随着技术的进步和时代的发展，四川地区的建筑设计经历了从"天人合一"自然观的朴素继承到"道法自然"的积极思索，经历了被动适应、适度改造和主动适应三个阶段。在现代建筑创作中可以看到，从群体布局到建筑单体，设计无一不置身于自然的博大胸怀中，建筑或多或少地受到环境的影响，体现出对自然条件的适应性，展现了传统建筑思想在现代的传承与发展。

当代建筑的发展更多地受到使用条件和功能革新的带动，有时与环境的关系会不那么密切，或者说自然环境的控制力不足以让建筑本体依附的时候，传统的自然观就会出现发展和变化。自然环境和条件不仅为建筑的实现提供着有利或不利的条件和限制，也促成了建筑特性的产生，建筑甚至可以为环境带来全新的改变。现代建筑不仅被动地顺应环境，更有可能主动地适应环境、塑造环境，与环境共生共享。

一、尊重地形条件

1. 建筑选址与群落布局

四川地区部分现代建筑在对传统"寄情山水"理念进行继承和延续的过程中，采取的是较为朴素的方式，即延续传统建筑对自然条件的被动适应方式，表达了建筑对大自然的谦逊态度。

四川汉族地区农村的传统建筑布局采用散居形式，根据农田的分布和农业生产活动的属性自由、灵活地布置家宅（图7-2-1），因为生产力水平较低、建筑体量小，一般根据地形条件选择适宜的地形建造以减少土方量，对地形的破坏程度也较小。汉族地区城镇聚落选址多依山傍水、交通便捷，布局形态与地形地貌环境关系密切——平原地带城镇聚落受地形高差限制较小，呈面状分布格局，形成水平拓展的街坊空间；丘陵地带的城镇聚落受限于地形条

件，顺应等高线或垂直等高线线型布置，形成单向或双向带状延展的街巷空间。

少数民族地区的建筑聚落多分布于河谷平缓地带和山坡向阳台地。平缓地带的聚落空间组织较规整，有明确、规整的道路网，街巷也体现得比较突出。位于山腰缓坡处的聚落则随着山形跌宕起伏，遵循等高线布置，建筑间环以耕地，高低错落，富有层次感（图7-2-2）。有的位于山脊的村寨则沿垂直等高线布置，之间以险道相连，远看过去，建筑连成一条直线，层层上升，极其险要。

现代建筑群落的布局方式延续了传统建筑布局与地形地貌的关系。

图7-2-1　邛崃十方堂片区林盘村舍传统空间形态（来源：夏战战 摄）

图7-2-2　丹巴藏寨分布在朝向河谷的向阳坡地上（来源：熊唱 摄）

图 7-2-3   成都远洋太古里纵横交错的街巷格局（来源：早霜 Early Frost 摄）

在汉族平原地区，建筑群落布局方式仍以水平面状分布为主要特征，或形成街巷纵横交错的空间格局（图7-2-3），或形成类似"林盘"一般的大分散、小集中建筑簇群（图7-2-4）。山地丘陵地区，水平顺应地形等高线布置的建筑群落形成若干带状分布的建筑组团，高低等高线建筑之间则作为建筑间距或生态绿化景观场地；垂直等高线布置的建筑群落通过建筑布局形成竖向上层次感丰富的整体意向，具有显著的山地建筑群落特征；部分建筑项目因为用地充裕，结合地形起伏选择不同标高场地布置建筑，形成点状分散式布局方式，形成建筑与绿化景观相互映衬的和谐画面。

峨眉半山七里坪国际旅游度假区风情小镇位于峨眉山景区外侧，是整个度假区最重要的配套设施之一，包括小镇中心、旅游购物、特色餐饮、文化展现、山地酒吧和小镇客栈等，以山地旅游风情小镇（图7-2-5）的项目特色深刻诠释了建

图 7-2-4   郫县三道堰镇青杠村新农村建设按"林盘"格局规划布局
（来源：成都市建筑设计研究院提供）

图 7-2-5 七里坪风情小镇（来源：田耘 摄）

筑群落布局与自然地形条件的关系。

风情小镇位于峨眉半山的河谷地带，现场高差达 30 米，地形条件十分复杂、原生植被茂盛、穿越场地的水系水量季节性起伏变化，都给设计带来了巨大的难度和挑战。设计充分利用峨眉山地形高差创造丰富的观景视野，将小镇建筑群落布局于溪涧两岸的坡地上，建筑因地制宜、拾级而上，充分借鉴四川汉族地区传统山地古镇的营造方式，整体性与趣味性并重，充分利用山水资源及地形高差，创造特征鲜明的原生态小镇氛围（图 7-2-6），与现场优美的山地、山林自然和谐、浑然一体，形成了山地特征鲜明的小镇和居住组团形象。

小镇具有明确的"街—巷—院"空间递进关系，主街道空间呈线性布置，串联各个功能组群。设计中对街道空间尺度及建筑尺度进行了仔细推敲，最大特点在于充分利用了地形的高差变化。尽管坡地建筑有着平地建筑无法比拟的视线和景观优势，但由于用地处于山区，等高线较密、坡度较大，立面上富有层次感的同时也造成空间处理和商业动线的复杂性。为有效解决这个问题，在设计中运用了错叠、错层、掉层、跌落等方式，使建筑有效获取最大使用空间；同时营造了水平和竖向上不同的商业动线，使游客

图 7-2-6 七里坪风情小镇对高差的处理（来源：田耘 摄）

的空间体验流线丰富有趣，建筑空间与街道空间形成有效衔接和过渡。

五凤溪古镇是成都十大古镇中唯一的山地古镇，始于汉，兴于唐。这里我们提到的五凤溪古镇建筑群是在原古镇基础上改造而来的，打造了充满"巴山蜀水，婉媚豪情"的中国山江古镇旅游度假示范区，通过强化其山水格局和山地建筑群落关系，使建筑与山地环境，新建筑与老建筑有机地融为一体。

图7-2-7　五凤溪整体山水格局（来源：www.19zu.com 老陈 摄）

图7-2-8　五凤溪"坡坡街"（来源：熊唱 摄）

图7-2-9　五凤溪"半边街"（来源：熊唱 摄）

　　作为成都境内不多见的富于山地特色的传统场镇，五凤溪依山傍水，小镇建筑群落依据自然地貌随形就势蔓延开，创造出自由灵活的空间形态。设计强调古镇中建筑群落与山水格局的密切关联，新建筑依山而建，与保留的传统建筑一样采用正脊平行等高线的方式布局，使新老建筑肌理一致，和谐地处于背景山体轮廓线的统领之下，呈现出一面临江、三面靠山、层层叠落的水平延展态势，与山地环境有机地融为一体（图7-2-7）。

　　"坡坡街"、"半边街"的形式是古镇街道空间的典型代表。"坡坡街"受地形的影响顺势起伏，街道两侧的建筑错落有致，形成在竖向上层次分明的空间形态（图7-2-8）；"半边街"则沿着水岸蜿蜒曲折，形成活泼灵动的空间特质（图7-2-9），打开了水岸边开敞的观景视线，站在街道上滨水的观景节点

可通览全镇，增添了街道空间的开合变化和趣味性。

　　古镇中建筑大多为两层，适应当地湿热的气候环境，应对高温多雨的天气，建筑出檐深远，多采用檐廊或二层挑厢形式，在街道上形成富有趣味与活力的"灰"空间。部分靠山的建筑群体组合形成山地台院，将坡地分台而建，沿等高线纵深攀升，以内院空间的错落或建筑的错层、掉层来消化台地高差（图7-2-10）。

　　都江堰大熊猫救护与疾病防控中心位于青城山群山环抱之中的平坝区域，按照林盘的构思理念，建筑师强调融入自然而非突出于自然的设计，注重传统川西民居院落意向的表达。川西林盘建筑的形态元素非常丰富，这些元素是在长期历史发展进程中积淀形成的。该项目各建筑单体成聚落由南向北呈线型展开。各建筑单体均以自然山体为背景，在绿化

图 7-2-10　五凤溪院落建筑顺应地形布置（来源：熊唱 摄）

图 7-2-11　水磨古镇羌族风格的聚落与汉族风格的街市
（来源：黎峰六 摄）

植被中若隐若现，契合了林盘的理念。在空间组织上，自然山体为背景、建筑聚落依托山体布置，形成开合有序的院落空间。各建筑聚落参差错落、随机自由，或围合成三合院，或点、线结合。建筑单体多采取一到两层的小体量，形态内敛、朴素自然。①

　　在四川少数民族地区，因为地质灾害的问题越来越受到关注，因此在建筑群落选址和布局方式上，现代建筑舍去了传统建筑的某些布局特征，放弃了在高山台地和山脊选址，选址河谷平坝或山麓缓坡。建筑布局特点除保持传统建筑与地形等高线的有机关联方式之外，保持了传统建筑群落的向

心聚居的特点。此外，由于新时代各民族和地域之间的文化和经济交流频繁，使得建造活动在某种程度上具有相同或相似的特征。例如汶川水磨古镇的灾后重建工作中，根据古镇位于汉、藏、羌三民族交汇地带的特点，在建筑布局方式上综合了各民族传统建筑的布局特点（图7-2-11），构建了水平与垂直等高线布局相结合，分散与集中建设相结合的建筑群落整体特征。

　　汶川县羌族商业街是"5·12"地震后新建的羌族特色休闲文化街区，位于主城区威州镇岷江东岸，整个用地范围狭长，共有10栋建筑组成，每栋建筑规模不大，以2层为

① 茅峰，胡佳. 卧龙自然保护区都江堰大熊猫救护与疾病防控中心方案设计[J]. 四川建筑，2011，31（5）.

主，局部1~3层。这些建筑沿岷江河岸呈线性展开布置（图7-2-12），自由灵活，层次丰富，街道肌理与当地羌族传统聚落形态高度契合（图7-2-13）。

汶川水磨中学建筑是"5·12"汶川地震灾后重建项目，地震前的水磨中学规模较小，震后政府将几所学校进行合并，重新规划设计新的中学。通过对水磨镇地质情况的调研分析，新中学最后选址在寿溪河北侧，这里地势较为平坦开阔，临近湖面，自然环境优美，满足灾后重建项目对学校场地的特殊要求。学校西侧紧邻寿溪河老街，老街历史年代久远，街区沿山体顺势蜿蜒展开，整个村镇的传统空间肌理完整丰富。

图7-2-12　汶川羌族商业街建筑沿岷江河岸线性布置（来源：田耘 摄）

2. 接地方式的延续与创新

谈到建筑与地形的关系不得不谈到接地方式。接地方式是指建筑形体与地形地势的处理策略，表达了剖面上建筑与场地的直接关联，能直观地反映出建筑对地形地貌的适应和协调。

四川地区传统建筑在接地方式上形态多样，是先民们通过原始建造活动总结得来的一系列做法和经验的形态展现，形成了若干具有四川特色的经典模式。现代建筑对经典模式的引用和变化接纳体现了在接地方式上现代对传统的传承与发展。

图7-2-13　汶川羌族商业街内街形态（来源：田耘 摄）

（1）平

建筑位于非生态敏感的平坦用地环境，不对地形进行改造。

位于平原或平坝地区的现代建筑常用这种设计手法。

（2）吊

吊脚楼是四川传统建筑接地方式的经典模式，位于陡崖、河岸或堡坎处的建筑通过吊脚楼的架空方式获得完整的建筑使用空间。

吊脚楼源于干阑式建筑，在现代建筑中以架空的方式得以传承。在四川地区的城镇建设中常见沿河道架空修建的临河建筑。

（3）挑

建筑局部挑出楼层或屋檐，建筑局部不落地，可以减少占地面积，减轻对基地的破坏程度。四川传统建筑的"挑"手法繁多，是古代劳动人民智慧的结晶。

现代建筑在创作时在遇到需要局部保留场地内生态因素时，多采用这种手段，例如建筑滨水面设计成局部出挑的方式，可以减少河岸的占地和对河道景观的破坏，同时能获得较好的滨水景观视野。

（4）台

利用台地高差分层筑台，适用于场地先天就有台地高差，或整体坡度不大的情况，四川传统的山地四合院是其典型代表。

位于坡地或山地的现代建筑设计也常用这种处理方式，通过筑台使建筑内部的使用更为便利和舒适，同时可减少土方量与顺应地形地貌，减少对基地原有生态环境的破坏。

（5）拖

建筑层层垂直于等高线，顺坡拖建，屋顶分层直下，室内有不同高度的地坪。

现代建筑借鉴拖的方式，在场地坡度较大的情况下划分多个建筑室内标高，形成丰富的建筑室内空间，很好地顺应了地形、地势。当将屋顶设计为覆土种植屋面时，便可看作是地上退台式覆土建筑，使建筑与地形环境浑然一体。

（6）错

建筑用地跨越有高差的场地时，利用高差设多个建筑入口，可从不同高差位置进入建筑，再通过台阶楼梯进行室内交通组织。

现代建筑在遇到有多个出入口要求的时候常用这种方法，可以尽量保持原始地形特征，营造丰富的建筑出入口关系和室内交通空间格局。

（7）梭

拖长后坡顶，前檐高后檐低，扩大部分多作为储藏空间，用气洞或亮瓦通气采光，适用于坡度不太大的情况。

现代建筑延续这种方式，能获得较鲜明的建筑形象，同时室内空间层次丰富且景观视野良好。

（8）靠

传统建筑靠陡峭的山势修建，建筑与陡崖间进行连接固定，以获得更好的稳定性，利于建筑在高度方向垂直发展。

现代建筑因体量大，可以不通过依附山体而形成完整的结构形体，与陡峭地形的关系已与传统建筑有所不同。现代建筑设计中，常见建筑紧靠山体形成的特殊的室内外空间环境。

在峨眉半山七里坪国际旅游度假区风情小镇设计中，建筑单体在与自然地形地貌适应时，采用了退台、吊脚、筑台、靠岩、重叠、出挑等多种山地建筑适应地形高差的传统接地方式，打造了顺应地形层层跌落的建筑群落形态（图7-2-14），并巧妙地提出了"多首层入户、多标高观景"的设计策略来适应现代人的使用需求。

3. 建筑体量的灵活应对

传统建筑因为建造技术、经济水平以及使用需求的影响，

图 7-2-14　七里坪风情小镇建筑群体形态（来源：田耘 摄）

建筑层数不高，体量较小，能灵活适应自然地形条件。现代建筑与传统建筑在建筑形态上有明显的差异，建筑高度和体量都较庞大，原封不动地延续传统建筑与地形的关系会造成大量的地形改造工作，必须通过变换建筑体量的方式主动与地形条件取得关联。

例如，坡地及山地区域的现代建筑创作常通过变换建筑体量的方式，将大体量的建筑空间拆分为按功能划分的若干建筑单元，采用建筑群布局方式进行设计，被打散的建筑体量能较好地与地形相适应，通过交通组织和空间联系形成一个有机的建筑整体。

叶儿红基地位于海拔 3600 米的稻城县香格里拉乡叶儿红

村，是稻城亚丁景区核心项目之一。因为建筑体量的巨大和使用功能的完整性，建筑不得不进行解构、拼接、延伸，采用低矮建筑体量线性延展方式结合地形高差进行布局，和现有村落互补形成向心的围合空间（图7-2-15）。部分建筑屋面采用覆土形式以期能在自然环境中实现形体的消隐。建筑和山势紧密贴合，地上建筑和地下建筑部分灵活转换，犹如大地上生长出的巨大土埂墙，自然有机地融入绝美的自然环境中。

4. 建筑对地形的塑造

四川地区的传统建筑在适应地形条件的同时，也使自身获取了鲜明的建筑群体特征以及富有地域风格的建筑形象，这如同是人们在尊重自然、崇尚自然的同时获得了自然回馈的恩惠。

现代建筑创作中，除了传承传统手段对自然进行适应外，还可以运用技术手段主动与地形结合形成新的地形地貌关系，通过建筑重塑地形。例如，在汶川地震震中纪念馆的设计中，通过斜向覆土屋面的接地设计，形成由平坦地形缓缓而上的坡地形态，再通过切割、抬起、延伸等设计语言，形成主要的建筑体量，与周边环境景观连成一体、一气呵成，通过建筑构建了独特的大地景观（图7-2-16）。建筑西侧连接延绵山势，与山体连成一片；东侧朝向河谷的城镇中心略微抬起，半嵌入山体之中。建筑以自然、平和的姿态低俯于半山上，隐、现于群山之中。从山上向下望，建筑几乎消隐在群山之中；从山下城镇向上望，建筑呈水平方向延展，与山岗轮廓线相贴合，掩映于山林中只显露一角。在隐、现之中表现出平静而有力的纪念性。也使每一个来到此处的人真切感受到"将灾难时刻闪电般定格在大地之间，留给后人永恒的记忆"的建筑寓意。

麓湖艺术展览中心建筑设计旨在与周边环境共生共融，设计立意为"岩石生长的建筑"，结合场地高差采用覆土建筑形式，通过对红砂岩、碉楼等取自四川本地建筑符号的提

图7-2-16 汶川地震震中纪念馆建构的大地景观
（来源：蜂鸟航拍 摄）

图7-2-15 叶儿红基地（来源：ELEV建筑 提供）

图7-2-17 麓湖艺展中心的覆土建筑形式（来源：吴飞呈 摄）

取和表达，汇聚出一座"伏地望天"的地标性建筑，通过彩色混凝土、红色花岗岩和绿色草皮屋面的交叠错落，形成丰富的空间层次（图7-2-17）。

　　建筑依自然地形高低起伏，局部伸入地下，局部从土石中生长而出，沿着湖岸线水平方向匍匐、延伸；室外高低错落的台阶构成了向水面展开的景观面，环绕拥抱着湖水（图7-2-18）；湖心矗立碉楼形态的景观塔，形成建筑半围合空间的制高点。通过对建筑与景观的抽象化表达，运用建筑形体强化和塑造了人工地形，再现了对环境的重塑。

二、适应自然气候

　　四川地形复杂，各地气候差异也极大：汉族聚居的盆地及周边丘陵地区冬暖、春旱、夏热、秋雨、多云雾、少日照，而少数民族生活的西部高原河谷和山地则寒冷、冬长、基本无夏、日照充足、降水集中、干雨季分明；此外，四川因为地形在海拔高程上的跨度极大，导致气候垂直变化大，气候类型多。

　　丰富的自然气候条件深刻地影响着人们的建造活动，例如盆地气候湿润多雨，民居就采用悬山或硬山坡屋顶形式，以利于排水；房屋四周皆有阴沟用于接纳雨水，保护墙基；夏季盆地气候炎热，为了使室内保持阴凉，建筑就采挑出屋檐，或设置廊子遮阳避暑，院落采用天井的方式促进室内空气流通……

　　当下，虽然现代建筑功能丰富多样、形态千变万化，但四川地区的气候条件却未曾发生明显的改变。这就使得建筑创作和设计必须得臣服于茫茫苍穹之下，形式跟随气候——通过建筑形态、建筑空间和特殊的建筑构造形式展现建筑对气候条件的适应与协调。因此，也可以说现代建筑地域性的显著特征之一便是对自然气候的适应方式。

图7-2-18　麓湖艺展中心环抱湖面的空间格局（来源：吴飞呈 摄）

1. 经典原型的引用与延展

我们通过对传统建筑的解析可以发现诸多古人建造活动的智慧结晶，他们通过长时间与自然气候博弈的经验积累，形成了若干属于四川地区特有的适应气候的技术和构造，展现了传统建筑的地域特征。在现代建筑设计中，我们可以把这些技术和构造归纳为四川地区建筑适应气候的经典原型。基于对原型的总结归纳，结合现代建筑使用要求，再通过现代建筑设计方法予以呈现，不仅传承了传统建筑思想，也对地域传统文化的成果进行了新时期的延展。

（1）建筑选址和朝向

传统建筑：建筑多朝南布置，利用自然光获取最佳的采光效果；藏、羌族地区还可以兼顾保暖和避风沙的需求。

现代建筑：居住建筑朝南布置。

（2）建筑体量和布局

传统建筑：藏、羌族地区通过层高控制形成矮小体量，采用紧凑和缩量的布局方法，有效地控制建筑体型，减少散热面积，创造御寒条件。

现代建筑：藏、羌族地区延续紧凑式布局方式减小建筑体积系数以抵御严寒。

（3）屋面形式与出檐

传统建筑：汉族地区多采用悬山或硬山坡屋顶，有利于排除雨水，加大了屋面吸热面积，有利于夏季排热；坡屋面出檐深远，屋顶相连，形成下部无雨空间，夏日亦可起遮阳之用；出檐及悬山挑出很大，也可防止竹骨泥墙或木板墙遭雨水冲刷。藏族、羌族地区因降雨少、日照充足，多采用平屋顶，屋顶可用作晒坝。

现代建筑：汉族地区悬山坡屋顶形式被广泛采用，且可通过技术手段解决屋面有组织排水问题；风雨廊即是传统无雨空间的现代表达（图7-2-19）；出檐深远为众多现代建筑所采用。藏族、羌族地区仍多保持平屋顶的形式，晒坝功能得以延续。

（4）吊脚楼

传统建筑：由干阑式建筑发展而来的四川吊脚楼是四川

图 7-2-19　德阳孝泉镇民族小学将廊作为重要的建筑空间要素
（来源：马承融 摄）

图 7-2-20　成都活水公园茶楼设计借鉴了吊脚楼与河流的关系
（来源：熊唱 摄）

汉族地区传统建筑的主要特征之一，它不但表达了对地形的适应，也体现了对潮湿气候条件的回应。

现代建筑：现代建筑下部架空的处理方式，借鉴了传统吊脚楼建筑的特征（图7-2-20），有利于促进建筑下部空气流通，改善建筑外部环境。

（5）院落和天井

传统建筑：院落和天井是汉族地区传统建筑的空间母题，加强了建筑内部气流的组织，兼具降温、除湿、遮阳的建筑技术特点；庭院内善植花草树木，设池塘水景，对于室内外空间微热环境有良好的调节作用（图7-2-21）。

图 7-2-21　花间堂阆苑内的保留院落（来源：花间堂 提供）

图 7-2-23　水井坊博物馆的"灰"空间
（来源：存在建筑摄影工作室 摄）

图 7-2-22　水井坊博物馆的天井（来源：家琨建筑设计事务所 提供）

图 7-2-24　铁像寺水街内街建筑的"灰"空间（来源：熊唱 摄）

图 7-2-25　九寨天堂洲际大饭店部分建筑外立面采用毛石装饰
（来源：段杰 摄）

现代建筑：虽然现代建筑采光通风主要依靠外墙窗系统，但仍可通过庭院和天井的设置改善建筑内部微气候环境（图 7-2-22）；屋顶绿化、蓄水屋面和庭院绿植可以理解为传统庭院栽种的现代表达，对夏季降低室内温度也起到了积极的作用。

（6）"灰"空间

传统建筑：走廊、门廊、敞厅等大量的"灰"空间，控制和导引了建筑内部的气流循环，既能遮阳避雨又能使建筑室内有良好的通风条件。

现代建筑："灰"空间得以大量采用，是四川地区现代建筑空间的重要组成部分（图 7-2-23，图 7-2-24）。

（7）墙体

传统建筑：藏族、羌族地区就地取材，多采用毛石墙和夯土墙，抵御干燥的空气、强烈的紫外线和大风沙尘。汉族地区格扇墙用以分隔和限定室内外空间，产生通风效应，多

图 7-2-26   甲蕃古城项目（来源：熊唱 摄）

图 7-2-27   九寨天堂洲际大饭店大穹顶（来源：段杰 摄）

孔的特征对于湿热气候下的室内环境调节有较好的作用（阆中古城传统建筑的气候适应性分析研究）。

现代建筑：藏族、羌族地区现代建筑对墙体进行加厚处理，外立面采用毛石装饰（图 7-2-25，图 7-2-26）。格扇墙的原型被变异运用于众多现代建筑中，强调"虚空"的分隔和"气"的流动。

（8）门窗

传统建筑：藏羌族地区矮门小窗，为了保持室温；窗台高度较低，有利于采光；门扇自重较大，在大风寒冷天气可以避风保温。汉族地区结合门窗设置竹帘、布帘等形成活动遮阳设施。

现代建筑：藏族、羌族地区门窗特征被保留和延续了下来。汉族地区的活动遮阳方式被转译形成现代建筑常用的门窗遮阳构件。

（9）色彩

传统建筑：藏族地区涂刷白土颜料，有效抵御了强烈紫外线辐射、风雨侵蚀、温差冻融等气候影响；采用较高明度、饱和度和彩度的建筑色彩与晴朗的天空环境形成呼应。

现代建筑：传统建筑用色被提炼成经典组合方式在现代建筑中以符号化的方式得以沿用。

三、新技术手段的主动回应

现代建筑与传统建筑相比，在功能、使用需求和结构形式等方面有着巨大的差异。对于大体量的现代建筑而言，传统建筑适应气候的部分方式已经不太能适用了，例如常年采用集中空调系统的建筑，自然通风和室内外空间的流通已经不是解决室内环境舒适度的主要手段。这就需要现代建筑对气候条件采用积极响应的方式——以气候适应性设计手法与现代建筑技术手段相结合，实现建筑与气候的有机结合，规避不利的气候条件，强化气候特质以满足使用需求。

对于潮湿多雨、夏季炎热的四川地区，规避不利气候条件最常见的方式便是在庭院或中庭上部加设玻璃采光顶，一方面营造全天候的无雨环境以利于建筑室内空间的使用，另一方面通过设置电动遮阳装置和室内空调系统来达到遮阳隔热的要求。

九寨天堂洲际大饭店的大穹顶是一个典型的案例，其酒

图 7-2-28　九寨天堂洲际大饭店大穹顶内的活动空间（来源：段杰 摄）

店大堂和温泉中心上方覆盖着钢拱架全透明玻璃穹顶结构（图7-2-27）。大堂上部的穹顶结构高 24 米，长 75 米，跨度达86 米；温泉中心穹顶高 24 米，长 150 米，最大跨度 65 米，在视觉和空间体验上具有强烈的感染力。其拥有全自动温控系统，使得穹顶上的"天窗"可以随温度变化自动开合。海拔约3000 米高的九寨沟属高原湿润气候，春季气温较低、变化较大，冬季寒冷，全年降雨少，阳光充沛。而玻璃穹顶正是主动适应这里气候条件的一种方式，建筑内部可完全不受外部严寒天气和昼夜温差的影响，全年都可以为游客营造阳光充沛且温润舒适的室内活动环境，也为各种高山花卉、温热带植物造景和高寒动物的栖息活动构筑了一个自然生态花园（图7-2-28）。

此外，现代建筑创作中常用到软件技术对建筑日照、通风防风、体型选择以及节能构造进行分析，有针对性地提出适合四川地区的解决方案，打造真正水土相服的地域建筑。

四、利用自然资源

在传统建筑发展的历史长河中，先民形成了人工建造活动和自然资源之间的有机关联。虽然当时的较低的建造技术和落后的经济水平与当下不可同日而语，但人们对待自然资源的态度一直延续传承了下来。

1. 保留与避让

现代建筑项目，尤其是旅游地产开发中，常常会遇到场地中及周边存在各式各样的自然资源，如山溪、河流、滩地、原生植被和动植物生态群落等，它们或已在此处繁衍生息几十上百年的时间，是人类的宝贵财富。

对于人工建造活动而言，自然资源自成一体的有机系统是十分脆弱的，稍不注意就会对其造成不利影响，严重的会导致自然资源的形态破坏、结构失稳，甚至逐渐消失殆尽。

在中国城市化发展的大背景下，四川地区现代建筑活动也曾经历过一段时期，在那个历史背景下，建筑设计对自然环境和资源的漠视引发了诸多生态环境问题，也留下了不可弥补的伤疤。随着时代的发展，越来越多的设计者和开发者意识到自然资源对于项目本身的重要性，并对项目特异性的营造具有十分特殊的意义。由此，对自然资源的保留和避让成为大家常用的设计手段。通过对现场的深入调研，设计通过规划布局主动地对自然资源进行避让，使建筑退让出一定的安全距离，让人工环境与自然资源均控制在一个良性自循环的空间内，尽一切可能保留资源主体。建筑单体设计通过平面或剖面设计对资源的保留与避让做出努力，例如对于有生态学价值的湿地环境，建筑除选址可远离避让之外，还可以通过独立基础、架空建筑底部等方式减小建筑接地面积，为湿地生境的完整性提供有力保证，将人工活动对自然的干扰减小到最小。

通过这种手段，更多的宝贵资源被保留了下来，它可能是家宅旁一条潺潺流淌的小溪，也可能是窗外一片葱郁的白皮桉林。建筑以一种谦逊的姿态出现在这里，展现了人对自然的敬畏之情，将传统建筑营造活动中"天人合一"的思想传承了下来。

白鹭湾湿地揽翠阁位于成都东郊白鹭湾湿地公园，为了
不对湿地公园的自然生境产生过多的影响，建筑设计采用树
状钢柱与自然地面点状接触，将建筑整个架空起来，最大限
度地保留了原始场地（图7-2-29）。建筑的进入选择了架
设架空坡道和栈桥的方式，也希望通过架空来实现对湿地环
境的最小干扰（图7-2-30）。

在峨眉半山七里坪国际旅游度假区风情小镇项目中，设
计通过保留现状山体植被和水系使景观指状渗入建筑群落内
部、融入整个度假区的空间格局中，采用栈道、栈桥及坡道、
梯步等丰富山地街巷空间形态，强化了收放自如、趣味横生、
极富山地传统特色的整体空间形态（图7-2-31）。

"鹿野苑石刻艺术博物馆"是一座小型主题博物馆，坐
落在成都郫县郊区府河畔的田野之中。博物馆用地为河滩与
树林相间的一块平整地，周边环绕着生机勃勃的稻田、郁郁
葱葱的竹林，呈现出典型的川西林盘自然景观意象。

设计十分注重对自然环境的呼应，延续了四川地区独有
的"川西林盘"的自然肌理，将这种以农家院宅群落和周边
植物群落、河流及外围田园有机融合的布局模式，对集林、水、
宅、田等要素于一体的复合型建筑模式进行提炼和传承，在

图7-2-29　揽翠阁树状钢柱支撑（来源：家琨建筑设计事务所 提供）

图7-2-30　揽翠阁架空坡道（来源：家琨建筑设计事务所 提供）

图7-2-31　七里坪风情小镇与景观资源的有机交融（来源：田耘 摄）

图 7-2-32　鹿野苑石刻博物馆与环境的关系
（来源：家琨建筑设计事务所 提供）

图 7-2-33　鹿野苑石刻博物馆入口空间
（来源：家琨建筑设计事务所 提供）

都市郊区的田园中呈现出建筑与植物群落、河流、田园共生、融合的美好图景（图 7-2-32）。

设计尊重河滩地与原生植物群落的基地脉络，为了尽可能对场地上的竹林和植被进行保留和避让，选择了基地中最大的一块林间平地作为建筑用地。博物馆园区内的绿化很好地保留了川西民居农家竹林的自然风貌，也使得竹林成为划分园区内入口区、停车场、展馆、后勤附属建筑等各个功能组团的自然界限和视线屏障。游线从富有禅意的入口开敞区域，沿竹林边缘穿越进层层密林，再由一条坡道从慈竹林中升起，从两株麻柳树之间临空穿越，引向博物馆主入口，坡道下方保留了自然状态的草洼和特意设计的莲池（图 7-2-33）。根植于原生自然环境的博物馆外部空间，营造出静谧深幽而又极富戏剧性的氛围，形成路径的序列和心理感观的序列。

2. 因势巧借

顺从自然和适度改造自然是人类与自然的有机关联方式，这一点其实早在古代就已被智慧的劳动人民所认识，出现了"因势利导"、"因势巧借"等方式方法以达成夙愿。始建于秦昭王末年（约公元前 256 ~ 前 251 年）的都江堰就是一个典型的例子，蜀郡太守李冰父子在前人鳖灵开凿的基础上组织修建的这一大型水利工程，是对岷江水资源的成功利用。通过独特的无坝引水构造，使成都平原成为水旱从人、沃野千里的"天府之国"。

"因势巧借"是建立在对自然资源的充分认知的前提下，通过适当的方式对资源进行利用。它首先表达了对资源的尊重，其次将资源的生命周期纳入人工环境，使二者相辅相成，展现人与自然的和谐统一。

在现代，设计者很好地继承和发扬了这一传统。在对待自然资源方面，通过适度的技术手段对现有自然资源进行利用，诸如调整建筑布局、营造特殊的空间场所等，使建筑环境与资源有机融合，借助资源形成独有的环境特色，对资源的价值进行放大，强化资源的自然属性。

建川博物馆聚落中的十年大事记馆因基地横跨河流，建筑同时兼具了步行桥的功能，因而也得名为桥馆（图 7-2-

图 7-2-34　十年大事记馆（来源：《十年大事记馆》）

图 7-2-35　水磨古镇将寿溪河改造为内湖外河，枯水期内湖蓄水，丰水期连为整体（来源：DSX 摄）

34）。设计者将桥馆看作是街道的延续，并作为连接河流两岸的重要路径，创造了为参观者和过路者停留止步的室外休憩空间，同时也形成了博物馆具有标志性的入口。

随着旅游地产项目的持续升温，近年来四川地区出现了众多对水资源"因势巧借"的成功案例，设计借助水利工程对河道进行适度利用，关闸蓄水或筑坝调节，形成了与建筑环境紧密结合的亲水景观空间，大大提升了项目的滨水特征和吸引力。

汶川水磨古镇以寿溪湖作为城镇的核心，设计借鉴千年都江古堰"深淘滩、低作堰"的水利工程经验，采取外河内湖的构思，将寿溪河自然河道构筑成一动一静两部分水域（图7-2-35）。枯水期时，山涧溪流汇集到大湖面，蓄积水量形成朝向寿溪河的水瀑景观；丰水期低水位的寿溪河水面抬升，河湖连通为一个整体，提升了古镇的外部景观环境，更展现了古镇的滨水特色。2010 年夏季，这里遭遇了罕见的

特大洪水，却未造成丝毫影响，真正实现了人工与自然的和谐共处。

成都高新区铁像寺水街是通过分布在城市河道两岸的建筑聚落构建的都市型文化休闲商业项目，其最重要的特征即是围绕南北穿越项目的肖家河形成水街形态。肖家河宽 8 米，是一条流经城区的普通排洪河道，雨季与枯水期水量差异明显。设计为了营造亲水的都市开放空间，于项目下游设置了一处翻板闸，枯水期时关闸蓄水，将水面抬升至设计标高，与建筑和场地一道形成亲切宜人的滨水景观环境；夏季汛期开闸放水，满足城市河道的防汛要求；再借助上游中水回用项目和人工湿地的帮助改善水质，强化了项目的水街特色（图 7-2-36）。

位于绵阳科展馆片区的草溪河项目也同样采用了这种设计思路，通过水利技术手段调节河道水面高程来强化项目滨水特色。

四川少数民族地区的自然条件与汉族地区有着显著的差异，因为气候和地缘的关系，太阳能、风能、地热等自然资源丰富，有巨大的开发和利用潜力。该地域的现代建筑设计中可以给予更多的关注，使之形成提升建筑地域特征的关键性要素。

五、运用现代生态技术

生态建筑对于我们而言，并不是一个完全陌生的名词。回顾四川乃至中国上下几千年的建造历史，生态建筑理念是一直存在的——因为古代营建技术的不发达，其主要表现即为"天人合一"自然观的三大核心思想：对地形环境的适应、对气候条件的适应和乡土材料的运用。

从 20 世纪 90 年代联合国在环保大会上提出"可持续发展"到今天"海绵城市"理念的提出，"可持续发展"战略越来越受到人们的关注，在社会发展中得到了广泛的宣传和应用，在建筑领域也掀起了一股"生态建筑"热潮。在生态文化的影响下，思想敏锐的建筑师开始思考，开始探索建筑发展的"生态"道路。随着时代技术的发展和人类社会对自

图 7-2-36　铁像寺水街借助下游水闸和上游水质改造
展现水街特色（来源：马承融 摄）

然环境认知的进一步深入，更多的绿色生态技术在建筑创作中被采用，人们也愈来愈多地关注生态建筑技术对建筑、对城市、对我们赖以生存的自然环境的积极作用。

1. 绿色建筑技术

绿色建筑是以生态学的科学原理指导建筑实践活动，创造出人工环境与自然环境相互协调、良性循环、有机统一的建筑。它象征着节能、环保、健康、高效的人居环境，是满足人类生存和发展要求的现代化理想建筑形式。

通过尊重自然、保护生态、节约资源、减少环境污染、就地取材、废旧材料重复利用、适应功能发展、满足生态文化内涵和审美意识等方面的努力，绿色建筑能尽可能减少人工环境对自然生态平衡的负面影响，最大限度地提高建筑资源和能源的利用率，并具有空间的包容性、灵活性、适应性和可扩展性，展现传统地方文化意蕴和时代感。

建筑群体方面，设计要从总体规划要求出发，在一定区域范围内对场地的地形地貌、气候水文、动植物生境等方面的基本条件进行可行性和经济性的深入剖析，进行综合分析和整体设计，运用规划的手段调整布局模式、区域划分、空间结构和资源配置。

建筑单体方面，通过减少建筑外墙面积、控制层高、减少体形凹凸变化、采用规则平面形式等控制建筑体型系数；通过满足自然采光通风要求的外墙设计、选择外墙材料、采用导热系数较小的门窗、加强门窗气密性、采用智能化遮阳措施等，提高建筑室内环境的热稳定性；通过预留管道空间、考虑家居系统的可变化性等弹性设计方案，提高建筑的适用性和可变性；通过利用可降解、可再生的建筑材料，节约利用不可再生能源、积极开发可再生新能源等节约能源；通过建筑智能设计促使建筑在高标准、低能耗、高效能、低污染的状态下持续发展。

建立绿色建筑体系是一个高度复杂的系统工程。要实现这一工程，不仅需要环境工程师和建筑师运用可持续发展的设计方法和手段，还需要决策者、管理机构、社区组织、业主和使用者都具备环境意识，共同参与营建的全过程。[1]这种多层次合作关系的介入，需要通过生命周期评价法、美国的环境评估工程、法国的 ESCALE 法等现代科学评价方法作为实施运作的技术支撑，确立明确的建筑环境评价结果，达成共识，使其贯彻始终。

中国保护大熊猫研究中心是"5·12汶川地震"后的灾后重建项目，主要用于大熊猫的研究、保护工作。研究中心位于四川省卧龙自然保护区内，场地特征为高山峡谷地貌，生态环境非常好（图7-2-37）。项目的设计目标是创造一个大熊猫生活的"伊甸园"，重建自然与人的和谐关系，同时结合地域文件特点，打造国家绿色建筑的典范。

由于项目周边地质条件较差，主体建筑均采用钢结构形式，建筑屋顶均采用了屋顶绿化的方式。由于场地高差较大，建筑采用上下两段式手法，下段主要采用笼装石作为装饰性外墙，石材采自当地的垮塌山体或者地震后的建筑废渣，铁笼便于植物攀爬生长，石墙随地形起伏而逐渐融入山体之中（图7-2-38）。上段立面采用竹材，竹子是熊猫的最爱，卧龙景区竹材资料十分丰富，在外窗中也设置可调节的竹百叶窗，控制室内光线，提高舒适度。

图7-2-37　融入环境的中国保护大熊猫研究中心（来源：王玉 摄）

---

① 王竹，贺勇，魏秦，王玲. 关于绿色建筑评价的思考[N]. 浙江大学学报（工学版），2002，6.

研究中心采用多种绿色技术，在基地原有建筑拆除后，将各种材料分类整理，充分利用于辅助用房及景观道路；优化原始冲沟，形成雨水回收系统，提供园区部分用水。在保护中心设置沼气处理区，用以消化项目运营期间每天产生的污废水、生活垃圾及大熊猫排泄物，变废为宝，提供园区所需的部分能源。这些绿色技术最大限度地节约资源、较少污染，并提供健康、高效、人性的使用空间，达到《绿色建筑评价标准》规定的三星标准。

都江堰大熊猫救护与疾病防控中心是四川省第一个三星级绿色建筑，设计过程贯彻全寿命周期内资源消耗最小的绿色建筑理念，根据《绿色建筑评价标准》控制项与一般项的要求，对场地内地形地貌进行最大限度的保护，避免进行大开挖和大填方。建筑、道路、大熊猫圈舍、大熊猫运动场的布置顺应地形，随山就势，部分建筑利用场地原有农宅基地

图7-2-38　中国保护大熊猫研究中心的装笼石外墙（来源：王玉 摄）

图7-2-39　都江堰大熊猫救护与疾病防控中心利用原有农宅基地建设（来源：中国建筑西南设计研究院集团公司 提供）

进行建设（图7-2-39），对场地内现有自然水系、自然湿地和植物进行合理利用，根据地形和现有沟渠设置雨水蓄积方案并与景观设计相结合。设计中窗户设计和景观照明均考虑避免出现光污染，根据建筑对声环境的要求进行分析，通过合理规划，围墙以及绿化带布置降低环境噪声影响。尽可能多地采用屋顶绿化及扩大绿化面积，采用可开启吊顶及通风屋面，提高环境舒适度，降低空调能耗。还采用双层中空保温墙体，满足外围护结构热工性能的同时减少不可降解保温材料的使用。同时尽量使用可回收利用的建材作为建筑、景观中的原材料进行有效利用。

在四川少数民族地区也有绿色建筑设计的尝试，例如在德格县竹庆乡协庆村牧民定居点项目中，注重结合当地地域文化、民族生活习俗及当地实际生活水平进行生态设计。在定居点规划设计中，引入了生态旱厕的设计策略，既解决了在寒冷地区采用水冲式厕所冬季管道冻裂的问题，又避免了采用普通旱厕污染水源和高原脆弱生境的情况出现，大大节约了定居点建设的经济成本。

四川茂县黑虎小学在设计时注重于自然的适应，充分利用日照、风向、雨水等自然资源，创造符合当地气候及地域特征的空间组合，建筑二楼设置天窗，不仅能感受阳光温暖，还可以减少人工照明，节约资源。建筑师在建筑屋面设置雨水收集系统，回收雨水进行绿化灌溉和冲洗厕所；采用硬泡聚氨酯及稻壳水泥胶复合材料建造外墙、屋面，达到了良好的保温、节能效果，门窗则采用木框中空玻璃，采用节能灯具，利用太阳能技术提供热水、电力等能源。[1]此外，设计还因地制宜采用本地材料，积极利用地震废弃建筑材料，采用当地的石材作为墙体材料（图7-2-40），对废弃的建筑垃圾砖石进行回收利用，作为填充墙、地基材料，在地面上铺贴渗水砖和回收的旧砖。

黑虎小学遵循绿色建筑的营造策略，从规划设计、建材选择、建造方式等方面出发，关爱环境、节约能源和循环利用资源，在能源整合、节能措施、废弃物的排放与利用节能

① 东梅，张杨，刘小川. "以自己立足的方式"进步成长——四川茂县黑虎乡小学设计[J]. 建筑学报，2011（04）.

图7-2-40 黑虎小学的材质运用
（来源：北京别处空间建筑设计事务所 提供）

设备、社会层面可持续发展等多方面着手的绿色建筑理念实践，实现了一个可持续发展的新校园。

2. 防灾减灾

因为地处青藏高原和盆地的过渡带，四川受地形、地貌、地质构造条件和暴雨、地震等诱发因素频发影响，是我国一个地质灾害较为频繁的省份，尤其是少数民族聚集的西部山区，多条地震带交叠穿越，地质运动十分强烈，自然灾害十分严重。

四川地区的传统建筑自古以来便有防灾减灾的建筑理念，长期以来形成了优秀的民间积累：布局上通过建筑选址躲避不适于建造的危险山地陡崖，在远离容易泛洪河流的高台建房等，建筑构造上通过带榫卯结构的穿斗木结构起到地震时消能的作用……时代的发展带来快速的城市化进程，大规模现代城镇布局方式和现代建筑结构从一方面隔断了传统建筑防灾减灾理念的延续。

2008年和2012年，四川地区发生了"5·12"汶川地震和"4·12"芦山地震，给四川地区西部山区的城镇建设

和建筑带来极大影响和破坏。地震后，人们开始重新审视建筑与自然环境的关系：如何规划才能使我们的城镇具有更好的防灾减灾能力，如何设计才能使我们的建筑得以更安全的使用，成为灾后重建的首要议题。

四川地区的城镇建设应通过总体规划确定防灾规划的目标，借助城市防灾规划从微观上对城市防灾做出具体安排，指导城市防灾建设和落实防灾、救灾措施，包括城镇的选址、土地利用、避灾疏散、城市生命线工程、防止次生灾害等的具体规划等。

无论是新建城镇的选址还是灾后重建工作，城镇的选址都是最首要的工作。规划部门应当参考地震及其他灾害危害区划图，划定不宜进行建设的地段范围。按照有利经济、方便生活、保护环境、减轻污染和有利于减灾疏散的原则，对城市土地利用进行科学的功能分区。采用大分散、小集中的布局，严格控制中心区规模，减少中心区建筑和人口密度。发展卫星城镇，形成地区城镇组合群体。

以抗震为例，建筑单体的抗震技术体现在形体抗震设计和结构选型、结构设计等几方面，具体措施可从选址、地基、建筑形体、针对地震烈度设定的设计规范等方面考虑。要按建筑物的性质和重要程度选择建设场地，确定场地后对地震地质和工程地质进行勘察，以勘察的数据进行建筑物的基础设计。建筑形体力求简单，建筑平面力求规则、对称、质量分布和刚度变化均匀。

此外，建筑抗震技术的研发与利用也是十分重要的。建筑减震主要包括隔震、制震和消能三大技术措施。制震和隔震技术在日本建筑中已广泛应用，而隔震技术特别适合我国普遍采用的钢筋混凝土结构建筑。"5·12"汶川地震后时代是一个重要的历史机遇，更可靠的抗震技术和更加先进的减震技术的研发，可以作为建筑安全的科学技术支撑，变建筑抗震为建筑减震，变建筑抗震国策为抗震、减震双策并举[1]，必将引发我国建筑观念的新革命。

---

① 陈青来, 周锡全. 南书针, 建筑隔震是最有效的防震减灾技术——汶川巨大地震灾难将引发我国建筑防灾技术革命[J] 工程建设标准化, 2008, 8.

第三节　传承手段之"脉"——城市文脉的延续

《北京宪章》指出："文化是历史积淀，它存在于建筑间，融汇在生活里，对城市的营造和市民的行为起着潜移默化的影响，是城市和建筑的灵魂"。

文脉（Context）一词，最早源于语言学范畴。它是一个在特定的空间发展起来的历史范畴，其上延下伸包含着极其广泛的内容。从狭义上解释即"一种文化的脉络"，是局部与整体之间的对话和内在联系，也可以是某元素自身在时间和空间上的特质关联。

我们这里所谓的文脉，是指现代建筑与其所在的城市环境的关联，是传统建筑得以发展的动力——无形的文化对有形的物质载体产生作用，从而形成异彩纷呈的特征。

对于城市而言，文脉是一座城市生命力的表现，它体现着城市独一无二、卓尔不群的性格特质。建筑大师贝聿铭说过："每一个城市都有自己的历史与文化，因而也有自己的个性与特色！"这种特色是独特的，是不可复制的。如果说文化是一个城市的精神灵魂，那么文脉就是一个城市精神传承的遗存，这种遗存是由这个城市的历史积淀形成的。只有形成了自己的文脉，并且得到延续，城市的功能才能得到充分的发挥，才能可持续发展。

对于建筑而言，文脉是建筑的灵魂，建筑则是文脉的载体。文脉可以理解为建筑的过去、现在及将来，包括建筑本身以及建筑与场地、与周边环境乃至于与城市发展历史相关的所有一切事物的时空关联，像一切生命形式一样永远处于运动、变化和发展之中，充分体现了人们的生活习性、价值取向、地域特质和文化特色。现代建筑对文脉的传承，相当于为自己追溯到场所意义的本源，通过延续场地历史信息、保留利用原有建筑和遗迹、改造整理用地周边关系、塑造空间场所和再现传统场景等方式，从一切文脉所传达的信息中汲取养分，构建属于自己的时代特征，获取更蓬勃的生命力。

随着时代的前进，科学技术的进步、经济社会的发展和频繁的文化交流，我们的生活变得越来越便捷、高效和人性化，我们生活的人工环境也越来越走向趋同的一面。在全球化的语境下，解决"千城一面"趋同现象的根本是需要在建筑设计与城市发展中不停地从民族和地域中寻找文化的亮点，抓住文脉的精髓，就像四川地区的各类方言一样。设计者巧妙地在建筑设计和城市规划中注入这种"乡音"，可以加强历史连续感，更接地气，增强建筑语言的感染力。

当然，传承并不意味着一成不变，如果我们对城市历史建筑仅采取保留和维持，新建筑也只是简单的模仿传统，那么文脉终究只会成为一个僵化的躯壳，它的光辉只会逐渐地减损、消失，走向自然的衰败。实际上我们可以采用一种积极变换角度的思维过程：在历史环境中注入新的思想，赋予建筑以新的使命，使新老建筑协调共生、城市空间良性更替，使文脉在新的时空境地里获取新的内涵，使历史的记忆得以有意义地延续下去。

继承与创新之间的关系问题多年来一直是设计关注的焦点。其实，从语言学的观点看，这一矛盾就是语言的稳定性和变易性之间的矛盾。作为设计者在形式设计上的得失成败取决于所掌握"词汇"的丰富程度和运用"语法"的熟练程度。设计者要想使自己的作品能够被他人真正理解，就必须选择恰当的"词"并遵守一定的"语法"。但这并不意味着设计者只能墨守成规，毫无个人建树。设计者巧妙地运用个别新的符号，或者有意识地改变符号间的一些常规组合关系，创造出新颖动人的作品，这也就是设计上的创新。[①]

现代四川建筑的设计在传统地域文化中加入了结合时代发展而出现的新的文化与思想，文化的互相结合和碰撞，再加上血脉和地缘因子的混合和交通，使建筑迸发出新的闪光

---

① 李中扬，夏晋. 文脉——城市记忆的延续[J]包装工程，2003, 4.

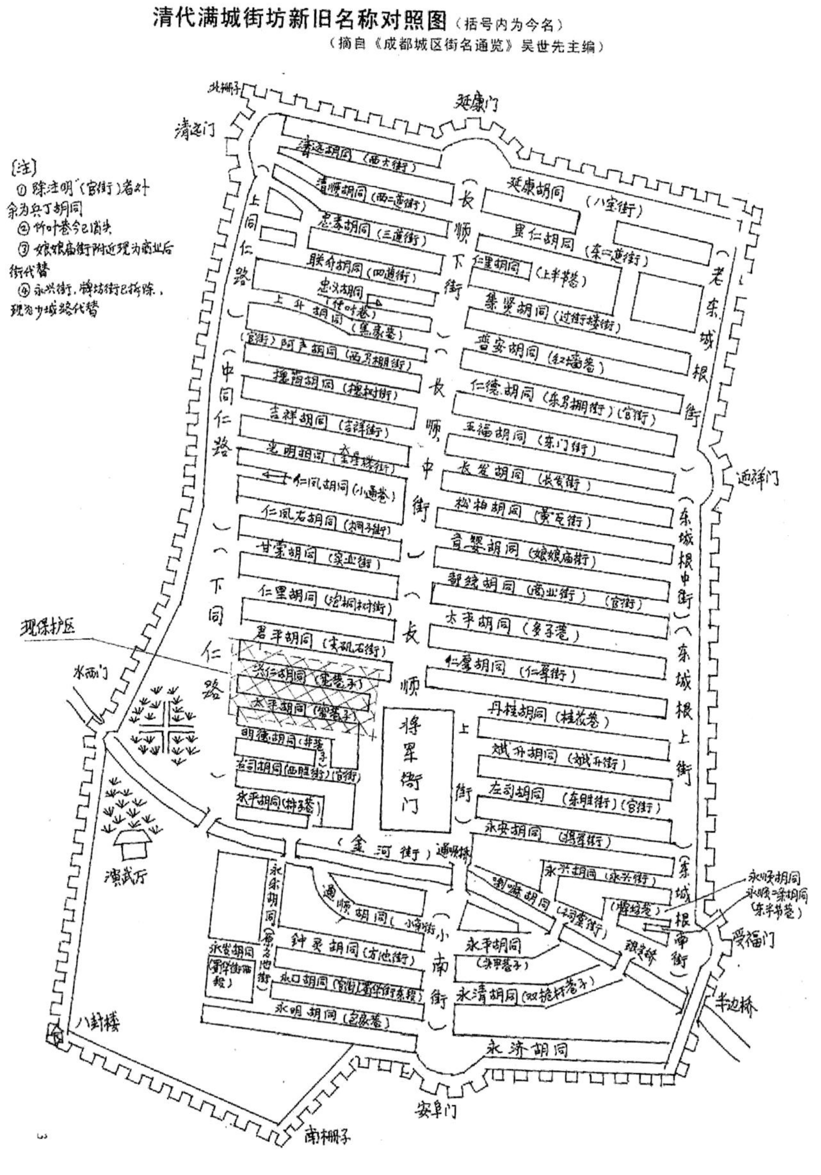

图 7-3-1　清朝时期成都"少城"地区"鱼脊骨状"街区格局
（来源：《成都宽窄巷子历史文化保护区修建性详细规划》）

点，传达更为丰富的地域文化意象。同时，它们也很好地保持了本土文化应有的自信观念，以一种文化自觉的意识和文化自尊的态度从相关学科的视野、多学科的视域等更宽广的层面来重新深化对地域建筑文化的追溯理解与研究，树立建筑文化的"扬弃"观念，在吸纳融汇其优质文化内核和活力因子的同时，淘汰已不具备延续和生存土壤的相关部分，实现历史文脉和地域文化的创新表达。

四川现代建筑对城市文脉的传承和发展方式，归纳而言有以下几种类型：

一、城市历史文化遗产的保护

城市历史文化遗产的保护是传承城市文脉的重要内容。在国家和地方颁布的相关法规和条例的严格指引下，对历史文化名城、历史文化街区、文物古迹和历史建筑的保护，是利用可持续发展思想作指导，秉承协调性、延续性、公平性和以人为本的原则，对历史环境、空间格局、整体风貌和建筑外观进行保护，并挖掘蕴藏在其中的非物质形态的文化内容，保存生活格局以形成活态文化延续和传承。

图 7-3-2 宽窄巷子保护性改造中保留的"鱼脊骨状"街区格局（来源：《成都宽窄巷子历史文化保护区修建性详细规划》）

成都的宽窄巷子保护性改造项目，秉承"修旧如旧、保护为主"，"原址原貌、落架重修"的原则，对成都清朝"少城"鱼脊骨状道路格局（图 7-3-1）和街区形态进行了完整保留（图 7-3-2）。整个街道的主调呈现出清代的城市空间特征，也让历史街区重塑出空间的时间厚度。同时，改造还保留了部分居住功能，将凝聚在街区中的一些生活习俗和生活方式进行了传承和延续，避免让项目沦为一个仅为旅游观光服务存在的躯壳，从文化感知层面上呼唤了城市场所精神的回归。

宽窄巷子始建于清代，是成都三大历史文化保护区之一，由"宽巷子、窄巷子、井巷子"3 条平行的巷子组成，包含 45 个明清院落，历史街区控制面积为 479 亩，核心保护区 108 亩。其前身是清朝时期驻守的八旗清兵的军营宿舍，后来随着历史的发展，宽巷子逐渐成为达官贵人居住的"高尚社区"，窄巷子则成为平民聚居的杂院。街区完整保留了成都少城"鱼脊骨"形态的城市肌理，是老成都"千年少城"城市格局和百年传统建筑格局的最后遗存，也是北方的胡同文化和建筑风格在南方的"孤本"。

宽窄巷子历史街区于 20 世纪 80 年代列入《成都历史文

图 7-3-3 宽窄巷子区域鸟瞰
（来源：《成都宽窄巷子历史文化保护区修建性详细规划》）

化名城保护规划》。2008 年 6 月，宽窄巷子改造工程竣工。在保护传统建筑风貌的基础上，由市政府成立运营公司进行专门管理，通过招商引资和资产经营，形成以旅游、休闲为主、

图7-3-4 宽窄巷子室外环境
（来源：《成都宽窄巷子历史文化保护区修建性详细规划》）

具有鲜明地域特色和浓郁巴蜀文化氛围的复合型文化商业街（图7-3-3），并最终打造成具有"老成都底片，新都市客厅"内涵的"天府少城"。

设计中通过传承成都的典型生活习俗以及生活方式，再现宽窄巷子文化内涵和场所精神，以这些原真性的生活活动为载体，从文化感知层面上呼唤城市文脉和精神的回归。新生的宽窄巷子容纳了成都的"慢生活"方式（图7-3-4），延续了打麻将、泡茶、摆龙门阵的市井味道，形成一个由民俗生活体验、公益博览、餐饮娱乐等功能形成的"老成都原真生活情景体验街区"。

更新设计注重对街区形态的保留，街道空间层次的完善，街道界面的丰富，民居内部庭院形态的保留。改造后的宽窄巷子完整延续了原本"鱼脊骨"形的整体空间格局和建筑构成肌理。这种格局形式便于街道居民自发式的管理，奠定了安静、悠闲的生活基调。空间层次也进一步完善并清晰呈现，从街到巷，再到门厅、院落，营造出了从公共空间到半私密空间，再到私密空间的完整序列。这样一个由动到静的空间序列，满足了从游赏到休闲到品味的不同活动需求，使全民

性体验活动成为可能。宽窄巷子的传统特色界面保存基本完好，形成双街子、檐廊、户外平台、院坝节点、景墙、树下空间等相互结合、开合有致的空间界面。三条街道也各自形成了具有自身特色的界面，如宽巷子，以街道串联起建筑入口，放大空间节点，打造游览型界面，营造繁华氛围；窄巷子以简洁朴素的街道空间着重突出两侧院落空间，营造静谧氛围；井巷子则通过户外木平台划分出外摆空间及街道行进空间，结合休闲业态营造闲适氛围。

二、城市文脉的时代延续

依托资源打造文化坐标。

四川地区的当代建筑中不乏此类型，他们依托城市中重要的历史遗迹或文化资源，通过新建的方式在临近区域打造以商业、旅游、文化展示及民俗体验于一体的建筑，在呼应协调历史文化资源的同时，通过挖掘地域文化精髓和引入新的文化亮点来强化自身的项目特色，与历史文化资源组合构成空间协调、功能互补、形态多样的城市文化坐标。成都旅游文化名片中的锦里就属于这种类型。

锦里之名得于《华阳国志》："州夺郡文学为州学，郡更于夷里桥南岸道东边起文学，有女墙，其道西城，故锦官也。锦工织锦，濯其江中则鲜明，濯他江则不好，故命曰锦里也。"后来，锦里成了成都最负盛名的一条繁华街道，有"西蜀第一街"之称，闻名遐迩。

今天的锦里毗邻成都市武侯祠博物馆，一期建成于2004年底，占地30000余平方米，建筑面积14000余万平方米，街道全长350余米。锦里一期是四川省内首次以"历史文化"为主题进行建设的特色街区，与武侯祠博物馆整体规划，协同运营，以蜀汉三国文化和成都民俗作为文化内涵，明清川西民居建筑风格作为外在形态，融入当下的文化旅游和时尚生活元素，将历史与现代有机融合，创造了人文氛围浓厚，集休闲、购物、旅游、体验于一体的特色文化街区。

在文化传承方面，锦里以三国文化和川西民俗文化为灵魂，把握文化核心要素，通过对新的文化空间的塑造，烘托

图 7-3-5　一条主街构成锦里交通动线（来源：丁浩 摄）

图 7-3-6　锦里内街边的景观（来源：江宏景 摄）

图 7-3-7　锦里牌坊广场（来源：马承融 摄）

文化旅游氛围，强调游客的真实体验。容纳民俗市井活动、传统会节活动、将非物质的文化充分注入文化空间，对三国文化、川西民俗文化和明清建筑文化进行回忆和叙述，它使古典文化以鲜活的方式与今人对话。

　　锦里延续了传统空间中的街巷空间格局，由锦里的总体形态可看出，贯穿南北的连续街道为锦里的主要交通动线和景观轴线（图 7-3-5），形成变化丰富的线性空间，具有起承转合、开合有致的空间序列。锦里的空间节奏变化可按其尺度、形态归纳为五个段落。首先，入口处的大门和紧接的双街子形成了锦里的第一段街道空间，街道平面呈折线延伸，塑造出步移景异的视觉感观，两侧建筑均为两层而街道较窄，D/H 值约为 0.5，加之建筑临街面较封闭，烘托出幽深的气氛，成为欲扬先抑的铺垫。穿过两处过街楼，空间豁然开朗，玲珑别致的明清阁楼、古色古香的院门一扫先前的闭塞，呈现出一派商气浓厚的繁华景象。继而展现的戏楼广场空间与细腻的亭台假山、绿意盎然的精致园林交相辉映，形成了整个锦里最开阔的空间。经过戏台是一段双街子，街道尺度亲切宜人，D/H 值约为 0.5，两侧建筑二层形成挑廊，在街沿形成"灰"空间，作为休闲业态的外摆区域（图 7-3-6），为这段街道空间增添了惬意和活力。最后，街道以牌坊广场作为序列的结尾（图 7-3-7），并形成空间转折点向二期部分的空间过渡。锦里将线性街道与开放广场结合，营造了不同体验的空间尺度与形态，增添了空间的节奏韵律和传统街巷韵味。建筑与街道所形成的空间系统也为传统地域文化提供了延续和展示的空间。

锦里二期工程以"西蜀历史文脉的传承延续，传统建筑空间的当代诠释，绿色生态景观的有机植入"为原则，提出"水岸锦里"的设计理念，进一步展现了对成都传统典型街巷空间的深度理解，并继承了西蜀古典园林"文秀清幽"的整体特点。[①]堪称最市井、最平民、最包容、最典型、原汁原味的成都传统街巷。

锦里二期从尺度、形态和空间肌理上与一期建筑群落保持协调，并与临近的武侯祠博物馆及南郊公园取得了景观环境上的有机交融。在此基础上，设计者参考了例如丽江大研古城、束河古镇、西递古村落等"水傍街巷"的空间特质，引入传统商业街巷与水系的有机关联，连通临近公园水域形成由溪流、叠泉和水塘组成的景观水系统，规划蜿蜒曲折、富有起承转合韵律的传统尺度街巷空间（图 7-3-8），以川西院落式建筑为主题，营造亲水、乐水的整体环境。

设计提出以三国文化为历史脉络，强调四川文化底蕴特

图 7-3-8 锦里二期街巷空间（来源：四川省建筑设计研究院 提供）

---

① 白今，楼阁华窗映灯火，清波云山如锦绣——"水岸锦里"，成都武侯祠博物馆配套工程锦里延伸段项目[J]. 建筑与文化，2011（9）.

图 7-3-9　锦里二期园林空间（来源：田耘 摄）

图 7-3-10　锦里二期滨水环境（来源：田耘 摄）

图 7-3-11　锦里二期开敞水面区域（来源：马承融 摄）

色，充分依托本土文化，彰显西蜀古典建筑的园林空间特点，打造一个具有中国传统建筑和园林神韵的"水岸锦里"，形成一个具有明晰地方文化特色的建筑园林空间（图7-3-9）。锦里二期相较一期设计的一大突破是没有简单复制历史场景，通过对传统街巷空间及川西民居建筑风格的延续，在古色古香的"水岸锦里"中，人们既可以体会到"梦回三国"的意境，也可以切身感受到成都在这个时代特有的悠闲情调和现代生活情趣。

二期的设计将锦里一期商业街继续延伸，从一期街道末端的牌坊广场处引导人流至二期"水岸锦里"的核心部分，通过一组蜿蜒曲折院落间小径，进入以错落的单体建筑和院落围合形成的街道中。在二期部分延续武侯祠与锦里一期的尺度与肌理，为了打破锦里线性空间过长而带来的单调体验，采用院落式或半街半院式空间组织形态，形成蜿蜒曲折、富有起承转合韵律的街巷，使得空间收放有致、节奏分明、层次丰富。围绕现有水系，借鉴传统滨水空间形态，将院落、街巷与水岸、湖泊、荷塘、石桥等特色空间场所相呼应（图7-3-10）。

在景观营造上，通过对布置于建筑空间内外的水面进行巧妙组织，使得散布于园中各处的建筑被串联为一个有机的整体，构成园区"三水灌园"的水系骨架，更令"水岸锦里"具有了丰富多彩的空间形态。水系作为景观主题贯穿整个场地，有的结合园林景观形成开敞的大湖面（图7-3-11）；有的形成街道旁的线性水渠；有的成为点缀在院落中的精致池塘。

同时，充分考虑现有园林的山水林木，通过水系改造和植物配置较好融合武侯祠保护区域，营造水岸商业街和水景庭院。以水系和绿脉形成山融水势、庭院深深、一草一石皆具意蕴的西蜀园林特质和三国文化氛围。

设计中对一期空间的延续、对原场地及武侯祠空间的呼应，主要采取以下三种手法。第一，尊重原有空间，保留现状大树、路径和建筑，整理园林空间，延续原有场地的氛围，配以景石、水系，使空间更加生动并赋予其意义。第二，根据空间规划的需要，整理园林游览路径，完善建筑功能，适量移植园区乔木，重构院落空间关系。在原有水体基础上，贯通各部分水系，形成水面点线的共生空间。第三，将原一期尽端式游线延伸至园区内部形成环状，并与水系结合，融合三国文化，形成三顾茅庐、草船借箭、结义湖等景点，强化三国文化基调和川西民俗文化的整体氛围，营造特色鲜明、精彩纷呈的街区。

三、场所精神塑造公共空间价值

此类项目通过建筑和建筑群落的规划布局方式与城市文脉相契合，为城市营造富有地域文化特色的开放空间，建筑在其中的作用不仅局限于自身，更是面对城市活力而发挥的合力价值，通过场所精神的表达来展现城市公共空间的价值。

铁像寺水街位于成都市高新区天府新城，总用地面积5.18公顷。项目用地中肖家河由北向南流过，将用地划分为由公共绿地和商业用地共同构成的带状滨水空间。项目西侧紧邻的铁像寺，是汉族地区七个金刚道场之中唯一的尼众道场，也是天府新城屈指可数的历史遗迹和文化坐标。

富有时代感的区域环境、传统氛围浓郁的周边条件以及特色突出的基地情况，都给铁像寺水街特色街区项目带来了很多机遇挑战与矛盾冲突，项目的规划设计要求中更是明确地体现"很成都、很现代"的设计意向。[①]因此，对传统街巷肌理和场所精神的继承和创新是设计的核心。通过对既有先进案例的研究和对当今城市价值多元维度的认知，设计中提出"乐水新天府"的设计理念，将铁像水街特色街区项目定义为天府新城特色"水街"街区，以时间为线索，将现代建筑、传统街道空间和景观环境复合串联在肖家河水岸两侧，形成时间与空间交相辉映的体验式街区形态。

铁像寺水街的设计从成都水文化、商业文化和休闲文化中提炼精髓，将"水"、"街市"、"市井生活"融入进水街当中，在街区的物质载体中充分展现其特色。

图7-3-12　肖家河穿越铁像寺水街场地（来源：马承融 摄）

图7-3-13　铁像寺水街丰富的景观体验（来源：马承融 摄）

成都是一座因水而生，因水而兴的城市，水成了城市的灵魂。自古以来成都民俗中就具有十二月市、大游江等活动，体现了亲水、乐水的特点。水街具有得天独厚的水资源优势，肖家河南北贯通，成了场地中最显著的自然特征。设计充分利用肖家河打造滨水景观，设计对肖家河河道和驳岸进行了适当改造，增加2600余平方米水域面积，形成整体开合有致的水域形态（图7-3-12）。设计运用自然草坡、叠石、石阶、临水木平台、垂直驳岸、栈桥等景观元素（图7-3-13），构建多层次、软硬质交错分布的驳岸景观。除

---

① 王继红，熊唱. 乐水新天府——以成都高新区铁像水街特色街区为例浅谈场所精神的时空再造[J]. 建筑与文化，2012（1）.

图 7-3-14　铁像寺水街的滨水公共空间（来源：马承融 摄）

图 7-3-15　铁像寺水街内街空间形态（来源：马承融 摄）

了在主河道区域营造水景之外，设计将内街引入浅水系统，形成街旁水圳。在水街的公共空间节点处放大水面，结合水景墙等人造水景观，形成动静合宜、画龙点睛的水景元素。一座座石砌拱桥卧于水波之上（图 7-3-14），沿河漫步，凭栏品茗，这种真正意义上的亲水、乐水的场所，使成都水文化在当下重现鲜活的城市范本。

成都有 2300 多年建城史，历代农业、手工业兴盛，商贸繁荣，文化发达，成就了"扬一益二"的昌盛繁华，杜甫的著名诗句"窗含西岭千秋雪，门泊东吴万里船"，生动地描绘了成都当时作为长江上游重镇和西南经济文化中心商贾如云、车水马龙的盛况。特殊的自然地理因素和历史文化因素，造就了成都尚游乐、喜闲适的休闲文化，反映出成都人知快守慢、乐观向上的精神面貌，极大地激发了成都人对生活的热情。铁像寺水街作为承载成都传统商业文化和休闲文化的载体，通过对业态的注入和激活，集特色精品商业和中高端文化休闲等丰富业态于一体，是融汇文化、艺术、休闲、游赏等活动的综合性商业街区。再现千载成都的繁华街市场景，折射出鲜明的传统地域文化。

设计从传统空间模式语汇中提取要素，着重体现对传统街巷空间的传承与演绎。街区以一条滨水空间主轴串联起中心节点和各入口节点。中心节点是整体空间节奏的三个高潮，展现三大功能分区的活力意向。入口节点是街区与城市接驳

的口岸，发挥着强大的空间引导作用，并成为街区对外展示的窗口。此外，设计延续铁像寺主轴线为街区空间虚轴，通过场地设计达成历史与现代、传统与时尚的呼应之势。设计以模式化的语言对开放空间断面和河道的关系进行研究，构建内街、沿河半边街、两岸双街等街道形态（图 7-3-15），由河、街、巷、院、室的空间层次，完善了内部空间分级，形成既变化丰富又线性连续的空间。

根据不同街道格局形态，塑造不同空间尺度的体验。沿河半边街一面临河，一面为连续商业界面，街道宽度约为 6 米，D/H 值（街道空间宽高比）约为 1.0，形成了由柔性与刚性界面界定的步行空间，是街区主要街道空间。两岸双街沿河道两侧形成沿河街道，两条滨水街道共同构成了 D/H 值约为 1.5 的疏朗、通透的滨河廊道空间。内街两侧均为商业界面，D/H 值小于 1.0，两侧连续商业经营空间围合出商气浓郁的街道空间。巷道位于次要步行道路或为建筑侧向相对处，D/H 值约为 0.5，形成较幽闭的夹巷空间氛围，成为与主街空间氛围截然不同的独特风景。内院则根据建筑单体规模不同而各异，与传统川西民居院落中天井尺度相仿，适于打造精致的内院经营空间。从入口广场的开阔，到水岸双街的舒朗，到内街的亲和宜人，到巷的幽闭静谧，再到内院的精致细腻，不同街道空间形态，呈现出开合有致的空间尺度。

图 7-3-16　铁像寺水街南入口广场（来源：张强 摄）

图 7-3-18　远洋太古里建筑形态（来源：存在建筑摄影工作室 摄）

图 7-3-17　铁像寺水街戏楼广场（来源：马承融 摄）

图 7-3-19　远洋太古里建筑群体的屋面形态
（来源：存在建筑摄影工作室 摄）

　　除了着力塑造的线性街道空间展现对传统空间的传承，设计中提取了四川地区传统城镇中的特色场所，将其迁移至铁像寺水街中进行时空再造、展现地域特色。例如，借鉴传统场镇中的场口空间设计水街入口广场（图 7-3-16），以平旷的空间形态、放大的水面、水榭、点景大树相组合，别有川西古镇传统风韵。戏楼广场是传统城镇中最具活力与特色的公共空间，铁像寺水街中的戏楼广场延续了原汁原味的建筑风貌和场所精神，戏台前原貌保留了原有的 7 株香樟树（图 7-3-17），浓荫下的茶肆成了领略老成都生活情趣的绝佳场所。

　　北川羌族自治县抗震纪念园幸福园展览馆在面向园区中心及水面方向进行适当退让，留出广场人群活动的场所空间；建筑屋顶采用上人倾斜屋面，坡度适宜，有利于人群停留活动。这些不同标高和形态的场地环境形成了园区的露天表演场，提供了人性化的市民休闲场所，营造了亲切、和谐的城市公共生活空间，表达了人们对震后未来幸福生活的希望。

四、传统体验的现代表达

　　这是一类更偏向于创新的设计思路，建筑和城市空间的营造更多地采用现代设计手法，用现代人接受的空间尺度、造型、材质和感官体验来表达环境，建筑除了适应当下的城市环境和风貌外，还符合现代审美特征和文化价值，在与城

图 7-3-20　远洋太古里新建建筑与保留传统建筑和谐统一
（来源：存在建筑摄影工作室 摄）

图 7-3-21　远洋太古里营造的街巷空间
（来源：存在建筑摄影工作室 摄）

市环境的和谐中寻找形式的对比与个性。

成都远洋太古里位于城市中心，毗邻千年古刹大慈寺，占地约 7 万平方米，是开放式、低密度的街区形态购物中心（图 7-3-18）。设计者将项目定位为用现代诠释传统的设计理念为成都营造开放性、包容性、公共性和聚落特质的城市中心，在城市演进的新旧交叠的中，引导了城市更新和城市的可持续发展。项目环绕大慈寺呈"U"形空间布局开放街区，将城市生活节奏中的"快"与"慢"物化为空间形态、尺度和功能，布局"快里"和"慢里"形成纵横交织、收放有致的三级街道网络格局。新建建筑为 2～3 三层，以连廊、退台、坡屋面和深出檐为主要特征（图 7-3-19），采用钢结构建造，与保留的传统建筑一道构成内低外高的整体空间格局（图

7-3-20）。建筑立面采用玻璃幕墙展示现代商业建筑属性，立面搭配铝合金与陶土材质的格栅传达四川民居特色，整体色调以灰与浅褐色为主，朴素而亲切。建筑沿街巷布局形成连续的街道界面，再通过骑楼柱廊的转折变化，营造非均质的线性空间（图 7-3-21）。

远洋太古里是现代的，光影斑驳的玻璃幕墙建筑展示出创意与时尚，营造了现代建筑群落间流畅的游走空间；但同时又是十分传统的，坡屋顶深远的出檐下"扬一益二"时代的老成都仿佛就在眼前，使体验者获得了似曾熟悉但却更为丰富的认同感、亲切感和归属感，实现了对城市传统风貌的创新继承。

五、新建筑与城市旧有肌理的协调

我们生活的城市是经历了漫长的岁月逐渐形成的，每一栋建筑每一条街道的生成都与当时的历史环境、社会条件和技术水平等息息相关，也通过物化的建筑形式将这些有价值的信息一一呈现出来，体现出共时性中的历时性。这些不同的建筑能在城市中相互联系，自觉协调生成城市各组成部分的整体秩序，并实现历史与现在，甚至是未来的时空对话，实现和谐融合的城市关系。城市中新建筑的创作往往无法脱离这一客观条件单方面考虑，设计应充分尊重城市文脉在不同历史时期形成的空间和形态特征，从总平面的布局、建筑退让、交通组织到建筑单体平面的布局方式、立面与剖面设计，都必然要对新建筑与周边城市环境的关系做出深入的理解与分析，结合现代手段进行设计，使新建建筑能更好地与城市肌理相协调，以谦逊的姿态融入城市环境，展现城市有机更新式的渐变，避免形成突兀的差异点而阻碍城市有机的整体发展，例如四川省博物馆对项目所处的传统文化特色区的形体回应。

成都水井坊博物馆，是以传统工业遗址和酒文化为展示主题的公益性博物馆，也是新建筑与旧有肌理协调缝合的典型案例。

水井街酒坊遗址上启元末明初，下至当今，延续 600

图 7-3-22 水井坊博物馆遗迹展示区（来源：存在建筑摄影工作室 摄）

图 7-3-23 水井坊博物馆作坊展示区（来源：存在建筑摄影工作室 摄）

年从未间断生产。1998 年 8 月改建厂房时，沉埋地下漫长岁月的古老酒坊被发现。目前水井坊已发现遗存范围 1700 平方米，发掘面积 280 平方米，包括酿酒生产的构筑物、设备、场地、道路及建筑遗迹，并出土了大量以酒具为主的陶瓷器。通过对地层关系及出土文物的研究，证明该遗址布局特征属中国古代典型的"烧酒作坊"，具"前店后坊"性质。遗址历经明、清及现代三个时期，拥有不同年代且较为完备的各类酿酒设施，是迄今为止国内外仅存的最完整且年代最早的同类考古发现，堪称中国白酒酿造工艺的一部实物史书。

水井坊博物馆在保留部分传统建筑功能的前提下，融入新的使用功能，使新与旧有机融合。设计将拥有 600 年历史的酿酒生产功能予以保留，通过建筑空间的建构形成分布于作坊外围的参观流线，通过流线在作坊外围组织陈列、展示和文化交流场所，融入新的博物馆功能。延续至今的生产场景如同一本鲜活的教科书，为前往参观的现代人展示了一幅生动且独具特色的画面。博物馆内分为主展示区和附展区，主展区分为水井街酒坊遗址的保护性展示（图 7-3-22）、水井坊酒传统酿造技艺的传承展示（图 7-3-23）以及水井坊酒文化体验中心等三大板块，集中保护和展示了酒坊遗址原貌，以真实的生产场景再现 600 年历史的国家级非物质文化遗产"水井坊酒传统酿造技艺"，展现水井坊特色酒文化体验。

建筑设计方面，新建筑采用了与旧建筑一致的民居建筑尺度，通过聚合的小体量与旧建筑一道共同嵌合在水井坊历史街区内。新建筑平面布局上采用了错动退界的手法柔化边

图 7-3-24 水井坊博物馆庭院空间（来源：存在建筑摄影工作室 摄）

界，使之与保护区肌理平滑过渡，融为一体。新老建筑之间通过设置巷道留出了间距（图7-3-24，图7-3-25），保护了酒窖中必需的土壤微生物不被破坏，最大程度地保存酒坊综合环境。

建筑运用当代材料"转译"传统材料，以再生砖对应传统青砖，重竹对应木材，瓦板岩对应小青瓦。这样的方式也是对传统建筑材质的继承和更新，以此建构出手法现代、韵味传统的特色建筑群落。

水井坊博物馆是一个极好的传承产业文化这一特殊历史文脉的案例，新建筑以"缝补"的策略延续原有街区的尺度和空间特色，以"模仿"和"退让"的方式与旧建筑共融共生，不但记录了酿造历史和技艺，还以发展的态度对文物、文化、文明进行了保护利用和传承。

锦都院街位于成都市宽窄巷子传统保护区与新建的高层住宅区之间，属于成都老城区保护范围，整个区域内呈现的是新旧并置的景象。该项目从城市设计的层面制定规划策略，通过街巷网络的编织、空间尺度的过渡、主题景观与城市公共空间的交融、建筑造型和建筑材料在当代与传统之间的联系运用，逐步对新旧区域进行"缝合"，最终实现用地同周边区域的紧密联系。

六、旧建筑改造的人文关怀

在当代的旧建筑改造开发过程中，设计者通过现代结构技术保留尽可能完整的历史信息，创造性地增添新的文化元素，通过设计引导使其重新焕发生命力；同时，设计者站在人的角度，赋予建筑更多的精神寄托，使设计理念能自由地表达，使建筑和环境以更接地气的方式与城市文脉取得关联（图7-3-26）。

崇德里始建于1925年，为川西风格民居群落，位于繁华的城市腹地，大部分建筑于21世纪初被拆除，留存部分于2012年落架重修。崇德里曾为著名作家、原成都市副市长李劼人于抗战时期在乐山开办的嘉乐纸厂设在成都的办事处所在地。该建筑保留和传承了老成都的历史记忆，具有丰

图7-3-25 水井坊博物馆新旧建筑间的巷道
（来源：存在建筑摄影工作室 摄）

图7-3-26 阆中花间堂阆苑酒店对传统院落民居进行改造形成富有地域特色的空间环境（来源：花间堂 提供）

图 7-3-27   崇德里保留的原有穿斗结构（来源：熊唱 摄）

图 7-3-28   崇德里增加的钢结构（来源：熊唱 摄）

图 7-3-29   崇德里对原有建筑天井的利用（来源：熊唱 摄）

富的历史人文内涵和重要的纪念意义。21 世纪初崇德里大部分建筑被拆除，2013 年被成都市政府纳为历史建筑，是成都主城区内留存不多的川西民居院落，是成都传统文化和地方风貌特色的重要载体。

崇德里在 2008 年汶川地震中，地基下陷，后疏于维护而破烂陈旧，现仅余 60 米残巷，3 个院落和 1 栋宿舍楼，占地面积 1.39 亩，建筑面积共计 1100 平方米。在改造更新中，采取"建设—经营—转让"的"BOT"模式，由政府主导，私营企业参与建设，向社会提供公共服务。既解决了居民居住问题，又完成了旧建筑的保护提档升级，探索了成都市旧

城改造的一种新思路。

崇德里的改造更新以"保护性改造"为策略，以修缮代替拆除重建，根据建筑的实际情况实施选择性改造，最大限度保留和修复历史遗存，将历史建筑、文化氛围、空间场所、视觉环境有机结合起来。在更新设计中，坚持秉承"不拆除一根柱子"的理念，对旧建筑的墙、柱、梁和屋架等部件进行了最大程度的保留（图 7-3-27），采取了基础加固、增加钢结构（图 7-3-28）、墙体钻孔注胶等方式，直接体现新与旧的冲突和关联。设计巧妙利用了原有院子的天井和巷道空间，对室内外环境进行灵活转换

图7-3-30　崇德里外部街巷环境（来源：熊唱 摄）

（图7-3-29）；对建筑外部环境进行提升，改善了周边城市空间的环境品质（图7-3-30），恰如其分地融入了周边城市的肌理和生活氛围。

　　崇德里的改造旨在保留旧的艺术性并注入现代的功能性。通过现代结构技术保留尽可能完整的历史信息，创造性地增添新的文化元素，通过设计引导使其重新焕发生命力；同时，设计者站在人的角度，赋予建筑更多的精神寄托，使设计理念能自由地表达，使建筑和环境以更接地气的方式与城市文脉取得关联，将之打造成为一个成都的城市记忆，一个历史文化与现代时尚相结合的街区。

第四节　传承手段之"形"——建筑形态的传承

　　建筑形态是建筑最重要的构成元素之一，是建筑适应地域自然条件与人文特征的结果，蕴含着丰富的地域文化和历史传统信息，是传统建筑风格特征的集中诠释和体现。

　　"布局自由、构架简明、自成一体"是四川汉族地区最为显著的建筑形态总体特征，穿斗架、天井、门窗、栏杆、封火墙、屋顶脊饰则是细部形态的特色要素。"古朴雄浑、向心凝聚、华丽明艳、意向朴拙"是藏、羌少数民族传统建筑的风格与精神特征，碉楼、木构拱架、檐口装饰、建筑色彩是其风格元素。无论是汉族建筑，还是藏、羌、彝族等少数民族建筑，我们现在能看到的传统建筑形态都和各个地域的地理条件、自然气候有关，同时也表现出建造技术、经济水平、宗教信仰和审美价值所刻下的时间痕迹。

　　建造方式丰富地蕴藏在传统的建筑形态中，是建筑技术与建筑形态连接的媒介，主要包含三个方面的内容，即结构形式、构筑方式和装饰工艺。

　　当然，传统建筑形态并不是孤立存在的，它与建筑功能、建造方式和结构形式息息相关。传统结构形式多为木、石、土、砖结构以及混合结构，构筑方式中汉族建筑有穿斗式、穿斗抬梁混合式，藏族建筑有"邛笼式"、"崩空式"，羌族建筑有"邛笼式"，建筑功能多以居住建筑为主，兼有商业、寺庙、宗祠等公共建筑。

　　通过视觉传达对形式的传承和发展是现代建筑传承传统建筑的一种主要途径，透过形态直接把建筑风格特征传达给观者。在四川地区现代建筑创作中，对传统形式的传承有直接和间接两种方式。

　　直接方式是对建筑整体形态和局部造型特征进行直接的复原、模仿和拷贝，建筑在整体或局部上对传统形态进行原汁原味的演绎和重现，在外形上延续传统的同时，也将传统建造工艺与构造方式完整留存并延续下来。这样做的优点是易解读、识别性强，既便于大众的认同和欣赏，又易于处理新旧建筑间的关系，与地方人文环境相协调。

间接方式体现了传统建筑形式与现代建筑功能、使用要求和审美情趣的灵活适应，相对抽象、复杂、要求较高，需要建筑师在长期的设计实践过程中逐渐摆脱传统形式的束缚，从形式中升华出意义性的设计语言，通过抽象的形式语言把握设计的内涵，在表达建筑形态的同时追求更精神化的表达，做到"得意忘形"。

一、直接传承

直接传承的根本，是对传统建筑的原真模仿。一方面，体现了现代建筑对本土传统的尊重；另一方面，新建筑通过传统形式的重现更利于传达本土文化和文脉。

对传统建筑形态的直接传承，重点在于对传统建筑建造方式和传承。设计应深度挖掘建筑所在地的地域文化特征，充分了解本地域传统建筑在历史发展中形成的结构形式、构造大样、建造方式和施工技术，在现代传承中进行还原表达。

其次，直接传承还应强调对传统建筑形态中暗含的各种整体与局部的尺寸、比例和材质的还原，避免尺度和比例失调造成模仿不到位，阻断了对传统建筑精神的传承和发扬。

透过形态的表象我们可以发现，这种方式实际上是对历史发展长河中某一地域在某一时刻受到自然和人文社会的双重影响下的某一个建筑形态片段的重现，具有风格和形态上的特殊意义。因此，经由这种方式得到的建筑更适合于生存在具有与其相适应的特殊含义的区域中，比如传统风貌区或者历史街区，才能使其传达的地域文化特征能更好地融入环境和肌理。

近年来，一些现代商业项目和旅游产项目为了提升项目的文化品位和地域特征，也通过现代营建展现传统建筑风貌，期望通过模仿传统建筑形态营造丰富的感官体验，展现项目的文化特色。

例如在成都铁像寺水街项目中，设计为了凸显"很成都、很现代"的设计理念，通过传统尺度的街巷空间组织现代商业和景观建筑群，并结合河道景观点缀性地设置了几处传统

图 7-4-1　铁像寺水街石牌坊以泸州尧坝古镇进士牌坊为原型（来源：马承融 摄）

图 7-4-2　铁像寺水街中木结构建筑（来源：熊唱、马承融 摄）

穿斗式木结构建筑，木结构建筑处于现代建筑环抱中，形成了强烈的形态与空间的对比，成为街区中的对景和视线焦点。在木结构建筑的设计中，设计遵循川西平原地区清末传统民居建筑和园林建筑的形态特征（图 7-4-1），邀请到民间工匠通过传统施工方式进行营建，通过建造将诸如外檐结构、脊饰、撑弓、栏杆、美人靠等众多传统做法、传统构造大样在建筑中得以重现。对游览者而言，几处木结构建筑是现代钢筋水泥城市森林中的一抹清风，唤起了他们对老成都的传统记忆（图 7-4-2），营造了强烈的认同感与归属感，表达了对地域文化的传承。此外，石牌坊（图 7-4-3）、古戏台、青瓦木枋、古桥和回澜塔等传统构筑物，也在传统城镇中有迹可循，成为铁像寺水街中的点睛之笔。

图7-4-3　铁像寺水街回澜塔以邛崃回澜塔为原型（来源：马承融 摄）

图7-4-4　锦里二期建筑体现传统川西建筑特色（来源：丁浩 摄）

在锦里一期项目中，建筑以清明建筑风格为主，并具有鲜明的川西传统建筑特色。汇聚了大量川西民居的元素，如门楼、戏楼、连廊、照壁等，具有强烈的地域特色。街区中建筑均为一二层，建筑结构多为砖木混合和部分钢筋混凝土主体。统一采用青砖青瓦、白墙、木构件，相同的建筑材质、色彩和风格使得建筑立面保持视觉上的统一性。临街利用挑

檐形成出廊，创造出更多的临街商业空间，同时挑廊的虚实结合也使空间充满趣味。从建筑环境及细部角度看，建筑的文化细节处理精致、尺度合理。屋面、檐部、门窗、撑拱、雀替等细部的雕绘精致、神形各异，充实了街道的立面造型。行走在街中远观近赏耐人寻味，建筑个性也得到充分体现。

作为锦里一期的延伸段，锦里二期的建筑形式依然延续了以清明建筑风格为主，并具有鲜明的川西传统建筑特色（图7-4-4）。街道两侧建筑尺度宜人，沿街空间收放自如，建筑细节处理灵活、优美，整体充满古朴气息。设计着眼于建筑与景观环境的和谐相融，在建筑及街区场景的塑造手法上充分体现川西传统风格和民俗文化，在景观上充分尊重现有人文环境和生态体系，进行山水塑造，营造出独具特色的川西园林式特色街区。并与锦里一期一道成为全国闻名的旅游胜地，也成为体验"最成都"的市井生活的魅力街区，被誉为"成都版清明上河图"。

二、间接传承

相对于直接传承而言，间接传承指的是在现代语境下对传统建筑形态的延续和发展。

当今社会，各种技术、材料日新月异，社会发展对建筑功能的改变和空间的需求有了更高的要求。为了适应更灵活的空间和现代多种的使用方式，传统建筑形态也随之进行发展与更新，逐渐被现代建筑形态所取代。新材料、新技术的运用拓宽了建筑师的思维和视野，给建筑创作带来更大的自由度和可能性，带来各种百花齐放的设计思想和层出不穷设计方法，"现代派"、"解构派"、"乡土派"、"高技派"作品随处可见，模数化、参数化设计不断改变建筑形体，冲击人们的眼球。

在这种推陈出新的大形势下，如何在新建筑中传播四川的文化特征，演绎传统建筑的风采，展现属于四川的地域自信与认同，一直以来都是四川的建筑师们思考的问题。

间接传承是在对传统建筑特征进行研究、分析的基础上，结合现代建筑的设计要求，运用现代建筑技术，对建筑形体

进行变异调整，形成蕴含传统建筑风格的新的建筑形态。对传统形态的构成进行重组，将传统构件进行创新，以新的方式组合进行建筑整体的突破，这是一种理性吸纳地域传统建筑特征的方式。间接传承不仅具有原来的精神内涵，更重要的是赋予了建筑时代的创新，能因地制宜地借鉴和利用地域传统空间布局，使建筑彰显地域文化韵味。虽然新的形态在视觉关系上存在一些张力与冲突，但是当它们表现为一个整体，可以脱离传统元素基本类型以及局部与整体的关系，成为新的整体中密不可分的部分。

设计者在对传统建筑形态进行研究、解构和抽象时，首先要保留传统中的地域文脉和人文精神，这是设计的灵魂，是建筑设计能否成功的关键；其次要抓住传统中最具代表性的形体特征，对他们进行适当提取、移植和嫁接，同时根据建筑尺度和比例进行变异，满足现代功能需求；最后应充分利用现代技术和材料特性进行时代更新与传承。

通过对四川当代建筑诸多优秀作品的分析、归纳，我们总结了以下几种设计方法：

（一）类型还原

类型还原方法是对丰富多彩的传统建筑的现实形态进行分类、归纳和还原，从而形成新的建筑形态。传统建筑形态的内在原则是这种方法应该把握的根本，应用于实际创作中，人们可以根据内在原则进行变化和演绎，产生丰富多样但风格统一的建筑形态。这种方式营造的建筑形态，给观者的第一感受还是"传统"的，但它同时又是"现代"的，现代和传统因为内在原则的延续而被统一成一个整体。例如在华西医科大学临床医学院大楼设计中，在高层建筑顶部设置了坡屋顶，形式、色彩与材质上与校园内近代建筑的屋顶形态取得了协调与统一（图7-4-5）。

在水井坊博物馆的设计中，新建筑借鉴了老坊的单层单跨坡屋顶形式和交叉错落的天窗形式，以清水混凝土构建连续折线的坡屋顶和采光天窗，以期融入环境，形成与老工坊一致的通风采光环境，契合现代展览馆的空间特征（图7-4-6）。

图7-4-5　华西医科大学临床医学院大楼（来源：马承融 摄）

图7-4-6　水井坊博物馆屋面形态与老作坊的呼应
（来源：家琨建筑设计事务所 提供）

图7-4-7　揽翠阁深远的建筑出檐（来源：家琨建筑设计事务所 提供）

白鹭湾湿地揽翠阁以中国古典建筑中的"阁"为基本原型和意境进行创作。建筑服务空间以玻璃幕墙围合，视野通透；深远的出檐，提供了大面积的半室外空间。建筑整体形态给人的形象好似"飞来阁"，楼宇凌空、形态轻盈、出檐平远、舒展飞扬（图7-4-7）。

图7-4-8 九寨沟游客中心沿山体水平向展开（来源：中国建筑西南设计研究院有限公司 提供）

图7-4-9 九寨沟游客中心采用汉藏混合风格
（来源：中国建筑西南设计研究院有限公司 提供）

图7-4-10 黑虎小学建筑形态借鉴羌族传统建筑风貌
（来源：北京别处空间建筑设计事务所 提供）

　　在四川少数民族地区现代建筑创作中，类型还原是最常用的设计手法。

　　九寨沟旅游景区所在的地区由于气候寒冷，建筑外墙多用厚重石材砌筑，外墙开窗较小，建筑根据地势采用层层退台，形成不同高度的屋顶平台，檐口、门窗色彩采用藏红色。

　　九寨沟游客中心建筑就以藏族、羌族建筑风格为主，同时加入川西汉族建筑元素（图7-4-8）。建筑上下分为两部分，下部两层为主体建筑，藏式风格，平屋面，檐口为藏红

色的装饰色彩和线脚，窗框为典型的藏式民族木框。楼梯等交通部分采用传统碉楼形状，体量下大上小收分，正面开梯形状小木窗。整个立面采用当地特有的土黄色片石，具有浓厚的地域气息。在局部三层上采用川西民居式的坡屋面（图7-4-9），避免下部线型平屋面的单一性，根据九寨沟常年潮湿的气候特点，坡屋面进行简化变异，不采用木结构，采用框架结构形式，只在屋檐下部局部采用木构进行装饰。

　　除此之外，以茂县黑虎小学（图7-4-10）、汶川第二小学（图7-4-11）等为代表的一批灾后重建的教育建筑，

都非常注重通过建筑形态来表达地域特征。很多学校大量采用极富地域特色的典型建筑形态和民族特色的符号元素，使校园的建筑风格与项目所在地的地域氛围相协调。

都江堰大熊猫救护与疾病防控中心的设计通过对传统川西民居的穿斗结构、青砖墙等元素的抽象提炼，以现代建筑材料和语言对传统建筑进行诠释（图7-4-12），内部空间充分反映了民居院落的特点，自然地表达了原生态

和地域化的特点。既是对传统形式的直接延续，也是在传统意蕴基础上的现代表达，建筑形态富于空间层次感和时间厚重感而不失现代气息。

汶川县草坡乡码头村灾后恢复重建项目中，建筑采用轻钢结构体系，由"冷弯薄壁型钢"做房屋骨架，建筑3层，坡屋面，上下分成两部分，下部一层外墙采用当地片石砌筑，突出当地羌族的建筑特色并彰显着深厚的石文化底蕴，中部

图7-4-11　汶川第二小学（来源：中国建筑西南设计研究院有限公司 提供）

图7-4-12　都江堰大熊猫救护与疾病防控中心（来源：中国建筑西南设计研究院有限公司 提供）

采用白色外墙，外墙开窗较少，样式采用羌族长形窗，局部外出挑木廊和木阳台，均是对传统羌族建筑典型元素的提取和应用。由于汶川是羌族、汉族混合地区，建筑在上部采用坡屋面和木板墙面，对川西汉族传统民居进行传承。

（二）抽象变异

按照现代建筑流派"少即是多"的建筑观点，简洁的几何形象能够使人产生丰富的联想，给人深刻的感受。在对传统建筑形态及文化精神内涵进行提炼的基础上融入现代建筑理论，结合现代建筑的特点，将传统建筑形态抽象组合、去芜存菁、化繁为简，塑造简洁、现代、大气的时代新建筑。如北川羌族文化馆，建筑设计对碉楼、木架梁、坡屋面等传统羌族建筑形态的母题进行了提取，根据建筑大体量的尺度特征进行比例调整，组合后的各种元素形成了水平和垂直方向的体量对比和均衡，以简洁的形象烘托出地域文化特征。

德阳特殊教育学校灾后重建项目中，设计者提取了川西民居建筑灰顶白墙的形体特征，将深远出檐的建筑形象简化为包檐形态，采用现代建筑材料取代小青瓦、竹骨泥墙的材质属性，通过钢筋混凝土结构勾勒出干净、简洁、明快的建筑轮廓（图7-4-13），在塑造鲜明的现代建筑风格的同时

实现了对传统建筑特征的抽象表达。校园周边的乡野环境给双坡屋单元的聚落营造了适宜的空间背景，葱郁的山体并不高大，水塘和校园周边残存的农田痕迹，使这些灰顶"白屋"更加安静地矗立在那里（图7-4-14）。

在成都华润中心裙楼设计中，建筑师将传统四川民居的坡屋顶形态进行了抽象变异，用若干三角形坡屋面连接成一个连续翻折的几何坡屋面整体（图7-4-15）。这完全是一副全新的现代建筑模样，但从立面上看，却让人领略到了类似传统建筑群落天际轮廓线的层次关系。

图7-4-13　德阳特殊教育学校建筑双坡顶形态（来源：《"家"的隐喻与戏剧性呈现：四川德阳特殊教育学校设计的解读》）

图7-4-14　德阳特殊教育学校现代简洁的建筑造型（来源：中国西南建筑设计研究院有限公司 提供）

图 7-4-17　锦都院街（来源：熊唱 摄）

图 7-4-15　成都华润中心裙楼（来源：存在建筑摄影工作室 摄）

图 7-4-18　上善酒店入口造型
（来源：四川省建筑设计研究院 提供）

图 7-4-16　兰溪庭建筑屋面形态（来源：联创国际 提供）

锦都院街项目在形态上把传统川西民居的片段简化变异，运用新的元素和新的方法展现出一种全新的外观形象使建筑具有独特的成都人文风情（图 7-4-17）。该建筑融合现代与传统、时尚与古典的双重气质回应宽窄巷子历史文化保护区的同时又很好地与周边的现代高层相融合。设计师对坡屋顶造型方式的处理，墙体材科变换和表皮格栅的组合使用是该项目的一大亮点。坡屋顶是四川传统建筑重要的符号之一，设计师对传统的坡屋顶做了变化创新，保持屋脊线的水平性，"把保留传统坡屋顶的中脊作为变形的前提条件"，简化坡屋面与墙面的传统关系——减去屋檐出檐让墙面与屋面直接产生转折，改变原有中脊线与屋檐线的平行关系，使屋面在与传统建筑的对比中产生变形效果。

在成都非物质文化遗产公园兰溪庭的设计中，建筑师对"坡顶"这一传统建筑造型元素进行了抽象变异的形体演绎，采用弧线形态将传统的坡屋顶形态进行活化运用，通过屋顶轮廓的高低错落和连绵起伏的组合，使之成为对自然山水的隐喻（图 7-4-16）。

在青城山上善栖项目的商业建筑设计中，建筑师吸取

图 7-4-19 北川文化中心的坡屋面形式（来源：《北川文化中心，北川，四川，中国》）

图 7-4-21 铁像寺水街建筑群屋面形态（来源：张强 摄）

图 7-4-20 北川文化中心以碉楼作为基本构成要素（来源：《北川文化中心，北川，四川，中国》）

了中国传统建筑的坡屋面样式并且做了提炼抽象，将现代的造型手段以及材料形式与传统建筑很好地融合，在传统建筑的现代表达方面做了大胆的探索。如上善酒店的入口立面通过对屋顶、雨篷及其构造的处理充分体现出传统川西民居的风格（图 7-4-18）。屋顶的设计抽取了传统川西建筑的双坡屋顶的侧墙面作为酒店的正立面，通过人字形屋顶的挑檐挑出一步架，并且简化抽象出屋顶的穿斗式柱、梁、枋、檩、脊的穿插方式，将其暴露在入口处，与大面积的玻璃窗相结合体现了传统建筑的结构美。而屋顶挑檐也成为入口的大雨篷，其功能也与川西民居中的挑檐相吻合。二层设计了一个

十分具有川西民居特色的挑廊，正好形成尺度适宜的檐下入口空间。

北川羌族自治县文化中心设计构思源自羌寨聚落的形态，建筑群体"起山、搭寨、造田"。"起山"并不是真正的造山，而是利用大空间的现代建筑设计理论，用坡屋顶的现代手法，以起伏的屋面为主体，强调建筑空间与山势的动态融合（图 7-4-19）。"搭寨"以大小、高低各异的碉楼作为基本构成元素，创造出宛如游历传统羌寨般丰富的空间体验（图 7-4-20）。[①]"造田"是利用地形高差形成的台地，种植竹林、水稻、油菜花，再现传统羌寨周围的田地肌理。建筑立面采用文化石预制板，以现代材料模拟传统的片石质感。

整个文化中心建筑以起伏的屋面强调建筑形态与山势的交融，建筑作为大地景观，自然地形成城市景观轴的有机组成部分，并与城市背景获得了巧妙的联系。

铁像寺水街街区的现代建筑形态设计中，继承了川西民居小巧亲切的近人尺度，呈现出简洁雅致的现代中式风格，借鉴川西民居的建筑特征，创新地融入现代建筑元素。建筑群体以连绵的几何翻折坡屋面为显著特征（图 7-4-21），

① 康凯. 在援建中寻求"原筑"——起山、搭寨、造田：北川羌族文化自治县文化中心的建设之路[J]. 建筑学报，2011（11）.

图7-4-22　铁像寺水街建筑滨水外廊空间（来源：马承融 摄）

图7-4-23　天空别院鸟瞰（来源：Höweler+Yoon Architecture 提供）

运用川西传统建筑中临水挑厢、挑廊，形成凭栏观水的空间（图7-4-22），在沿街一侧，则大多运用檐廊、骑搂等形式，创造富有活力的商业界面。

成都非物质文化遗产公园天空别院项目的屋顶几何形式也是从传统建筑的坡屋顶要素中提取而来（图7-4-23），结合建筑多个院落空间形成对传统建筑坡屋顶的抽象变异。屋脊线的变化使屋顶呈折线形起伏，形成了抑扬顿挫的节奏，结合大面积的外墙为建筑立面创造了一种类似山峰与山谷的形体意向。

北川羌族自治县广播中心位于新北川县城，建筑采用"L"形布局，有多个不同功能体量组成，各体量水平、垂直方向互相穿插，竖向交通体量采用向上收分处理方式，是传统羌族碉楼建筑的抽象与变形。

（三）形体创新

形体创新的设计方法有着很深厚的传统血脉。因为在地缘上远离当时封建皇族的统治，四川人拥有了不受礼制约束、灵活、随意的建造思维；移民文化和民族的迁徙历史又使四川人获取多元的文化洗礼，造就了兼容并包的地域精神，使

图7-4-24　郭沫若故居博物馆（来源：中国西南建筑设计研究院有限公司 提供）

先民能创造出多元包容的建筑形式。

一方面，现代社会需要建筑空间更具多样性、复合性和可变性，有时甚至需要大跨度、大高度的特殊空间容纳使用功能，这些功能都对建筑形体及结构形式提出新的要求。传统建筑形体无论在尺度、比例，还是构造方式上都远远满足不了新的要求，因此需要建筑师进行形体创新。另一方面，随着建筑师在设计全过程中所占比重的增加，更多的建筑师希望在建筑设计中表达自己的主观意愿和设计理念，这就需要他们更多地跳出传统思维的框框，以现代建筑思维进行建筑形体的创新（图7-4-24）。

形体创新需要在设计时时刻把握地域文化精髓，配合以空间、符号和材质的传承手段，融入地域文脉，避免"创新"出脱离传统发展与创新轨道的"奇奇怪怪的建筑"。例如在凉山民族文化艺术中心的设计中，建筑师以彝族传统文化"日月同辉"为思路，将各种建筑功能体量融合进平面呈"月牙"状的现代建筑形体之下，很好地诠释了传统彝族文化中对天文图腾的崇拜。在绵阳罗浮山浮生御度假村建筑设计中，建筑师利用计算机技术对建筑外廊造型进行了创新，使其在现代建筑形体中蕴含传统川西民居建筑的神韵（图7-4-25）。

在青城山房的居住建筑形态设计中，建筑师对传统四川民居中的坡屋顶进行了现代变形，通过对屋面长短、坡度、比例和举折的调整和优化，使建筑屋架部分具有强烈的现代感（图7-4-26）。

又如在四川省博物馆的建筑设计中，设计师将传统建筑形式中最有特色的部分提炼出来，经过抽象、集中提高并赋以新意：博物馆主体建筑六大片屋盖反宇向阳，曲线举折的形态便源于四川传统建筑。屋顶"披、梭、跌"的形态具有鲜明的地方特色，大气、庄重，翼角高举，有强烈的艺术感

图7-4-26 青城山房屋面形态（来源：BDCL 国际建筑设计有限公司 提供）

图7-4-25 浮生御度假村用计算机技术对建筑造型创新（来源：罗丹 摄）

图 7-4-27　四川省博物馆（来源：中国西南建筑设计研究院有限公司 提供）

染力，成为博物馆纪念性形式感的主导（图 7-4-27）。建筑正面入口的处理亦蕴涵古意，依循了古建筑中"抱厦"做法，悬山、垂莲、干阑，上下一气，框架式的编织感与建筑实墙的砌筑感迥异。设计中大屋面与墙身交接部位的空间架构也成为设计的重点，对"抬梁"、"穿斗"的传统木构体系进行再创造运用，成为建筑精神和气质所在。

（四）解构重组

解构重组是对传统建筑形态的各组成部分进行拆分，然后按照新的构建秩序和美学原则进行重新组合，将传统建筑形态繁复的外在表达形式进行剥离和剔除，形成新的建筑形体特征。解构打破了原有形体构成的逻辑，虽然使用了延续部分传统要素的特征，但传达出的新意远大于传统的意蕴，给人以强烈的视觉冲击和吸引力。例如邓小平故居陈列馆，设计将传统川东民居建筑进行了全方位的解析和重组，匠心独运地采用提炼出来的经典元素（如坡屋顶、穿斗构架、封火山墙等）进行组合，通过交叠重置，形成横向展开的建筑整体造型（图 7-4-28），通过形式感强烈的碑式片墙和三

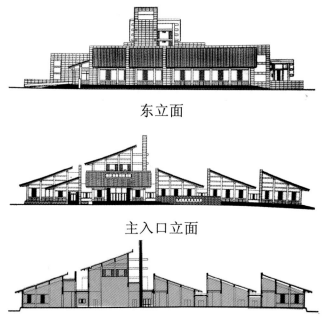

东立面

主入口立面

图 7-4-28　邓小平故居陈列馆立面图（来源：《巴蜀地域性建筑创作手法剖析》）

段单坡屋顶的造型组合，暗合了邓小平人生经历的构思寓意，也体现了建筑思想性与艺术性的结合，塑造了朴素、端庄、和谐的建筑形象。

随着社会多元化、信息化的发展，高技术在建筑发展中起着重要的推动作用，代表未来建筑发展方向，计算机的发展为当代建筑设计带来了一次革命，传统建筑思想也随计算机的发展产生了变化更新。计算机三维立体模型，参数化设计等技术从技术层面为建筑造型设计带来更多的可能性。在表达地域文化方面，更需要借助数字技术将传统文化中非物质元素展示出来。

正如建筑大师柯布西耶所说"原始的形体是最美的形体，因为他们能够使我们清晰辨认"。与原封不动的传承传统建筑形态相比，现代建筑创作更应该强调的是传统语境的创新表达而非建筑形态本身。设计应当注重对传统建筑形态的分析与总结，结合自然与人文等多方影响因素，将文化特性与现代技术相结合，提炼出代表性的形态要素和思想精髓进行现代演绎，才能做到"万变不离其宗"，以现代建筑语言来展现传统建筑形态的意蕴。

第五节　传承手段之"意"——符号与意象

作为文明的重要标志和载体，四川传统建筑是四川独特文化的具体表现，传达了四川多民族地域特色，反映了其不同历史时期的人文社会特征，也形成了众多特色鲜明的建筑符号。这些建筑符号和所传达的引申含义、精神意向等，是在千百年来人民的生产生活实践中逐渐形成的，是通过人的符号化能力创造、感知并稳定下来形成的，是当下的我们了解四川地域文化的有效途径。现代建筑对传统建筑的传承也包含了对建筑符号的传承和发展。

按照符号学的理论，建筑符号揭示了符号的性质、成因、使用方式以及在使用过程中生成的文化意蕴，它由诸多建筑元素的集合和建筑规则所组成的代码构成，并通过建筑代码生成一定的意义，同时表达"能指"与"所指"两方面的功能。能指即是符号本身，是我们第一反应就能感受到物质要素，诸如建筑造型、细部构造、色彩装饰和空间形态等；所指是

我们通过看到、感受到以后所产生的联想，在现代建筑创作中通常表现为设计者通过符号想要表达的设计理念，支配着更高层次的精神含义。

建筑符号的种类繁多，大致可以分为图像符号、指示符号和象征符号三类。

图像符号的能指与所指基本吻合，具有形态传达的显性要素，换句话说通过使用者的感官可以在第一时间捕捉到相关信息的符号类型，比如建筑物的装饰构件、色彩搭配或者材质等。例如在万科金域西岭项目中，多层建筑立面设计利用了红砖、青砖、白墙等传统建筑材料及元素，与环境融合统一；高层建筑立面材质与多层建筑相统一，设计师利用建筑的整体配色方案进行视觉信息的传达，使用者在接收建筑色彩符号信息的同时满足了基本的使用功能，也为人们提供了良好的审美享受。

指示符号的能指和所指之间存在一定的因果关联，表达的是建筑要素之间的内在逻辑关联，比如在传统建造技术下的多种构造方式，反映的是当时的施工技术或对自然环境的回应。

象征符号通过建筑要素传达表象之外的引申含义，能指和所指之间存在某种约定俗成的关系。就像少数民族地区某些特有的装饰构件，已被固化下来用以表达宗教信仰或精神崇拜。例如北川羌族自治县抗震纪念园幸福园展览馆是抗震纪念园的主体建筑，建筑以富有雕塑感的"白石"形体凸显于场地中，呼应并共同形成抗震纪念园的主题，以含蓄现代的手法表现传统羌族文化，暗喻"神圣"、"庇护"、"吉祥"（图7-5-1）。

图像符号是建筑符号的显性传达，表达了形而下的具象物质，通过形态、材质、色彩、构造等方面的约定被继承了下来；指示符号和象征符号是建筑符号的隐性传达，表达了形而上的意识形态，通过对符号的"转码"和"译读"可以理解蕴藏在符号逻辑或特征中的地域特征、设计手法、营造技术和传统思想内涵。

在今天的现代建筑设计中，我们可以通过设计者的符号化能力，运用建筑符号学的相关方法，将传统建筑符号进行归纳、总结、抽象、提炼和运用，通过传统建筑符号在现代

图 7-5-1　北川抗震纪念园幸福园展览馆营造的"白石"意象
（来源：《住区》）

图 7-5-2　金沙博物馆主馆的"四节玉琮"意象（来源：熊唱 摄）

建筑中的运用和表达，来获取大众的文化认同感，表达更深层次的精神意义，传达地域文化。

采用建筑符号传达地域文化的手段有以下几种：

一、引借

四川地区现代建筑，虽然也经历了特殊历史时期的发展断层，但总体而言还是与地域环境相适应，经由人文社会的漫长历史发展和演进走到今天。从传统建筑中选取地域特色鲜明的建筑符号，结合当下新的使用需求、社会条件、审美情趣，在新建筑的创作和设计中予以表达，能使符号以携带传统地域信息的方法嵌入新建筑中，起到新建筑本体与传统符号的时空交映，展现传统特征、传达地域特色。

引借的建筑符号可以来自传统建筑的局部，也可以是建筑造型中的某个片段，甚至是建筑装饰图案纹样中截取的母题，但它首先必须是最能代表四川传统文化和地域风格的建筑要素，容易被现代人解读，也容易获得认同感。

成都金沙博物馆的主馆建筑中庭围绕金沙遗址出土的"太阳神鸟"符号组织空间，纤细的柔索结构将神鸟图腾悬于建筑中庭顶部，图案的光影投射于大面积的弧形壁面上（图7-5-2），提供了一处积淀情绪、静思冥想的精神场所，具有十分强烈的文化象征意义。

九寨黄龙机场航站楼位于松潘县，历史上那里一直都是多民族聚集地，是汉族与藏、羌少数民族的交汇地，文化以藏、羌文化为主，夹杂一些汉族文化。根据当地传统文化的历史性和当代社会现代化的双重要求，机场航站楼建筑一方面具有现代风格，体现现代化气息，另一方面接待服务来自世界各地的人流，作为展示民族地区的形象窗口，具有当地特有的地域文化性。

由于高原地区阳光日照强烈，建筑屋面出挑较多，屋面表皮外包金属板，屋顶设置天窗，采用明黄色金属装饰隔板，这是对藏式金顶以及藏式建筑檐口的抽象提取。灿烂的高原阳光通过隔板洒射下来，与明黄色的金属隔板形成斑驳的光影变化，表达出充满诗意与神秘色彩的境界，使人在内心深处感受藏文化的精神洗礼。^①同时，挑檐屋面水平轮廓横植于周边起伏的山势中格外醒目，建筑突出自我存在性，形成本体的实与外地虚的对比。

　　航站楼外立面全部采用坡璃幕墙，幕墙采用收分处理，形成藏式建筑台的形式，既具有民族味道，也具有鲜明的时代气息（图7-5-3）。玻璃幕墙与出挑屋面的交接处采用暗红色金属封檐板，诠释藏族传统色彩。在建筑细节上，把藏、羌民族传统符号抽象化，如色彩的抽象、线条的抽象、藏式金顶、红台、鲜艳的室内色彩都以抽象的现代建筑语汇表达在设计中。

图 7-5-4　九寨黄龙机场从颜色与装饰细部方面借鉴藏式建筑（来源：《九寨黄龙机场航站楼建筑设计》）

　　航站楼在整体色彩上大胆运用红、黄两色，突出当地建筑特点（图7-5-4），表达少数民族热情奔放的性格，建筑主体的钢结构玻璃框架与蓝天、白云，雪山形成一幅绝美的构图。

　　成都的西藏饭店与九寨沟机场航站楼有异曲同工之妙，设计师将藏族传统建筑中的主题色彩进行引借运用，结合建筑屋顶造型的细节处理，通过色彩的符号语言传达地域特色（图7-5-5）。

　　位于成都西蜀廊桥内的顺兴老茶馆的室内设计，通过装饰语言，采用符号化的设计手法，在室内营造戏台、游廊、小桥流水等传统户外环境要素，通过屏风、家具、石刻艺术、川剧脸谱设施等装饰物的引借表达，再现了明清时期成都老茶馆的室内环境与风格。同样的手法也常常出现在四川现代

图 7-5-3　九寨黄龙机场借鉴藏式建筑台的形制（来源：《九寨黄龙机场航站楼建筑设计》）

图 7-5-5　成都西藏饭店（来源：马承融 摄）

---

① 李杨. 九寨黄龙机场航站楼建筑设计[J]. 建筑学报；2004（06）.

图7-5-6　眉州东坡酒楼三苏祠店庭院空间（来源：王砚晨 提供）

图7-5-7　眉州东坡酒楼三苏祠店院门建筑（来源：王砚晨 提供）

图7-5-8　西昌青山机场（来源：XIC 蓝天 摄）

餐饮和文化建筑的室内设计中，例如"成都印象"、"巴国布衣"等主题餐厅，设计者的意图十分明确，他们都希望通过传统符号的直接引用，传达地域文化和地域精神，拉近传统与现代的时空距离，形成具有冲突性、戏剧性的独特空间体验。

眉山眉州东坡酒楼三苏祠店位于眉山市著名的历史遗存三苏祠旁。是具有典型巴蜀园林风格的餐饮类建筑。该项目设计取意于《西园雅集图》，试图重现西园雅集盛况，传承东坡文化之脉。建筑与园林景观相互依存，高度整合，形成了古朴雅致的庭院建筑环境（图7-5-6）。

建筑设计与三苏祠古建筑氛围相吻合，体现古朴儒雅的建筑气质。修新如旧的设计理念贯穿整个设计中，使建筑色彩、质感、材料、装饰细节等都具有深远的年代感和深厚的文化感。建筑还原了川西传统建筑的精髓，即从细节入手，将古建的椽、柱、梁、廊等等恢复到古建筑原本的尺度和结构（图7-5-7）。提炼漏花窗、歇山屋面、穿斗构架、长出檐、天井等传统川西民居的典型形态，体现出原汁原味、古朴儒雅的四川传统建筑的气质。

西昌青山机场位于四川省凉山彝族自治州首府西昌市，航站楼在结构和空间形式上使用现代技术，在建筑形象与内部装饰中融入彝族特色符号化语言，既体现技术的时代性特征，也充分体现彝族的文化神韵（图7-5-8）。

航站楼建筑立面采用金属板材和玻璃幕墙虚实相间的韵律，钢结构斜柱与铝板采用彝族传统色红色，二层进港大厅的侧面采用红黄黑三色的彝族传统装饰图案饰面，室内顶棚上借鉴彝族传统的装饰纹样，经过抽象、简化和变形反映现代性与地域性的双重特征。

二、夸张

在引借的基础上，对传统建筑符号的特征进行局部调整，结合现代建筑创作的实际需求将其进行尺度、比例、色彩关系或材质方面的夸张表达，可以强化该符号的形象特征，放大其表达的文化意象，更直接或更强烈地传达地方文化。

这类手法常常出现在文化博览类、交通类公共建筑的设计中，通过夸张传承营造强有力的视觉冲击力和艺术表现力，精准地对传统文化和地域特色进行表达。

成都东客站是我国六大枢纽客站之一，也是中西部最大的铁路客运站之一和西南最大的综合交通枢纽，建筑设计通过大量文化元素的引入和符号化语言的夸张表达来塑造富有地域文化特色的建筑形象：

设计于建筑正立面大屋檐下部建造了两对装饰柱，强化东西主入口的空间仪式感。装饰柱以距今 5000 年至 3000 年的古蜀文化遗址三星堆文明中"纵目"青铜面具的形态元素为蓝本，采用镂空处理的大型束状结构，模仿了眉眼部位镂空的青铜面具造型，通过色彩和材质形象地表达了面具的青铜质感和金箔镶嵌的细节形象（图 7-5-9）。巨大的尺度和形象能在第一时间感染人群，营造蜀地四川的地域特征。

出挑深远的大屋檐水平延展，庄重而大气，形成东客站建筑造型的主体部分。在屋面侧边的装饰设计中，设计者提取了成都金沙遗址"太阳神鸟图案"中的火焰的纹样母题，以篆刻方式予以表达，构图严谨、线条流畅。金沙遗址是古蜀文明的重要代表，其挖掘出的太阳神鸟金箔中的"太阳神鸟图案"不但被确定为成都城市形象标识主图案，更被确定为中国文化遗产标志，表达着追求光明、团结奋进、和谐包容的精神寓意。

此外，大屋檐下部的建筑立面造型也通过铝合金幕墙系统的独特设计，对传统建筑元素进行夸张传达，抽象地再现了四川传统建筑中竹骨泥墙和镂空砖墙的传统意蕴。

众多文化符号的运用，展现了四川地区悠久的历史文化内涵，在满足功能要求的前提下赋予了建筑深厚的文化气质，使其具有高度的可识别性，成为展现四川文化的标志性建筑和靓丽的城市"名片"。

成都的西蜀廊桥步行街，通过对传统四川民居建筑符号的嫁接、剪裁、夸张和放大，与现代建筑的玻璃幕墙表皮直接碰撞和对接，形成了与现代城市尺度产生巨大冲突性和戏剧性的亲人尺度的传统建筑环境（图 7-5-10）。

图 7-5-9　成都东客站（来源：中国中铁二院工程集团有限责任公司提供）

图 7-5-10　西蜀廊桥步行街（来源：熊唱 摄）

三、拓扑

拓扑表达的是隐藏在某一建筑符号千变万化的具象形式中的规律和一致性。虽然符号会随着经济水平、社会进步、朝代更替等的变化而产生多样的形式，但其基本关系是始终固定或者基本稳定的。对传统建筑符号的继承方式中，可以利用拓扑的这一特征，对符号的形式进行调整、变异，适应当代使用或审美需求，符合材质的时代特征，同时守住形式中暗藏的基本原理和固定格局，"万变不离其宗"。例如传统建筑中常用隔扇门作为空间"虚"的划分元素，隔扇门的尺寸、样式、材质以及设置的位置和满足的功能是千差万别的，但其对空间的独特划分方式却是其中不变的精髓。现代建筑也可对隔扇门的符号进行拓扑传承，继承其划分空间根本属性，以新的建筑材料或者纹样方式来表达。又如四川现代建筑中"灰"空间的设计案例，虽然使用功能、所处的位置和尺度比例发生了变化，但其对传统建筑"灰"空间的空间属性的表达是没有改变的。

在青城山上善栖项目中，设计充分利用项目所处青城山的独特自然、人文资源，将花园、天井、青砖、黛瓦、白墙等中国传统建筑符号与现代住宅设计手法相结合。对龙门、窗、马头墙、青瓦、白墙等构成符号元素拓扑变形、抽象简化，运用于建筑造型中；在墙面装饰和隔断装饰中，又将传统民居的实木花格窗和实木雕花窗格进行调整采用，使建筑从装

饰细部方面透露出浓郁的四川传统建筑风韵。

同样的手法在众多现代居住建筑中使用：

蜀郡的建筑风格集聚了中国民居及川西院落的精粹，兼具中国传统建筑的古典风韵精髓及现代建筑创新元素，精练地承袭了蜀风蜀韵。建筑整体大气典雅，鱼脊斗栱、青砖灰瓦，古典中式建筑细节质朴呈现，于细节植入现代创新元素，使建筑于"清雅蜀韵"中，透出强烈的时代气息，展现传统美和现代美无间交融的建筑群落。

在成都清华坊项目中，设计师提取了一些典型的民居建筑符号作为拓扑的基本要素，对屋脊、檐口瓦、屋面小青瓦细部造型、美人靠、围墙、门坊、封火墙、景窗、斗栱、雕花、门头、抱鼓石、花窗、灯饰、木作等细部符号进行了结合现代审美和使用需求的表达，营造了浓郁的川西地域文化特色（图7-5-11）。

四、抽象

抽象传承是一种更高层次的传承方式。通过对传统建筑符号进行形象的简化、提炼和关联，加工形成更为意象的典型符号，赋予其更为深远的文化内涵和象征意义。

抽象传承存在加工生成和转码解读两个过程，受到"人"的因素影响较大，因此设计者需要准确把握符号的原真含义，通过适当的方式进行表达。

图7-5-11　成都清华坊符号运用（来源：《成都清华坊》）

图7-5-12　成都七贤茶舍（来源：龙湖地产成都公司 提供）

例如成都的七贤茶舍，整个建筑的设计是拆分"茶"字的成果，是对"茶"字的形象解构。建筑屋面种植翠竹，如同"草"字头，建筑底层架空，如同"木"所搭建的林下空间，中部为使用房间，是供"人"活动的场所，这上中下结构的"草"、"人"、"木"就构成了"茶"。建筑的设计过程如同是设计师对各部分造型符号的编码过程，在编码过程中对传统文化符号进行应用和提取，再通过对外形、结构、空间、比例等造型符号元素的排列组合，体现建筑中蕴含的文化价值（图7-5-12）。

成都全兴酒厂办公楼的整体造型上从古蜀文明三星堆考古遗址中出土的古人器皿中觅得灵感，以"酒樽"的象形符号确立建筑单体形象，隐喻蜀人与酒的关系，也突出项目所在的全兴酒厂的文化主题（图7-5-13）。

成都非物质文化遗产公园醉墨堂从传统书法中提炼出灵动形态，将其作为一种文化符号贯穿建筑设计当中。建筑设计概念来源于苏轼的《石苍舒醉墨堂》，"惟见神采，不见字形"。以"草书"般的写意灵动创造了飘逸的屋顶，并通过"水"这一媒介将建筑室内外空间串联，使建筑倒映在墨池之上，形与影交相辉映。

项目借鉴了传统院落空间的布局，通过建筑体量富有韵律感的组合，形成了传统的四进建筑院落空间。由于地块本身具有一定坡度，院落因此顺应地形产生变形，借鉴传统园林中的不规则构图，通过"水池"形成自由而流动的形态，形成富有书法灵性的空间形态变化。动态的院落和流动的走廊空间与"草书"般的大屋顶形成写意的"醉墨堂"特色空间（图7-5-14）。

双流机场T2航站楼工程是国家"十一五规划"中西南地区最重要的综合性交通枢纽工程，是成都市乃至四川省的航空门户。设计者提取四川地区常见的植物——竹为设计元素，将航站楼中央处理大厅和指廊拱形屋面母体设计为类似竹叶的梭面形状（图7-5-15），从空中俯瞰，整个航站楼

图7-5-14　醉墨堂屋顶下部的"灰"空间（来源：熊唱 摄）

图7-5-13　建于1991年的全兴酒厂办公楼
（来源：《中国西南建筑设计研究院建院五十周年纪念册》）

图7-5-15　双流机场T2航站楼内景
（来源：深圳市吕氏国际室内建筑师事务所 提供）

被若干片巨大的"竹叶"包裹，具有极高的可识别性。设计者通过"竹叶—竹—四川"的联想模式，抽象地将形态与意象进行关联，在建筑造型和建筑第五立面中融入四川地域文化特征，打造了特色鲜明的城市门户形象。

成都地铁一号线是成都市第一条开通的地铁线路，是城市交通格局重要的组成部分。因为地铁站是一类特殊的交通建筑，其主体站房位于地下，地面仅设置人行出入口作为引导，使用者在建筑内部空间中活动，对其没有整体外观形象的认知。设计者抓住地铁站建筑的这一特点，在地面人行出入口全线统一形态的前提下，提出了"一站一景"的设计理念，通过对地名、历史、传统生活场景、文化联想、区域城市意象的剖析，挖掘站点所在地的文化内涵，通过对文化元素具象或抽象的表达以及装饰设计予以呈现。例如骡马市站室内设计从地名"骡马市"的历史渊源上找到灵感，以"马"的概念为设计母题，用马蹄铁、拴马桩和马的剪影来提升建筑装饰的文化个性，也强化了地名对城市文脉的传承。又如华西坝站从所在地华西医科大学的校园建筑中提取斗栱元素，以建筑立面所采用的青砖和窗格的纹样作为主要装饰元素（图7-5-16），将地面城市风貌延展到地下空间，起到了空间联系的作用，也增强了站点的地域识别性。

凉山民族文化艺术中心涉及的符号类型丰富多样，包括与彝族有关的自然、人文和民俗等不同方面。

对于自然图形符号的提取，主要体现在建筑外在的形体上及景观上，主体艺术中心设计成月牙形平面（图7-5-17），而火把广场以圆形展现，月牙形平面围绕圆形火把广场逐渐展开，寓意"日月同辉"，是对彝族古代传统文化中对自然、天文崇拜和敬畏的当代诠释。

对民俗图形符号的提取体现在装饰细节上，艺术中心的中央门廊面向东方，正对日出的方向，设计师把彝族传统服饰纹样抽象出来，用在门廊两侧的镂空花墙上，作为美丽花墙的符号，镂空墙从上至下呈现出由密到疏的韵律，早上初升的太阳将照射过来，镂空的门廊、花墙将其渲染成绚烂的虹彩，形成彩色镂空的肌理。白天会产生强烈的雕塑感，夜晚的灯光将让它如繁星闪烁。对民俗符号的提取还体现在色

图7-5-16　成都地铁一号线华西坝站内的建筑符号元素（来源：熊唱 摄）

图7-5-17　凉山民族文化艺术中心（来源：张理 摄）

彩上，彝族传统中以黑色、红色、黄色、青色、白色为主要色彩。在建筑表面大量使用为红色和青色，广场地面上用红砂岩和青石交错铺设，表现火的涌动与天体的运转。

文化符号的提取，主要体现在火文化上，彝族非常崇尚火，传统节日火把节实际上是彝族古老的祭火节，火把就是彝族

人勇敢、豪迈与胜利的象征。圆形的广场是彝族传统火把节的舞台，广场柱子上铜制的火焰、石砌的火炬以及地面旋转的火云全是彝族渊源深长的火文化的展示。每年的火把节，这里载歌载舞，举办各种民俗活动，狂欢的舞台、燃烧的火把让黑夜变得流光溢彩。

五、重组

传统建筑符号在一个建筑单元或一套建筑系统内的关系是固定的，重组传承是对这些构成关系进行分解或打散，结合现代建筑设计需求进行重新组合，形成一种新的关联。例如成都皇城老妈火锅总店的建筑立面设计中，将老成都民居建筑造型、明清时代民居窗棂造型和四川古代汉阙造型转化为抽象的浮雕进行表达，与建筑希望表达的老成都记忆紧密贴合，使人仿佛置身于民俗博物馆之中（图7-5-18）。

重组传承是在对传统符号充分尊重的前提下完成的，对符号的重组营造了新的秩序，在传承传统中突出了时代感的表达。这种方式多为设计者主观意图的传达，传达的到位与否取决于符号重组的程度和细节方式。

图7-5-18　皇城老妈总店入口的汉阙造型（来源：熊唱 摄）

六、减舍

对传统建筑符号或元素做减法，舍去其中与时代发展和使用需求不符的部分，留住符号中的精彩片段融入新的建筑设计。这种方法在有历史价值的建筑改造方面常常被使用。通过对有价值的门窗、墙垣、梁柱等符号的减舍，将其链接进新的现代建筑中，不仅从物质层面保护了历史要素的信息，还从精神层面将新与旧、现代与传统延续起来。

实际上，在现代建筑设计中，设计者常常会同时运用到以上手法中的两种或多种，因为随着时代的发展，建筑符号传达的信息变得越来越丰富，逐渐形成了多层次意象的格局，这些层次又随着人们审美水平的提高在接受和解读中体现出来。因此，设计者希望通过多种方式营造多种意象的建筑符号体系，以满足不同层次的解读交流，使作品随使用主体的

文化背景不同，而产生异彩纷呈的达意效果。

值得注意的是，在通过符号传承表达地域特色的同时，还应注意避免方法不当而造成的反面效果。首先应避免形式主义，避免为了符号而符号，避免符号的堆砌；其次强调整体性，避免夸大符号传承的作用，失去建筑整体性；最后设计应切合实际，传承方式应结合经济技术条件、时代需求和大众审美水平，避免不切实际的符号加工，确保符号的易读性。

中国是一个讲究符号的国度，而四川的符号传统也由来已久。以汉字为例，四川民间自古流行"四川人生得尖，认字认半边"的说法，指的是遇到生僻字的时候，四川人总是聪明地挑选那些熟悉的形声偏旁部首来读，挑选熟悉的象形偏旁部首来认；更有甚者，根据四川话的读音生造了许多只有四川人才能看得懂的奇特汉字。

汉字的符号如同建筑的符号，都是通过固定的结构、约定的构成来表达含义。从四川人对待汉字的方式可以看出，四川地区对符号的运用和传承一直以来都保持着一种良好的态势，人们接受符号，使用符号，也能通过创新符号的方式表达意图。这一点恰恰是四川现代建筑创作和设计中应该重视和巧妙利用的，通过传承赋予传统建筑符号以新的生命力，完成从传统到现代的表意转换，更能在继承的基础上创造出新的符号形式，实现对地域文化的时代传承。

第六节　传承手段之"场"——功能与空间的发展

一、建筑功能

四川地区传统建筑类型较少，为满足人的居住、商业交易和宗教信仰等需求，主要为居住类建筑，公共建筑多为市场、官寨、庙宇、观演建筑和作坊建筑等，建筑功能较单一；受到自然地形条件、传统建造技术和乡土材料的制约，建筑体量一般都不大，多为民间工匠建造。

随着时代的发展，建筑的类型逐渐增多，除满足居住要求的住宅建筑外，还出现了更加广泛、更加丰富的公共建筑类型，例如商场、学校、医院、车站、体育馆、博物馆等；建筑功能也朝着复合化、混合利用的方向发展，例如商业综合体可与地铁站、火车站等交通建筑共享空间，医院建筑也可与商业建筑结合为医疗人群提供商业服务等等。现代建筑技术和新材料的运用，更为建筑设计创造了更多的可能性，出现了更多大体量、造型复杂的当代建筑。

传统居住建筑在空间尺度、分区划分和交通流线组织上已无法满足现代人对居住环境的要求，逐渐失去了居住的功能，例如四川地区部分少数民族传统建筑，室内空间跨度较小，或者房间内柱子密集，室内平面布局通过承重外墙形成封闭空间，内部再通过木板进行分隔，功能分区相互交叉，交通流线互相贯穿，已无法再使用。仍在使用的传统民居建筑也

存在缺乏配套设施、采光通风不良等诸多不便，建筑环境品质极低。

对公共建筑而言，一方面那些伴随当时社会条件、自然和人文因素出现的传统建筑功能逐渐被淘汰甚至彻底消失，另一方面一些传统建筑也已无法满足现代社会的使用需求对体量、形态、空间、结构形式提出的新要求。

对传统建筑功能的延续和发展是延承城市更新的需要。在城市有机更新过程中，根据经济、社会、历史、文化等因素，建筑物原有使用功能的衰退或取缔，需要改变建筑原有的建筑功能，进行建筑功能置换或融合以适应城市有机更新和城市发展的需要，实现资源的有效利用，达到建筑再利用的目的，主要手段有以下两种：

（一）置换

对已消失的建筑功能赋予新的功能属性，或为保留建筑置换新的使用功能。

历史上，羌族传统建筑中的碉楼主要作为防御建筑存在，适应当时的生存环境，在民居建筑中占有重要地位。随着社会发展，碉楼的防御功能逐步衰落、消失，演变为羌族传统建筑中最显著的建筑形体符号，成为历史文脉的传承载体。四川羌族地区的当代建筑设计中必然会出现碉楼，它一般作为垂直交通空间存在，成为项目或建筑群落空间的制高点和精神堡垒控制整体格局；部分项目也将其作为纯造型功能保留下来，作为景观环境的重要标识。如九寨宋城千古情藏羌传统街区就是在碉楼内设置观光电梯，在保持传统风貌的前提下，给"碉楼"赋予了新的使用功能。汶川县威州镇锅庄广场将景观灯柱及出风口设计成碉楼样式（图7-6-1），成为广场空间显著的文化提示元素，既保留了"碉楼"的传统象征意义，又赋予了新的使用功能。

成都崇德里项目通过对保留民居的改造和更新，将原有建筑的居住功能进行置换，在改造后的建筑外壳中加入全新的餐厅（图7-6-2）、茶室和酒店功能，形成了满足城市消费需求的休闲商业功能，使旧建筑通过改造重新焕发出新的生命力。

图 7-6-1　汶川锅庄广场上的景观灯柱（来源：田耘 摄）

图 7-6-2　崇德里"吃过"餐厅（来源：熊唱 摄）

（二）融合

在保留部分传统建筑功能的前提下，融入新的使用功能，新旧有机融合。

水井坊博物馆就是新旧功能融合的典型案例，设计将拥

有 600 年历史的酿酒生产功能予以保留，通过建筑空间的建构形成分布于作坊外围的参观流线，通过流线在作坊外围组织陈列、展示和文化交流场所，融入新的博物馆功能。延续至今的生产场景如同一本鲜活的教科书，为前往参观的现代人展示了一幅生动且独具特色的画面。

由于地域文化的复兴，加上民族地区自然资源稀缺独特，四川地区少数民族地区旅游业兴盛发达，许多建筑根据实际需要增加商业、文化新功能。如川西南木里县，当地居民将碉房底部改为商铺、零售小商品或开餐馆，日常住家生活集中在二楼、三楼，必要时甚至增加旅馆功能。除此之外，在 2008 年"5·12"汶川地震后涌现的汶川水磨古镇、吉娜羌寨、茂县新羌城等文旅项目中，除了设置有为旅游观光提供服务的商业和文化建筑外，还布局有当代的居住建筑，使羌族百姓的日常生活与文旅功能相结合，为到此参观的游客展现文化"活态传承"的独特魅力。

二、场所空间

建筑不但以外在形式来表达含义，也通过空间展现。建筑空间可以看作是功能、结构和形式的一种联络体；而建筑设计的最终目的也是给人提供安全、适宜且具有心理归属感的空间。因此可以说，空间是建筑的本质。

传统建筑聚落空间和建筑空间是历史发展中逐渐形成完善的，是符合历史时间、地理环境、地域文化的复合空间模式。但是随着当代社会的发展，新的需求不可避免和传统空间形态产生矛盾，需要对传统空间形态和结构进行一定程度的整合和优化，从而适应新的需求。

例如传统居住空间多是以家庭为单元的模式，整个空间围绕"火塘"、"厅堂"展开，具有向心性、私密性、封闭性特征。随着当代社会发展，社会、邻里之间的交往要求空间具有开放性、延展性；生活水平的提高，要求居住空间更舒适、更人性化、功能更丰富，满足当代的生活习惯和多种空间需求。由此种种要求就带来建筑空间布局的变化，如交通体的位置、厨卫的布局、卧室、客厅的朝向、阳台的景观性等。

相比于居住空间的小型化、简单化，当代公共建筑对空间的要求更加多样化、全面化。空间是承载建筑的主体，公共建筑由于使用功能复杂，人员参与较多，对空间的要求更多样化。当代建筑应根据自身的功能要求，更多以人的使用和需求为出发点，注重人的交流、参与和共享，展现人文关怀。

四川地区现代建筑在建筑空间的传承和发展上做出了很多努力。有的通过建筑与地形环境的关系来营造空间，展现地域特色；也有的通过重现历史人文要素来丰富空间内涵，体现传统文化特征。通过对成功案例的分析和总结，我们可以发现，在这些案例中都凝聚了一个重要的传承要素——原型空间。

原型空间，是存在于四川地域文化和传统建筑中的典型空间模式，在地域文化物化为建筑空间的过程中，经过时间积淀，由自然条件所决定、由文化的多要素交错影响而成。院落、天井、街巷、檐廊、挑檐、敞厅、晒坝、火塘无一不包含着四川地域特色的丰富信息，因此可以说它们是构成四川传统建筑的精华之所在。在技术进步与各种思潮"泛滥"的当下，寻求传统建筑中空间类型的原型，结合现代使用需求融入现代建筑空间中（图7-6-3），意味着现代向传统的回归，意味着传统思维的延续，对于地域文化的传承和发展起到了积极的作用。

（一）模仿

借鉴传统建筑空间的"原型"，对其进行模仿，在现在建筑设计中予以合理重塑。这种方式对传统原型空间的尺度、比例、空间构成和人的体验等方面进行还原再现，以原真性为主要传承原则，以地域文化的时间跨度为主要表现方式，传达并延续传统地域文化特质（图7-6-4）。这是一种最简单也最直接的传承方式，但因其塑造的空间形态更偏传统，容纳现代建筑功能的灵活性较差，常用于旅游地产类建筑项目。

成都锦里一、二期的设计借鉴了传统川西民居的空间特质，将历史与现代有机结合，以演绎的手法，重现成都古老街道——

图7-6-3　成都远洋太古里的街巷空间（来源：禾竹一瞥 摄）

图7-6-4　成都水锦界街巷空间（来源：存在建筑摄影工作室 摄）

锦里的盛世场景。锦里延续传统空间中的街巷空间格局，街道空间具有起承转合的序列，形成檐廊、过街楼等独具传统街巷韵味的空间。一期的建筑设计还原了传统川西民居的前店后宅、下店上宅的空间构成关系，形成了夹道线性排列的建筑群落；二期"水岸锦里"还原了传统川西院落建筑的空间形态，沿街布置浅进深的商铺，后侧设置院落。设计者还对建筑层高、进深、面宽、各层檐口高度和院落的尺度等进行了优化调整，使建筑内部使用空间能灵活适应商业需求。

图 7-6-5　青城山六善酒店客房院落空间
（来源：存在建筑摄影工作室 摄）

（二）拓扑

现代建筑空间要适应当代社会多样的生产和生活方式，就必然从空间的尺度、比例、平面形态、组合关系、空间界面、空间体验和空间构成等方面进行适应性改变。在实践中，四川地区的众多现代建筑创作没有一味地延续传统建筑空间特征，而是发掘形成这种空间的行为缘由，对其空间内涵进行了深度的挖掘和总结，找到当代空间功能与传统特征的交汇点，借助拓扑学的手法对空间进行适度变异，形成极富地域文化的新的建筑空间类型。

四川传统建筑中的"灰"空间，是适应自然气候条件中逐渐成形的经典空间原型，并在发展的历史长河中逐渐形成了与之匹配的使用功能和生活方式，是四川人所熟知和喜爱的空间类型。现代建筑设计中，"灰"空间被广泛地运用：通过上部建筑出挑营造下部半室外空间作为建筑入口、活动场地和交通空间，是对传统建筑檐廊空间的拓扑；通过室内空间的灵活开敞与室外环境形成渗透与连通，形成丰富功能混合的模糊空间形态，是对传统民居敞厅空间的拓扑；通过院落平面形态和尺度的控制形成满足不同功能的内向空间，或多个庭院组合串联提升建筑内部环境的品质（图7-6-5），是对四川民居院落和天井空间的拓扑。

院落，是我国传统民居空间的核心和灵魂，也是构成四川汉族地区传统建筑空间的基本单元。院落亦可根据建筑性质、等级和具体环境、使用需求等因素生动变化，可反映出建筑品格特质和文化内涵。当代建筑中对院落空间的传承和沿用能极好地体现其传统和地域特色。

图 7-6-6　兰溪庭庭院空间（来源：联创国际 提供）

成都非遗文化博览园中的天空别院的建筑设计即是运用了院落这一空间母题，对现代建筑进行了传统的延续和地域化诠释。

设计者们从四川传统建筑汲取灵感，通过院落空间的组合、庭院景观的视觉联系以及室内外空间的布局关联来营造建筑空间。由传统院落空间定义的这座建筑，将若干个院落组合在一起，并且为每一处院落赋予了不同的功能，形成了一个多中心的复合系统。院落及建筑体量之间相互交织的路径和边界，创造出一系列具有层次感的空间，景观视线从一个院落渗透至其他的院落，形成"借景"，室内外空间的不断变换，在整座建筑内创造了富有变化的空间效果。

博览园中的兰溪庭也在纵向轴线上延伸的多重建筑和庭院上反映出传统院落空间的多维性和等级性（图7-6-6）。在狭长而不规则的用地上，几道极富纵深感的长墙划分出不同宽度的空间，其中有堂、室、廊、院，布局简洁而清晰，层次收放有序。

图 7-6-7 红色年代章钟印陈列馆的"廊"空间（来源：家琨建筑设计事务所 提供）

图 7-6-8 上善栖全景（来源：四川省建筑设计研究院 提供）

建川博物馆聚落中的川军馆的建筑空间借鉴了安仁古镇庄园建筑的多进院落空间形态，以一组组院落作为建筑的基本空间构成元素，形成由串联的天井重复排列的平面形式。天井的布局并非是对传统四合院建筑的简单模仿，而是拓扑为十分具有现代感的平面形式。这样"竹节状"的组合方式恰恰契合了建筑所处的狭长地块的形态。每两个院落构成结构单元之间形成平台，平台上放置木结构的坡顶构架，成为半室外的展览空间。建筑体量虚实相间，创造了现代与传统建筑形象间的排列和重叠。

而聚落中的红色年代章钟印陈列馆设计以安仁古镇传统的民居建筑为原型，提取下店上宅的商业居住混合模式，进行设计组合，强调具有地域性原生意义和活力的商业商住空间。博物馆的空间组织富有趣味，借鉴了传统园林中复廊与亭台的空间形式。商业体量优先占据了沿街界面，并为博物馆体量限定了边界，将之围合在街坊内部，形成一个内向的城市园林。博物馆则作为园林中的廊式建筑（图 7-6-7），与商铺形成的边界构成了一个生活化的小型复合体。

对于使用者而言，居住建筑是我们接触最多、时间最长和最频繁的建筑类型，因此现代人对居住建筑的空间环境的要求也颇高。随着时代的发展，四川地区的居住建筑越来越多地把空间营造的重点放在了人的感受上，他们认为营造有地域特色、有归属感与认同感的居住空间是居住建筑的设计重点。

青城山上善栖项目位于青城山脚下，设计者以传统居住建筑的"院"为母题进行拓扑，形成了围合规模、大小均不相同的十二个组团院落的整体格局（图 7-6-8）。以"街"、

图7-6-9　上善栖内部街巷（来源：四川省建筑设计研究院 提供）

图7-6-10　上善栖联排别墅入口庭院
（来源：四川省建筑设计研究院 提供）

图7-6-11　中国会馆总体规划模型（来源：李宛倪 摄）

"巷"为穿插，以"水景"为主线，以"院景"为点缀的规划思路满足了中国人传统居住生活的主要特征——交流与融合：邻里交往和家庭交流，人和自然山水的交流与相融。

在建筑的庭院空间的设计上，抽象提取出传统川西民居的院落特征，将其进行拓扑变形，舍弃了传统民居庭院生硬的围合方式，采用"围而不合，大院共享"形态用一条景观线将这些院落串联起来，如行云流水般流畅而又变化无穷。这种传统原型空间的拓扑将传统四川民居风格和谐恰当地运用到现代建筑的空间设计中，推陈出新（图7-6-9）。

设计者为每栋建筑设置了大量的前后花园、中庭天井、室外露台、屋顶花园等，使得每家每户都可以把室外优美的自然景观尽量延伸到室内，都能有一个属于自家的独立空间。这也让每一栋楼都自成一个庭院（图7-6-10）。这种半遮半挡式庭院，形成逐级递进的空间感：公共空间、半公共空间、半私密空间、私密空间。在这里，院落成为一种居住的模式和文化。

中国会馆项目中，设计者将川西民居中传统四合院的围合院落按现代居住功能组织起来，将街道规划成井字形，借鉴传统规划手法，使坐落其间的院子都能为南北朝向，符合中国传统的建筑风水（图7-6-11）。四合院中的"院"空间，是各户的私家空间，并在院落周围建立起新的空间秩序，赋予庭院空间以新的生命力。在空间处理上，院落竖向空间相互穿插重叠，天井连通，不仅节约了土地，同时也丰富了空间层次。另外，在户型的主入口对称上去是一个比较高的台阶，进来后是一个很小的院子，这个院子正对着一个中间的内院，在内院中有厨房、餐厅，最里边便是中心区域客厅，由此到室外，步行一个台阶便是后院。一个户型图上有三个院，而且这三个院在排列和空间组织上，传承着传统庭院空间的精髓：院落引领着建筑空间的布置，让虚实自由渗透，体现出建筑空间的起、承、转、合，其空间处理有张有弛、有聚有散、恰到好处。该项目在迎合现代生活理念的同时，也发挥出庭院"虚"空间的作用，三个院套在一起，在尺度上、布局上有着不同的相互联系和穿插，巧妙地统一了三个空间。

金域西岭别墅采用西蜀园林风格，将街坊和庭院的概念做到极致。威严的朱门，窗格纹路的大量运用，人与自然互为风景，契合了"天人合一"的传统建筑主张。三进三层四院落，每一户都有前厅、中院、后院，各有洞天。前厅犹如

图7-6-12　德阳特殊教育学校的院落空间
（来源：中国西南建筑设计研究院有限公司 提供）

图7-6-13　德阳特殊教育学校的天井空间
（来源：中国西南建筑设计研究院有限公司 提供）

图7-6-14　安仁中学的中轴对称布局（来源：存在建筑摄影工作室 摄）

一个私家花园，各种奇异的花草，生机盎然。进入中庭天地豁然开阔，天井直通天空，上下通透、采光性强，后院是静谧之地，将居者的心情倾诉给花草，更适合沉思。二楼的卧室让人可独享私密空间，顶层的屋顶花园瞭望另一片天空，惬意、自在。这些建筑细节将成都休闲的"慢生活"情调依次呈现。

传统原型空间的拓扑也常被运用到教育建筑的规划与设计中。

德阳特殊教育学校规划平面是一个多个单体围绕中心庭院的向心性空间构成，是对传统院落空间的变形调整。聋哑教学楼、培智教学楼、学生宿舍楼和学校食堂四幢功能性建筑，将办公楼围在当中，相互间用长廊连接起来，形成一个大型的"四合院"式建筑群（图7-6-12）。单体建筑均采取坡屋顶的形式，每个单体都有小天井，多个教室围绕小天井布置（图7-6-13），构成了层级向心的关系。

安仁中学新校区在规划中采用了中国传统书院的格局，强调中轴对称的院落形式（图7-6-14）。根据自身的功能特点，将行政楼、多功能厅、食堂等较大的公共建筑布置在中轴线上，形成了三进的院落形式，将学校的几个主要活动：教学、生活、运动按次序串联，其他教学楼宿舍则以院落形式布置在两侧，沿中轴线两侧展开，形成了排列有序、丰富多样的综合性建筑群，也形成了庄严、深远的纵深感，具有礼制色彩，书院气息强烈。

（三）解构

对传统建筑空间的构成方式进行解构，打破其构成的规律与秩序，在现代建筑中进行重组，形成符合使用功能的新的空间构成关系。这种方式是对传统建筑空间的创新传承，通过解构后的重组突出不同空间类型的冲突性，达成戏剧化的体验效果。这种方式展现的是更高层次上对建筑地域性的理解和认同，以更贴近变化中的生活方式的姿态发展具有地域特征的建筑空间，因而创作手法更加灵活自如。

在青城山石头院的设计中，通过天井和街巷模式的解构，

图7-6-15　蜀郡"空中院落"（来源：张理 摄）

图7-6-16　蜀郡多栋建筑围合内庭院落（来源：张理 摄）

将本应出现在传统建筑内部的天井与建筑外部的巷道空间直接串联起来，通过墙体的漏空设计模糊巷道与天井的物理界限，使二者浑然一体形成空间的流动与渗透，让体验者在产生传统空间感知的同时获得一种全新的空间体验。

蜀郡是一个中式风格的精品人文住区。设计采用层层退台式空中宅院，提出"空中叠加的院落"概念，将传统四川民居建筑中的院落和天井进行三维空间上的解构与重组，为每层住户均创造了良好的绿色生态小环境，赏心悦目的室外观景和室外活动的立体空间（图7-6-15）。为节约用地加大建筑的进深，在建筑中部设计内庭院落，既改善通风、采光，同时又提供了别具一格的内院景观（图7-6-16）。楼梯间也改变了传统多层住宅较封闭、阴暗

的缺点，设计为开敞式楼梯，通风、采光良好，视线通透，人在行进中步移而景异。

在对原型空间的传承过程中，设计应该强调空间与建筑形态、建筑功能的适应与协调，设计应首先满足功能，辅以空间特色的营造与形态的建构，避免出现生硬地模仿空间形态而忽略建筑功能，或与建筑形态发生冲突，造成建筑流线混乱、浪费和无法满足使用需求等现象；同时，设计还应更多地专注使用者"人"的感受，通过人性化的空间设置，营造良好的、有认同感的空间体验。

第七节　传承手段之"材"——材料与建构

一、乡土材料的传承

乡土材料是在乡土环境中土生土长，通过实践形成并积淀下来的就地取材的传统建筑材料。四川地区的乡土材料是四川这个地域环境中的自然材料，如石材、竹、木、茅草等；也包括以四川地区特有的加工方式和原始材料制成的建筑材料，如砖、瓦、竹骨泥墙等。

乡土材料的运用可以说是传统建筑最重要的特征之一，蕴藏在乡土材料中的加工技术是千百年来四川地区先民实践经验所得到的，经过时间的沉淀，材料的取材与加工方法都已发展成熟，并已经适应了四川的生态和人文环境。它包含了深厚的自然特征要素和人文社会要素，反映了不同时代的四川地域特征以及演变过程。

在现代建筑领域，四川的建筑师们一直注重对乡土材料的传承和运用，从自然和有机中探索新建筑的可能性，利用乡土材料自身的特点塑造建筑风格与特色，通过表现材料本身的自然属性来彰显地域特色（图7-1-1）。

例如青城山房项目，使用了具有四川地域特色的砖石、木材、竹材等材料，引入钢构件、特殊艺术玻璃等现代材料和造型元素使得建筑在表达传统韵味的同时增加了现代时尚

感。紫铜质感的金属封檐板反映了从传统地域文化中汲取的元素与现代元素的融合。圆竹装饰的望板、原木制成的檩、椽、梁、枋等装饰构件与天然纹理的碎拼黄色砂岩显示出了因地制宜、就地取材的设计初衷，也承载了设计师"建筑生于斯、长于斯"的设计理念（图7-7-2）。

图7-7-1 浮生御度假村采用夯土墙体现地域特色（来源：张涌 摄）

图7-7-2 青城山房会所建筑（来源：王戈工作室 提供）

峨眉半山七里坪国际旅游度假区风情小镇毗邻世界文化与自然双重遗产的峨眉山，在建筑形式上也采用川西民居风格，尽量与当地民居风貌相协调。延续川西民居就地取材、因材设计的特点，小镇的建筑材质以木、涂料、青砖、青瓦为主体现川西建筑的典型特征；同时在建筑材料上大量采用当地原产的玄武岩作为外墙装饰材料，既经济节约，又与环境协调，乡土气息浓郁，呈现出一种原生态的质感美、自然美。

在五凤溪项目中，建筑单体设计营造"传统、乡土、亲切"特色。将传统建筑立面的整体风貌、划分比例尺度等要素保留下来，并注入新建筑造型元素，体现古镇传统、淳朴的意象。建筑沿用川西民居的穿斗结构，墙体多为传统的竹编夹壁墙和夯土墙，立面装饰加入木格栅强化竖向线条。部分墙面采用了具有现代特征的玻璃材质，与原有的木排门和竹编墙产生了强烈的对比，在不破坏街道立面整体风格的前提下局部体现新旧结合特点。

在天空别院项目中，设计者选用了本土的建筑材料，并以此创造了具有高度适应性的工艺和特殊的纹理。例如建筑屋面的处理，由于不断变换的屋脊线致使构成屋顶的每一个面都形成了双曲直纹曲面，因此采用陶瓦作为屋面材质，利用不同陶瓦单元之间的缝隙和精细的端面来调节不平整的屋顶条件。并利用陶瓦固有的吸收能力，调节其单元之间的误差，最终使大量的陶瓦得以形成扭转的屋顶。建筑的立面，同样遵循传统和地域化的设计原则，采用本地产的青砖作为表皮，并使之形成独具特色的纹理样式。在青砖砌筑的过程中，所有的砖均保持了统一的砌筑方向，并不随建筑体量的扭转而变化。如此，建筑表面形成了非常丰富的肌理效果：直角墙表面简洁平滑，斜墙表面参差不齐而富有光影与韵律的变化，使得由大面积单一材质构成的墙体不单调亦不杂乱。

建川博物馆聚落川军馆对材质的选用也成为表达传统和地域建筑文化、表现建筑个性的手段。建筑的结构体系以钢筋混凝土现浇，表面完全采用清水混凝土做法，填充墙则采用当地建筑所普遍使用的青砖清水空斗墙（图7-7-3）。屋面为灰色平板瓦，坡顶部分采用纯粹的木结构和穿斗构造。

门窗等构件也全部采用木质,以简洁有力的方格进行划分。这样的材质选择强化了建筑的地域精神,也将材质本身的表现力予以充分展现。

图 7-7-3　川军馆材质的运用
(来源:《当代建筑的地域化思考介绍:建川博物馆聚落之川军馆及其街坊设计》)

图 7-7-4　红色年代章钟印陈列馆对红砖的运用(来源:家琨建筑设计事务所 提供)

聚落内的红色年代章钟印陈列馆的主要外墙材料是清水混凝土以及青色、红色的页岩砖(图 7-7-4)。清水混凝土运用于沿街防火墙和内部剪力墙;青砖运用于内部庭院的外墙,呼应园林中庭院深深的静谧;红砖则用于朝向街道的商铺外墙,暗喻令人难以忘却的"红色"年代。部分外墙采用了"花墙"的形式,以外墙不同的通透程度对应不同的室内功能,从而达到针对性的通风、采光、景观和私密性等要求。为此,还专门设计了符合砖模的透明"钢板玻璃砖"用于"花墙"上对应室内空间的透空部分。

金沙游客接待中心位于金沙遗址公园内,建筑设计将建筑与古朴的遗址文化公园的环境融合统一作为出发点,屋面采用双坡茅草屋顶,体现历史遗迹的沧桑感(图 7-7-5)。

芙蓉古城川西区建筑风格源自四川传统民居特征。在材料的运用上,川西区的建筑整体上使用了现代材料去表现传统的构造,其中也有部分建筑细节和大多数景观是用传统建筑材料去表现完成的(图 7-7-6)。川西区的建筑

图 7-7-5　金沙游客接待中心(来源:张涌 摄)

图 7-7-6　芙蓉古城采用现代材料表达传统意象(来源:张理 摄)

图 7-7-7　芙蓉古城公共建筑的朴实格调（来源：张理 摄）

图 7-7-8　摩梭博物馆（来源：李依凡 摄）

色彩给人的感觉是传统材料自身的朴实和淡雅（图 7-7-7）。青瓦、白墙、灰色的砖墙、木色的门窗都是典型川西民居的风格。木装饰的外檐一般也不涂颜料，仅在原木上刷上桐油以便防腐防潮。这种色调上的处理使得川西民居在外观上古朴而富有生机，在格调上清新而淡雅。而川西民居中对建筑局部的处理如雕梁画栋，飞檐斗角更是成为该项目的点睛之笔。[①]

摩梭博物馆是中国唯一，也是世界唯一系统展示摩梭历史文化与民俗风情的专题博物馆，设计充分体现传统摩梭文化元素，借鉴传统建筑材料多以木材和夯土为主的形式，外墙主要采用红土砌筑（图 7-7-8），局部采用木材装饰，与周边环境融为一体，体现传统摩梭文化元素和地域特性。

通过以上的案例我们可以发现，通过乡土材料的特征和风格是传达地域文化特征的重要途径，而现代建筑中采用的乡土材料主要有以下几种：

（一）竹材

竹材是四川地区尤其是川南地区最为常见的植物资源，竹子不仅是营造建筑的物质材料，也是中国传统人文精神的载体，渗透在社会、文化生活中。竹子韧性好、强度高，抗震性能好，可循环使用，是天然可再生资源。从古至今，一直深受喜爱，广泛运用在建筑和装饰工艺中。德国建筑师马库斯·海因斯多夫说过："即使自然界中不存在竹子，材料科学家也一定会去发现它。"

竹材在传统建筑中运用时，具有多重使用功能，不仅作为主体承重结构，也作为表面围护结构，有时也作为构造元素，如在川西民居中用于编壁墙的龙骨。

现代社会由于混凝土结构、钢结构的出现，竹材在建筑中的运用有了更大的自由度。竹材在建筑中的使用方式通常取决于两个因素：一是所在地区的地域性以及竹材资源的丰富度；二是建筑的功能性质。一般来说，四川南部竹材资源丰富地区以及一些风景区，竹材运用较多，这时多作为景观构筑物、服务建筑使用，使用方式也是以传统形态与建造方式为主。而在一些规模较大的文化、旅游建筑中，竹材更多的是作为立面表皮材料或者装饰材料使用，表达建筑的人文精神，诠释场所的地域特色。

由于竹材轻巧灵活，具有超好的抗震性能，"5·12"汶川地震后，一些灾后重建项目也大量使用竹材，如北川游客服务中心，满足设计抗震要求的同时透过竹材表达建筑与自然的有机关联，传达四川地域特色。

---

① 古今元. 成都地区现代建筑中的传统材料应用研究[D].西南交通大学，硕士论文，2008.

（二）木材

从古至今，木材都是人们最喜欢的材料，木结构更是中国传统建筑的精髓所在。中国传统的哲学观把生命的流程与自然界的循环看成一体，将具有生命力的木材作为建筑材料，把建筑作为一个生命体来看待。

从上古时代有巢氏的穴居开始，到清代的工程标准营造，历经几千年的发展演变，木结构逐渐形成一套完善、成熟的结构体系，木材也成为传统材料的代表，是地域特色的突出体现。

历史上，由于自然环境、社会人文的地域性差异，四川不同地区对木材的使用差异很大。在中部及东部汉族地区，几乎所有的建筑都是木结构，不仅承重结构采用穿斗木结构，而且门窗、雕刻、栏杆、封檐板、编壁墙等立面构件也采用木材。而少数民族藏族、羌族地区，由于海拔较高、气候较冷，建筑较为封闭，木材使用较少，主要用于屋面梁架，立面门窗，以及檐口装饰部位。

四川现代建筑设计中，由于木材自身的局限性，主要运用在古建筑的复原修缮、新建仿古建筑、园林构筑物和景观小品上，或者作为符号、装饰元素用在建筑立面，作为围护和装饰构件，利用木材的天然纹理和质感使建筑外表更具观赏性，表达自然、生态的建筑性格。例如成都水井坊博物馆，建筑立面采用大面积木板、木百叶（图

图7-7-9　水井坊博物馆的木板立面（来源：家琨建筑设计事务所 提供）

7-7-9），利用木材的自然特性展示水井坊历史片区的地域性和文化性。又如四川地区的部分居住建筑，运用木质格栅作为门窗装饰元素加以点缀，通过木材温和的色彩与质感营造宜人的居住环境。

（三）石材

四川地区多山，石材资源十分丰富，广泛运用于建筑、桥梁、景观、道路等各个方面，石材在自然界中形成历史最悠久，寿命最长，最坚固耐久。由于不同地区自然环境和地质条件的不同，形成不同类型、色彩、质感的石材，如乐山地区的红砂岩、雅安的白色大理石，西昌地区的绿石、甘孜的片岩等，这些不同石材代表了各自地区的地域特色，也不同程度地用于建筑上。

在成都平原地区，由于石材资源较少，建筑多为穿斗木结构建造；石材多取自附近山地或河床，常用于建筑基础、勒脚、柱础部位。在川南、川东地区，由于丘陵地区、高差较大、山石较多，建筑虽然也以穿斗木结构为主，但石材运用较多，多用于山墙、挡墙、台阶、基础等位置。而在少数民族生活的高山地区，建筑几乎完全采用石材建构。

当代社会由于技术的发展，对石材使用的范围更加宽广，但在使用过程中由于存在一定的机械性、盲目性、无序性，缺少对石材内在性格的分析、地域性的了解，导致建筑千篇一律，缺少特色。建筑师在设计建筑、使用石材时，应根据建筑的规模、性质、传统工艺、地理位置，对材料的特性进行分析，扬长避短，同时融入传统文化因子，创造具有传统工艺、人文内涵、地域特色的建筑，例如成都麓湖艺术中心。

在藏、羌少数民族地区，由于地区特征更加明显，建筑中石材的运用相比汉族地区地域性更强，文化性更深厚，构造方式也更传统，如汶川羌族文化商业街，建筑外立面材质以片石、涂料外墙为主，同时辅以仿木色装饰进行点缀（图7-7-10）。整体和细节都融入了大量的羌族元素，现代建筑和羌族文化的结合，成为汶川县城灾后重建的一道亮丽的风景线。

图 7-7-10　汶川羌族商业街建筑材质的运用（来源：田耘 摄）

图 7-7-11　安仁中学建筑材料展现地域特征
（来源：存在建筑摄影工作室 摄）

图 7-7-12　孝泉镇民族小学利用页岩青砖材质（来源：马承融 摄）

（四）砖

砖是我国最悠久的建筑材料之一，早在西周时期就有砖的出现。我国古代所用青砖均是就地取材、烧制而成。在四川传统建筑中，由于技术条件落后和经济水平较低，砖的使用相对较少，只是由于近代公馆建筑的兴起，砖才开始大面积使用。近年来，由于烧制砖所需泥土对环境产生较大破坏，传统的实心砖逐渐减少，取而代之的是空心砖、多孔砖以及厚度较薄的装饰贴面砖。

在四川现代建筑创作中，深受建筑师喜爱的实心砖主要有青砖、红砖两种：青砖规格较小，传承历史久远，文化氛围深厚；红砖质感粗野自然，构造工艺简单。青砖因其深厚的文化内涵在建筑中主要用于传统街区、公馆建筑、文化建筑等类型中，材料来源有旧砖回收利用和烧制新砖两种，

图 7-7-13　成都东村书画工作室（来源：孙笑 摄）

前一种更受建筑师青睐，青砖的构造方式有整砖砌筑和切片贴面两种方式，同样也是前一种效果更佳。成都宽窄巷子历史街区整个街道建筑立面、围墙以及部分地面材料均为青砖，通过砖的拼花、组合等传统做法使街区具有深远的历史

图 7-7-14　五凤溪建筑采用小青瓦屋面（来源：熊喵 摄）

感和浓厚的文化感。安仁中学通过建筑立面青砖的运用（图 7-7-11），取得了朴素庄重的建筑意象，并与学校所在地安仁古镇的传统风貌取得了有机协调。

孝泉镇民族小学的建筑材料也使用了青砖（图 7-7-12），也有汶川地震后回收的旧砖用于景观工程中的地面铺装，使青砖象征性地参与到重建中获得再生的意义。

红砖是烧制青砖过程中形成的半成品，材料较为低廉自然，深受四川本土建筑师的喜欢，在当代建筑作品中大量使用红砖，不仅使建筑具有乡土特色，而且节约建造成本。例如在成都东村书画工作室建筑设计中（图 7-7-13），建筑师为延续旧建筑的历史感，在旧建筑重建中运用了红砖作为建筑填充墙和外立面装饰材料，通过拼花、漏空等传统做法重现了旧建筑的历史意蕴，同时为新建筑赋予了艺术特色。

（五）瓦

瓦与砖一样都是由土烧制而成，历史出现年代也十分接近。瓦是中国古建筑重要的建筑构件，主要用于屋面上，偶尔也用于围墙景窗和地面铺装中。古代不同材质、不同色彩的瓦代表不同的社会等级，是中国传统文化的重要组成部分。四川地区传统建筑中瓦主要用于汉族建筑中，根据不同建筑类型和等级，瓦大致分为琉璃瓦、金属瓦、青瓦。其中应用最广泛，最具乡土材料特性当属青瓦，主要用于民居建筑中。

图 7-7-15　青城山六善酒店采用小青瓦屋面
（来源：存在建筑摄影工作室 摄）

瓦在民居中使用时，由于不同地区文化的差异，瓦的规格尺寸、构造方式也不尽相同，如成都地区，青瓦在屋脊处通常做成垂直立铺、斜置密排、砌成空花瓦脊等多种形式，而在川北阆中地区，屋脊则常用瓦片水平重叠，形成实心合瓦式样。

瓦由于含有非常丰富的文化内涵以及地域特征，在四川地区现代建筑中应用更为广泛，不仅用于建筑的屋面，也用于地面景观细部中，甚至用于建筑立面中，传递历史文化信息。如成都锦里、铁像寺水街、五凤溪（图 7-7-14）、青城山六善酒店（图 7-7-15）等项目中，小青瓦被运用在仿古建筑屋面上，使建筑具有传承传统特色的整体形象。

二、乡土材料的创新发展

材料的发展是一个不断更新的过程，受社会经济水平和技术发展的影响与推动。现代建筑技术的发展为四川地区乡土材料的创新发展提供了强有力的支撑，在营造地域性建筑特征的过程中发挥着重要作用；同时，在新能源、新材料和信息技术影响下，随着现代设计理念的发散性延展，设计师们也开始重新思考乡土材料与地域文化特征之间的关系，通过现代手法展现材料属性中的不同方面，更新建筑材料设计语言，另辟蹊径传达地域文化。

四川现代建筑对乡土材料的创新发展主要分为三种方式。乡土材料的现代更新主要指砖、土、木、石、瓦等乡土材料为适应现代使用需求和技术条件出现的新形式，材料的规格、尺寸和构造方式发生了变化，材料本身的自然属性并未发生太多变化。乡土材料的用途多样化指现代建筑设计创新了原

有乡土材料的表达语汇，材料的使用也从传统建筑使用的旧框框中跳了出来，使材料的用途变得更加丰富多样。新材料的创新是对传统乡土材料彻底的创新与变化，是新的材料类型，是现代建筑技术发展的产物，如防水材料、金属材料、保温材料等。

在现代建筑创作中，通过乡土材料展现地域特色，不能只关注材料本身，也需要注重利用与材料相适应的传统建造技术和工艺，同时挖掘地域文化内涵，赋予材料内在的灵魂，激发传统乡土材料的魅力，使建筑具有丰富永久的生命力。

（一）乡土材料的现代更新

土、石、竹、木是自然界原生材料，砖、瓦是这些原生材料通过技术手段创造出来的乡土材料，也间接来源于自然，都是有机可再生材料，这些材料自身及制作技术历经几千年发展，逐渐成熟积淀下来，沿用至今。在四川现代建筑创作

图7-7-16 再生砖（来源：家琨建筑设计事务所 提供）

中，提炼这些传统材料、乡土技术中至今仍然适用的因素，加入现代设计方法，更新了新的材料形式和技术方式。这种方法简单直接，既可以降低建造成本，又赋予建筑及其空间强烈的地域特色。例如在"5·12"汶川地震后的灾后重建工作中，四川本土建筑师对适宜当地的建筑材料做出了积极反思，研发出"再生砖"技术（图7-7-16，图7-7-17），并在2008年威尼斯双年展中展出：用破碎后的废墟材料作为骨料，打碎后的骨料无需筛选清洗直接使用，掺合切断的麦秸作纤维，加入水泥压制而成。再生砖作为外墙砌筑时，用竹子取代钢筋作为加固墙体结构的材料。再生砖就地取材，加工工艺简单，灾区当地原有的制砖厂就可以完成，不仅很好地利用了建筑废料，也很好地满足了震后重建的需要。

图7-7-17　成都西村大院项目中采用的再生砖
（来源：存在建筑摄影工作室 摄）

（二）乡土材料的用途多样化

乡土材料的用途多样化是现代建筑创作中体现地域文化特色的重要途径，建立在建筑师对乡土材料充分理解和认知的基础上。通过现代建筑设计语言，建筑师打破了乡土材料用法的逻辑关联，采用现代技术将材料新颖地重新组织在建筑设计中，通过乡土材料传达的信息增强建筑的可读性，利用材料本身所蕴含的强烈的地域特征来展现建筑的特色。

知博物馆是一座道教博物馆，设计者沿用了道教文化所崇尚的尊重自然的思想，用模糊建筑内外界面的空间处理手法，试图诠释道教"天人合一"的思想内涵（图7-7-18）。在空间与流线设计、材料应用上体现了对道教文化，哲学思想及地域传统文化的传承。

图7-7-18　知博物馆（来源：马承融 摄）

知博物馆的表皮运用了有着三千年建筑历史、在四川地区被广泛使用的青瓦，不仅是因为它的传统和乡土，更因为它会随着时间的变化逐渐改变风貌与环境相融合。设计者还特意要求采用当地小作坊生产的青瓦，瓦色具有细微的差别，这样的多元表情恰恰是设计中要寻找的。这样的变化不同于经过严密计算的样板式或模数化，而是浑然天成的，充分依靠材料本身的无限可能性尽量展现其原本的风貌，这也是与道教思想中的自然随性相吻合的。瓦片被线悬浮在空中，以减少建筑的视觉上的重量，创造一种轻盈感（图7-7-19）。

图7-7-19　知博物馆悬浮的瓦片（来源：Daici Ano 摄）

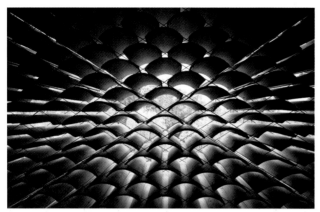

图 7-7-20 知博物馆瓦片营造的独特视线（来源：马承融 摄）

图 7-7-21 德阳奥林匹克后备人才学校（来源：马承融 摄）

图 7-7-22 兰溪庭建筑外墙"水墙"的砌筑（来源：联创国际 提供）

建筑呈现出像素般的表皮，与周围自然紧密融合。设计者也通过瓦片的外表皮质感，创造了从孔隙中穿透的视线，建筑室内萦绕着柔和的光线和瓦片投下的影子，富有光与影变幻的效果（图 7-7-20）。

在德阳奥林匹克后备人才学校的设计中，建筑师将传统的竹材制作成格栅，外挂于建筑立面（图 7-7-21），起到了对空间"虚"的划分，也使建筑立面更具传统乡土特色。

此外，在现代建筑创作中，建筑师还利用计算机技术对乡土材料的使用进行参数化设计，通过现代技术为大众展现乡土材料的全新风采。例如成都国际非遗博览园中兰溪庭的外立面设计中，对传统青砖墙的全新演绎是建筑的一大亮点。设计者试图通过墙体对水这一灵动的自然元素进行拟态，促使了"水墙"的产生。他们将计算机技术与砌筑砖花的手法进行结合，用砖的凹凸进退和特殊的空缝砌筑形式在厚重的墙体中创造出具有动态张力的水纹，犹如风吹波澜的抽象形态（图 7-7-22）。在实际的建造过程中，水墙的砌筑完全由手工完成，设计者预先设计 5 种青砖砖缝模板，通过对 5 种模板数值的排列归类实现砖隙的渐变效果，同时将砌筑模式加以概括。最终呈现出流水的视觉形象和轻盈通透的效果。

水墙设计的焦点不仅仅是发展一种艺术的图案，更创造出一种可行的设计和建造模式，其建设的过程也体现了数字技术与本土建造材料和建造模式的结合[1]，做到了用传统思维和方式很难实现的创作理念，使建筑获得了生动形象的建筑立面，也为大众拓展了乡土材料参与现代建筑创作的新思路。

（三）新材料的创新

当代社会的发展，对建筑的使用功能、空间舒适性和结构安全性提出更多的要求，传统的建筑材料已经难以满足这些要求，因此必须进行更新或创新。新材料在外在形式和属性上与传统乡土材料有着很大的差异，这也是由现代建筑和

---

① Archi-Union Architects.兰溪庭，成都，中国[J]. 世界建筑，2014（7）.

图 7-7-23　邛崃文君酒厂技改工程贵宾中心（来源：王昆 摄）

图 7-7-24　麓湖艺展中心采用凿毛彩色混凝土表达红砂岩意象
（来源：吴飞呈 摄）

技术条件的飞速发展所带来的巨大变革。

　　现代建筑新材料主要分为有机材料和无机材料两种类型，无机材料是通过高技术合成创造出来的，而有机材料则取材于自然界中的土壤、植被、山石等原始材料，可以说是传统乡土材料的一种创新和发展。如用于屋面保温使用的膨胀蛭石是一种矿物质，陶土板是由天然陶土高温烧制而成的新材料，生态木、高耐竹是由木材、竹材通过技术处理创造的新型材料，这些新材料虽然是由自然材料加工而来，但自然属性保留较少，乡土信息更是流失，取而代之的是浓厚的现代气息、工业化属性。在现代建筑中，这些新材料应用非常大量、广泛，但由于缺少地域性，往往呈现到处相似、到处抄袭的特点。因此，如何运用新材料使建筑诠释一定的地域特色和文化内涵是对四川地区的建筑师们提出的一个考验与挑战。

　　在邛崃文君酒厂技改工程贵宾中心项目中，设计者利用了玻璃的通透性，将玻璃面设置为展示建筑的外立面（图7-7-23），将模仿传统民居的建筑结构构件和室内空间展现给外部环境，形成了室内外的空间渗透和交流，也从某种程度上呼应了四川传统民居建筑"灰"空间的地域属性。

　　建川博物馆聚落中的十年大事记馆最能够体现地域特色之处在于建筑表面肌理的运用。建筑采用混凝土材质，整个混凝土结构和表面肌理的处理均由当地技术不甚熟练的施工人员建成，结果形成了效果极佳的粗粝质感。粗糙的肌理与乡土的环境融为一体，显得本真而本土。设计者也希望借此创造建筑富有历史沧桑感的外观，从而引导参观者们追问历史的真义。

　　鹿野苑博物馆藏品以石刻为主题，在建筑造型和材质运用中，也希望结合地域建筑、乡土建筑的设计手法，表现一部"人造石"的建筑故事。设计者希望建筑呈现出"巨石"一般的朴素和整体，在建筑外部整体采用清水混凝土材质。然而结合当地施工技术水平，最终采用了"框架结构、清水混凝土与页岩砖组合墙"这一特殊的混合工艺，既满足了建筑追求的理想效果又适应了当下施工工艺的局限。主体部分的清水混凝土外壁采用凹凸的窄条模板，形成了明晰的肌理，增强了外墙的质感和可读性。主体之外的局部围护附着部分采用露卵石骨料的做法，与场地下挖的洼地所露出的卵石沉积和卵石码砌的景观矮墙相互呼应，从直接到间接的表达建筑材质对原生场地地质的尊重和延续。

麓湖艺展中心建筑外立面材质选取了凿毛效果的彩色混凝土，与周边红砂岩地貌特征取得了材质上的呼应和协调（图7-7-24）。建筑室内设计采用特殊处理的 GRC 材料，依然从材料的色彩和质感上延续了红砂岩的材料特征，使建筑内外材料高度统一成一个整体。

在锦都院街的墙体材质方面，设计师用预制混凝土砌块替代青砖（图7-7-25），在顺砌后形成明显的水平凹缝带，水平凹缝和隐藏于后的垂直缝具有水平和垂直方向的防水功能，这是加工工艺、材料功能、成本控制与预设效果的整合结果。[①]同时也含蓄地与砖砌的传统技艺及视觉效果形成了差异。设计师在混凝土制作中掺入铁灰颜料，将色彩固化在砌筑的纹理之中形成对传统清水砖墙更为真实而持久的呼应。铝合金网格的处理则为建筑外立面的表达锦上添花，网格的形态是传统清水砖墙的缝、砖体组合关系的反转扩大，形成

图7-7-25　锦都院街的墙体处理（来源：熊唱 摄）

图7-7-27　中国会馆屋面采用金属瓦（来源：李宛倪 摄）

图7-7-26　锦都院街外墙铝合金网格（来源：熊唱 摄）

图7-7-28　汶川博物馆
（来源：《传承与记忆——汶川博物馆设计新建筑》）

---

① 邓敬，殷红."之间"与"缝合"，刘家琨在"锦都院街"设计中的策略［J］. 时代建筑，2007，4.

了镂空窗般的渗透效果（图7-7-26），穿插其中的红色有机玻璃灯盒则打破框构的整体性。建筑师还对传统的屋面材料进行了替换，用混凝土板块替代传统小青瓦，混凝土瓦的使用让建筑更加简洁现代并与建筑立面相协调。

中国会馆在新工艺、新材料的运用上也对传统的中式建筑有了一定的超越，比如外墙传统的砌筑砖工艺改为钢构干挂，这样增强了墙体保温节能作用，同时视觉效果也更加凸显；坡屋顶没有选择传统的青瓦，而是运用了金属瓦，这种金属材料在当代的时代背景下彰显了传统民居坡屋顶的神韵（图7-7-27）。院落的回廊，大幅采用保温玻璃，既能展现院落内景观，又可规避传统回廊无法防暑保温的缺点。

汶川博物馆建筑外墙材料采用当地传统的青黑片岩，完全采用传统的羌族工艺建成。在片岩之外采用羌红色的铝板外墙（图7-7-28），羌红色是羌族人最喜欢的颜色。传说羌族是炎帝的后代，炎帝又称赤帝，所以他们每逢重大的节日都要献红，同时红色也寓意灾后人们重建家园的信心和勇气。

三、结构形式的发展

传统建筑的结构形式是由不同地区的自然资源和建造技术水平决定的，结构与技术常常反映着本地区材料自身的特性，体现建筑内部功能与外在形式之间的内在逻辑性；同时，这些结构形式还会受到地理环境、历史文化、宗教信仰、经济水平等方面的影响和制约。例如四川地区的各个地域也形成各具特色的建筑结构体系和技术方式，东部盆地以木结构穿斗式为主，西部藏、羌民族地区以石木、土木混合结构为主，西南彝族地区以木结构瓦板房为主。

传统的建筑由于技术水平相对落后，结构形式简单、建筑形体小、功能单一，难以满足当代建筑对于空间的多功能性、复杂性、灵活性、舒适性等的多种需求。因此，当代建筑应利用当代技术，更新传统结构形式，创造新的结构形式。

例如在茂县杨柳村羌寨灾后新建住宅项目中，设计采用轻钢结构体系，把承重的轻钢结构搭起来，然后砌石墙、铺地板。轻钢体系比一般房屋减少十分之九的重量，且造价便宜，适合灾后重建项目。

在四川现代建筑创作中，结构形式的发展给建筑带来全新的技术支持。不过，在结构形式发展的过程中，我们不能对技术的作用进行盲目的崇拜和依赖，还应思索本地区的地域特征和人性化特点。正如阿尔瓦·阿尔托所说："只有把技术功能主义的内涵加以扩展，使其甚至覆盖心理领域，它才有可能是正确的。这是实现建筑人性化的唯一途径。"[1]

在对传统建筑的结构与技术进行革新时，根据不同地区的结构形式和建筑风格，大致分为以下几种：

（一）钢结构取代木结构

木结构是我国传统建筑的主体结构形式，是中国建筑美学的典范。由于木结构耐久性、耐火性差，且木材资源匮乏，四川现代建筑师在进行传统建筑创作时，研究分析木结构的特性、规格，在柱、梁、檩条等大木作结构中，用钢结构代替木结构，而在檩条、望板、门窗、撑弓、挂落等小木作结构中依旧保留传统木结构，形成混合结构形式，在保留传统建筑特征下，节约建筑成本、提高建筑的耐久性、安全性。例如成都峨影1958闲亭建筑群（图7-7-29），就是采用

图7-7-29　峨影1958闲亭（来源：段杰 摄）

---

① 国际建协《北京宪章》(国际建协第20届大会，北京，1999年6月通过)。

图 7-7-30　峨影 1958 闲亭采用钢柱与石柱础连接（来源：朱伟 摄）

图 7-7-31　峨影 1958 闲亭钢结构主体与木屋架的连接
（来源：朱伟 摄）

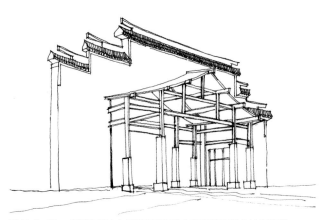

图 7-7-32　成都清华坊大门采用钢结构构架塑造穿斗木结构造型
（来源：李旭旭 绘）

钢结构模拟木结构建筑语言（图 7-7-30），配以木作装饰（图 7-7-31），创造出原汁原味的传统风格建筑。

　　钢结构对木结构的取代主要是内在结构骨架的改变，建筑表皮外在形式完全是传统形态，这种结构方式适合于传统风貌商业街区、新建仿古街区、旅游景区以及传统建筑的维护修葺等方面，建筑业态以旅游、休闲、小型购物、餐饮为主。

　　还有一种更新方式是完全不使用木结构，全部用钢结构替代木结构，建筑挖掘地域精神、文化内涵，使用现代材料，在体量、尺度、比例、屋面、局部装饰上呈现一定的传统形式，表皮则呈现现代风格，建筑通过结构与技术的革新来诠释地域精神，达到传统与现代的完美结合，如成都清华坊大门（图 7-7-32）。

（二）钢筋混凝土仿木结构

　　钢筋混凝土结构是当代建筑应用最广泛的结构形式，耐久性长、耐火性好、空间分隔灵活，具有传统木结构不具备的优点。在仿古建筑中，将钢筋混凝土结构和木结构结合使用，以钢筋混凝土结构为主体承重结构，木结构作为表面装饰构件，既能使建筑内部使用空间灵活多变，摆脱传统木结构室内空间狭小、低矮的局限，又能使建筑外形保持传统风貌。这种混合结构体系在四川当代仿古建筑中运用较多（图 7-7-33）。

（三）混凝土结构取代石木结构

　　传统藏、羌地区的邛笼式石碉房、木框架式土碉房受到

图 7-7-33　芙蓉古城内的钢筋混凝土仿木结构建筑（来源：张理 摄）

结构体系和建造方式的限制，内部空间过于封闭，功能布局不太合理，难以满足现代使用需求。同时这类结构体系抗震性能较差，存在一定的安全隐患。

在羌族、藏族现代建筑设计中，常用钢筋混凝土结构代替原来的石木、土木结构，建筑围护结构外墙采用传统的建造工艺砌筑，使用新的结构形式的同时保留住传统建筑风貌，如北川吉娜羌寨。

（四）大跨度结构

钢结构、钢筋混凝土结构的出现使现代建筑从传统空间的束缚中解脱出来，出现大空间、大跨度和大体量的建筑形态。如何在满足使用功能要求下，尽量保留建筑的传统形态和地域内涵，是对现代建筑师的一个挑战。将建筑依据功能要求布局，按照传统建筑风格进行设计，然后采用大跨度结构统一起来，是一个全新的处理方式，这种结构技术的运用，既在微观上保留建筑传统的形态、结构，宏观上更显现代、大气，如九寨天堂度假酒店、双流机场 T2 航站楼、成都东客站等。

（五）其他新结构

近年来，随着现代建筑技术的发展，竹材、木材也被更多建筑师所关注，出现了用竹材、木材与钢结构结合形成的钢竹、钢木结构。利用钢材与竹、木物理特性的搭配形成新的建筑结构形式，适应现代建筑大空间的使用需求，展现了现代建筑技术影响下对材质特性的传承和延展，例如毕马威安康社区中心（图 7-7-34）。

图 7-7-34　毕马威安康社区中心（来源：《绿色创意下的微型乡建——毕马威安康社区中心设计》）

"5·12"汶川地震后，成都市华林小学的临时过渡校舍采用了一种纸管结构进行建造（图7-7-35）。单层建筑主体结构采用纸管，以直径为240毫米、厚度20毫米的纸管做材料形成拱形主体结构，4根纸管为一组，用木制连接件进行连接，再通过金属构件装配组合，通过钢索拉结形成框架。

这座纸管建筑不仅体现了清晰的结构逻辑，而且在解决灾后过渡需求的同时没有放弃形式美，在兼顾建造的可实施性要求下，还满足了使用者追求美好空间的心理需求。

图7-7-35　华林小学教室室内（来源：孙笑 摄）

第八节　抓住脉络，合理运用传承手段

通过归纳与总结，可知四川独特的地域环境和自然条件是四川传统建筑特征得以产生和延续的基本原因，随时代变迁不断变化的社会人文因素和相伴而生的技术条件因素则是影响传统建筑特征传承、发展和创新的两个重要原因。把握住了这三大原因，也就能掌握四川传统建筑特征传承发展的主要脉络。我们需要守住地域的"不变"，结合时代发展要求进行建筑创作，体现"变"的社会人文与技术条件，对四川传统建筑特征进行辩证的传承。

由传承脉络的三大因素延展开来，通过对现当代四川建筑案例的分析与剖析，可以得到"境"、"脉"、"形"、"意"、"场"、"材"六种传承手段。

六种手段分别表达了四川现代建筑从环境、文脉、形态、符号意象、功能空间和材料建构等方面对传统特征的传承方式，是站在建筑设计方法角度的归纳与总结。每种手段又可以包括若干种细分的设计手段，这其中有朴素的传承，也有创新的发展。

在现代建筑创作实践中，这六大类型的传承手段不是孤立存在的，一个能很好地传承传统建筑特征的现代建筑作品，需要从多个方面做到有效传承，通过多种手段的综合运用和统一协调，充分传达传统建筑特征要素，并形成鲜明的地域文化特征。相反，如果仅仅在某一个方面做到了充分传承，而忽略掉其他方面对传统特征的体现和表达，则会片面地割裂蕴含在传统建筑特征要素中的文化整体性，成为粗制滥造的赝品，阻碍地域文化的传承。

第八章　结语

丰富多样的地域环境与多元交融的地域文化是四川之所以成为四川的根本原因，也造就了四川地区建筑独特的品质与特征。在融于自然、持续发展的营建观的无形引导下，勤劳的四川人民采用因地制宜、灵活多样的建造手法，使四川建筑呈现出兼收并蓄、多元融合的文化特性。这些优秀的品质与特征虽历经岁月变迁，却在社会的进步与发展中代代相传，这种"传"源于内在，也借助于外来，其核心是地域文化的强大生命力。

在一日千里的今天，如何在飞速发展的现代化建设中站稳脚跟，守住这种"传"，是值得当代建筑师们深刻思考的问题。传承不是守旧，也不是依葫芦画瓢，它是对传统特征的当代秉持，是对建筑原型的创新还原。因此从某种程度上而言，传承就是发展，在发展中传承。

一、四川传统建筑的地域特色

四川是一个多民族聚居的省份，其中汉族、藏族、彝族、羌族四个民族的人民聚居生活在不同地理气候环境的区域，在民族文化、民间信仰与宗教文化的影响下，各自独立发展，逐渐形成了自成一体的建筑风格。民居建筑是传统建筑文化地域特色的主要载体，从整体构成上看，四川传统建筑由汉族地区民居、藏族地区民居、羌族地区民居、彝族地区民居等不同民族文化类型组成。各民族地区在聚落形态、建筑布局、结构材料、形体风格、装饰装修等方面都形成了自己的特色，呈现出多元化的面貌。

（一）兼收并蓄，多元融合的建筑文化特性

四川的地理环境相对封闭围合，自然环境与社会文化使得各民族聚居地孕育发展了各自独具特色的建筑文化。

本土的巴蜀文化伴随着明清之际的"湖广填四川"移民活动，与移民文化相结合而自成一体，使四川汉族民居在地理上，北部融入中原北方之风，南部兼有湖广、客家等南方特色，兼糅五方特色于自己的体系当中。在纵向时间发展历程中，形成了巴蜀传统民居、四川客家民居、近代混合式公馆三种不同的文化类型。

四川又位于古代历史上"藏彝民族走廊"的核心地区，是民族迁移、分化、演变的大通道，也是吐蕃文化与中原汉文化的过渡地区。部落文化、民族文化碰撞与交融，呈现出多元化面貌。相邻地区建筑也有相互影响，如藏族、羌族地区的木架坡顶板屋、彝族的土墙瓦房都能看到本土建筑文化与汉族建筑技术融合的痕迹，藏、羌"邛笼"体系建筑相似的营造技术特色以及羌族建筑中吸收的藏式、汉式文化与装饰元素等等。

由于移民文化与民族文化的影响，四川民居形成了兼收并蓄、不拘一格、丰富多样的共性特征。

（二）融于自然，持续发展的营建观

四川境内的地形地貌复杂多样，人们在利用自然、适应环境方面积累了丰富的经验，传统聚落与周围环境共生共荣，渐进式增生。无论是聚落群体还是民居单体，建筑布局随形就势、灵活多样。汉族地区场镇聚落类型多样化与四川地理变化丰富密不可分。而藏、羌民居利用边坡岩地建房，宝贵的土地开垦耕种，在利用地形、节约用地、争取空间方面独具特色。村寨仿佛从大地中生长出般自然、和谐，营造出"天人合一"的人居环境。利用自然的建造理念，使得民族地区建筑类型极为丰富，率性真实、不拘一格，并形成独特的文化景观。

（三）因地制宜，灵活多样的建造手法

就地取材、因地制宜是四川传统建筑营建的基本原则。不同的地理环境造就了多样的营造技术与丰富的形式风格，各地区建筑材料与结构形式的差异源自于当地自然与资源环境的不同，便捷的手法、适宜技术的应用。

适应地形、利用地形，形成丰富的空间变化。如汉族地区院落民居的台院式及自由组织的平面布局，穿斗木架不拘法式，利用台、坡、拖、挑、吊、架、跨等变化处理手法以及藏羌碉房民居竖向发展的错层、退台组织。

适应气候条件，营建建筑内外空间，改善居住环境。如汉族民居内部天井院，出檐、檐廊、敞厅的设计手法；外部环境营造中，宅与园、田结合的"林盘"。藏、羌碉房民居平面紧凑，厚墙、小窗、封闭的造型。藏、羌民居丰富的类型即是应对复杂多变的地理环境的智慧体现。

二、四川传统建筑的传承途径

今天，我们的时代正在经历一场前所未有的变革，全球化的浪潮和现代技术发展正在改变着我们的城市与生活，如何才能在文化快速传播和广泛融合的时代留住传统，延续文化，使凝聚在历史传统与地域文化中的血脉得以传承，一直以来都是当代建筑师们思考的重要问题。

为了理解传统建筑的传承途径，我们希望能借助建筑类型学的相关理论：

类型是普遍的形式或结构，或一种使得种类和组团具

有显著特征的性质，或对物体的分类。[①] 它的本质由两部分构成，一方面是类型中要素主要特征的集合，一方面是类型特征中一系列要素的变体。这也决定了类型既有保持和连续性的特点，又有可能发生创新和变化，每一个建筑要素都依赖于其他要素和结构的存在，建筑发展的过程也并不是后一阶段彻底取消前一阶段的过程，而是新的建筑与过去遗存下来的建筑同时并存[②]，是一种延续和发展的概念——这也正是类型的生命力所在。建筑类型学抓住了类型的这两个本质特征，通过延续和变化来实现建筑类型的发展与创新。

对四川地区传统建筑的传承，正需要用建筑类型的这两个特征来进行理解。一方面，传统建筑中包含的是在四川这个地域范围内，在不同历史时期形成的自然、人文、历史和社会的地域特征；另一方面，传统建筑在时代的发展中又必然顺应变化、更新和发展的大趋势。我们的传承途径正是在延续地域特征的过程中，结合时代的要求通过现代建筑创作所达成的创新与发展。

从广义的范围上说，建筑类型学的研究范围是设计中所涉及的"原型"概念[③]，这个概念包含两层含义，体现了寻找"原型"的角度差异：一种是从历史中寻找"原型"，比如重要历史阶段形成的城市文脉、宗族观念影响下成型的特殊空间场所、民族交融中变化的建筑符号等；另一种是从地区中寻找"原型"，比如适应地形条件形成的建筑形态、适应气候条件出现的建筑构造、地域条件影响下的民族性格造就的建造理念等。

建筑类型学的基本方法是获取原型，再将原型结合具体的场景还原到具体的形式，是从形式到类型、再到形式的设计过程。四川地区现代建筑对传统建筑的传承，也会经历这样一个从归纳原型到提取特征再到营造实践的过程：通过挖掘传统建筑中体现的地域文化特征，选取具有四川地域文化

品格与精神个性的原型，提取原型中的风格特征，结合现代建筑的使用功能、时代需求、审美标准以及现代营造技术，于现代进行原型的还原，建构新的现代建筑。

在这个过程中，应该注重对影响四川传统建筑特征形成的自然环境特征与历史人文要素的总结和归纳，才能通过还原的表达唤起人们头脑中对传统建筑的历史记忆，获得对地域文化的认同感。同时还应注意的是，原型的现代还原不等于将传统建筑特征进行复制和粘贴，而是在现代建筑的范畴内，从精神上对传统建筑风格的延续和发展。最后，原型中提取的特征还应放在时代发展的大环境下仔细甄别，保留其有用的部分，去掉其不合时宜的部分，在还原到现代建筑的过程中注意方式方法的使用和度的把握，才能确保传承的实践环节顺利完成。

三、四川传统建筑的传承原则

1. 地域性

深度挖掘四川地区传统建筑特征要素，总结包含在这些要素中的地域文化特质，在传承实践中结合四川的自然、人文和技术特点，凸显四川地域文化的特异性。

2. 适用性

从传统建筑原型中提取能指导现代建筑创作和实践的传统特征要素，在实践中结合当下的时代发展态势、社会与社会条件、大众审美需求等恰当地予以体现。

3. 生态性

强调生态性原则，注重对自然环境的尊重与适应协调，以可持续发展的理念引导传承实践，避免一切以牺牲自然资源为代价的建造活动。

① 张继平. 建筑类型学与地域文化的体现[J]. 山西建筑，2003，12.
② 沈克宁. 重温类型学[J]. 建筑师，2006，6.
② 姚亦梅，朱艳. 类型学设计方法在新地域主义建筑设计中的应用[J]. 四川建筑，2010，4.

4. 经济性

在现代建筑创作的传承实践中，应秉承经济性的原则，避免因传统文化的过度表达造成的经济和资源上不必要的浪费。

5. 整体性

建筑设计中应采取适当的传承手段，防止以偏概全地片面传承，形成能传达地域文化特色的建筑整体效果。

6. 协调性

调配传承方法和策略的实施强度，避免过度表现某一特征要素，或夸大某特征要素的表现效果，协调建筑中各种要素特征构成传统风格表达的有机系统。

在深入解析的基础上，本书对境、脉、形、场、意、材六种类型的传承手段进行总结，用设计手法的语言对四川地区部分优秀的现代建筑案例进行分析，希望能通过案例的示范效应对四川地区传承传统建筑特征的当代建创作起到科学导引的作用。

同时，更重要的是，本书提出了对传统建筑特征传承脉络的思索，指出四川传统建筑特征形成的主要原因，希望通过对传统建筑特征形成的主因"地域性"的秉承，结合时代与技术条件的不断发展，在当代将四川多样化的传统建筑特征创新式地传承下去。

这种传承不是一味地模仿，也不是固守不变的延续，更不是简单粗暴的抄袭，它是建立在对传统建筑特征充分认知和了解的基础上，营造的符合现代社会需求和现代人审美要求的建筑形态与空间，通过现代建筑设计手法对传统精神和文化内涵的延续和发展，是传统建筑特征永葆生命力的根本所在。

参考文献

Reference

[1] 四川省地方志编纂委员会. 四川省志·建筑志[M]. 成都：四川科学技术出版社，1996.

[2] 蒙默等. 四川古代史稿[M]. 成都：四川人民出版社，1989.

[3] 徐中舒. 论巴蜀文化[M]. 成都：四川人民出版社，1982.

[4] 刘敦桢. 中国古代建筑史（第二版）[M]. 北京：中国建筑工业出版社，1984.

[5] 陆元鼎. 中国民居建筑[M]. 广州：华南理工大学出版社，2003.

[6] 陈颖，田凯，张先进，等. 四川古建筑[M]. 北京：中国建筑工业出版社，2015.

[7] 四川省建设委员会等. 四川民居[M]. 成都：四川人民出版社，2004.

[8] 李先逵. 四川民居[M]. 北京：中国建筑工业出版社，2009.

[9] 季富政 巴蜀城镇与民居[M]. 成都：西南交通大学出版社，2000.

[10] 应金华，樊丙庚. 四川历史文化名城[M]. 成都：四川人民出版社，2000.

[11] 陈颖、李路、周密等. 四川民居[M]//中华人民共和国住房和城乡建设部. 中国传统民居类型全集(中册). 北京：中国建筑工业出版社，2014.

[12] 刘致平. 中国居住建筑简史[M]. 北京：中国建筑工业出版社，1990.

[13] 甘孜州志编纂委员会. 甘孜州志[M]. 成都：四川人民出版社，1997.

[14] 甘孜藏族自治州概况编写组. 甘孜藏族自治州概况[M]. 北京：民族出版社，2009.

[15] 阿坝藏族羌族自治州概况编写组. 阿坝藏族羌族自治州概况[M]. 北京：民族出版社，2009.

[16] 阿坝州地方志委员会. 阿坝州志·简志[M]. 成都：巴蜀书社，2012.

[17] 杨嘉铭，杨环. 四川藏区的建筑文化[M]. 成都：四川出版集团四川人民出版社，2007.

[18] 陈颖. 四川丹巴藏寨碉房//吴正光、陈颖、赵逵等. 西南民居[M]. 北京：清华大学出版社，2010

[19] 木雅·曲吉建才. 藏式建筑的外墙色彩与构造. 建筑学报[J]，1987（11）

[20] 季富政. 中国羌族建筑[M]. 成都：西南交通大学出版社，2002.

[21] 李路. 杂谷脑河下游羌族建筑演进研究[D]. 成都：西南交通大学，2004.

[22] 任乃强. 羌族源流探索[M]. 重庆：重庆出版社，1984.

[23] 马长寿. 氐与羌[M]. 上海：上海人民出版社，1984.

[24] 俄洛·扎嘎.蜀西岷山——寻访华夏之根[M]. 成都：四川人民出版社，2002.

[25] 王明珂. 羌在汉藏之间——川西羌族的历史人类学研究[M]. 北京：中华书局，2008.

[26] 彝族简史编写组. 彝族简史[M]. 北京：民族出版社，2009.

[27] 罗曲·乌尼乌且. 彝族文化探微[M]. 北京：中国社会科学出版社，2012.

[28] 《凉山彝族自治州概况》编写组. 凉山彝族自治州概况——中国少数民族自治地方概况丛书[M]. 北京：民族出版社，2009.

[29] 郭东风. 彝族建筑文化探源——兼论建筑原型及营构深层观念[M]. 昆明：云南人民出版社，1996

[30] 王绍周. 中国民族建筑（第一卷）[M]. 南京：江苏科学技术出版社，1998

[31] 侯宝石. 凉山彝族民居建筑及其文化现象探讨[D]. 重庆：重庆大学，2004

[32] 刘妍. "栋梁之材"与人类学视角下的中国建筑结构史[I]. 建筑学报，2015（12）

[33] 郭声波. 彝族地区历史地理研究[M]. 成都：四川大学出版社，2009.

[34] 苏小燕. 凉山彝族服饰文化与工艺[M]. 北京：中国纺织出版社，2008.

[35] 孟慧英. 彝族毕摩文化研究[M]. 北京：民族出版社，2003.

[36] 四川省住建厅村镇处. 中国传统村落资料.

[37] 何镜堂. 文化传承与建筑创新[J]. 建筑设计管理，2012(2): 126-129.

[38] 杨长贵. 当代地域建筑创作方法初探[D]. 长沙：中南大学，2010.

[39] 郑东军，于莉. 当代地域建筑文化分析[J]. 中外建筑，2015(4): 39-41.

[40] 刘亚哲. 当代地域性建筑创作方法研究[D]. 天津：天津大学，2011.

[41] 邱亦锦. 地域建筑形态特征研究[D]. 大连：大连理工大学，2006.

[42] 赵鸿灏. 地域文化对当代中国建筑创作的影响——地域文化与多种建筑因素关系的解析[D]. 大连：大连理工大学，2006.

[43] 罗德启. 摹仿拼接到融合创新——中国西南地域建筑创作历程与途径[J]. 建筑学报，2010(7): 7-13.

[44] 杨宇振. 中国西南地域建筑文化研究[D]. 重庆：重庆大学，2002.

[45] 王烨. 当代建筑中传统元素"形、境、意"的表达[D]. 济南：山东建筑大学，2010.

[46] 许伟文. 中国当代建筑设计之传统意象的建构及其呈现[D].武汉：华中科技大学，2011.

[47] 李晶晶，邢干，卓彦斌. 锦里古街对川西民间建筑文化的传承[J]. 古建园林技术，2008(2): 59-61.

[48] 白今. 楼阁华窗映灯火 清波云山如锦绣——"水岸锦里"一成都武侯祠博物馆配套工程锦里延伸段项目[J]. 建筑与文化，2011(9): 46-49.

[49] 周向频，唐静云. 历史街区的商业开发模式及其规划方法研

究——以成都锦里、文殊坊、宽窄巷子为例[J]. 城市规划学刊，2009(5):107-113.

[50] 刘家琨. 鹿野苑石刻博物馆[J]. 世界建筑，2001(10):91-92.

[51] 方振宁. 鹿野苑石刻艺术博物馆[J]. 建筑知识，2011(10):38-39.

[52] 家琨建筑设计事务所.水井坊遗址博物馆[J].建筑学报，2014(3):14-19.

[53] 梁井宇. 平凡建筑的平凡之美——刘家琨设计的成都水井坊博物馆[J]. 时代建筑，2014(10): 84-91.

[54] 王钟菁，雍军，廖贤. 山地古镇五凤溪建筑特点与保护研究[J]. 四川建筑科学研究，2014(6): 185-187.

[55] 家琨建筑设计事务所. 安仁建川博物馆群落[J]. 建筑与文化，2007(4):66-67.

[56] 非常建筑. 安仁桥馆[J]. 世界建筑，2012(10):110-115.

[57] 张险峰，董超，赵茜. 当代博览建筑中的叙事思维表达研究[J]. 城市建筑，2008(9): 13-14.

[58] 黄滨，林翼然. 淡泊明志宁静致远——四川仪陇县朱德纪念馆改扩建主体及环境设计[J]. 四川建筑，2006(S1):56-61.

[59] 徐行川，刘锦标，付忠庆.当代建筑的地域化思考：介绍"建川博物馆聚落之川军馆及其街坊"设计[J]. 建筑创作，2006(6): 30-39.

[60] 杨嘉微. 道可道 四川新津·知博物馆创作过程中的几个视角[J]. 时代建筑，2013(1): 106-111.

[61] 邢同和. 邓小平故居陈列馆[J]. 建筑学报，2004(7):54-57.

[62] 上海创盟国际建筑设计有限公司. 兰溪庭，成都，中国[J]. 世界建筑，2014(7):52-55.

[63] 曹扬. 十年大事记馆[J]. 建筑学报，2012(11):10-17.

[64] 莫修权，张晋芳. 适时、适地、适度——金沙遗址博物馆设计实践[J]. 城市建筑，2007(9): 21-23.

[65] 莫修权，庄惟敏，张晋芳. 文化·保护·营造——金沙遗址博物馆规划设计[J]. 建筑学报，2009(2):56-57.

[66] 王晓南. 五凤溪场镇开放空间的特色与保护[J]. 四川建筑科学研究，2008(3): 182-186.

[67] 杨星海，张文聪，陈传乐. 朱德同志故居纪念馆设计[J]. 建筑学报，1984(9):40-43.

[68] 李兴钢等. 虚像、现实与灾难体验——建川"文革"镜鉴博物馆暨汶川地震纪念馆设计[J]. 建筑学报, 2010(11):44-47.

[69] 高芸. 执着于真实——建川博物馆聚落之川军馆及其街坊[J]. 世界建筑, 2006(5)：122-128.

[70] 王继红, 熊唱. 乐水新天府——以成都高新区铁像水街特色街区为例浅谈场所精神的时空再造[J]. 建筑与文化, 2012(1)：54-58.

[71] 邓敬, 殷红."之间"与"缝合"刘家琨在"锦都院街"设计中的策略[J]. 时代建筑, 2007(4):98-103.

[72] 经典国际设计机构（亚洲）有限公司. 重塑东坡文化情结眉州东坡三苏祠店[J]. 餐饮世界, 2012(2):84-87.

[73] 段丽. 现代茶饮空间设计研究——成都顺兴老茶馆设计浅析[J]. 美术大观, 2012(7):132-132.

[74] 邓敬, 刘康."家"的隐喻与戏剧性呈现四川德阳特殊教育学校设计的解读[J]. 时代建筑, 2013(4):92-97.

[75] 茅峰, 胡佳. 地域化绿色建筑创作——卧龙自然保护区都江堰大熊猫救护与疾病防控中心方案设计[J]. 四川建筑, 2011(5):113-114.

[76] 古今元. 成都地区现代建筑中的传统材料应用研究[D]. 成都：西南交通大学, 2008.

[77] 庄惟敏, 任飞, 蔡俊, 汪晓霞, 张广源. 北川抗震纪念园幸福园展览馆[J]. 住区, 2012（06）：74-76.

[78] 康凯. 在援建中寻求"原筑"——起山、搭寨、造田：北川羌族文化自治县文化中心的建设之路 [J]. 建筑学报, 2011（12）:43-45.

[79] 陈可石, 王雨. 当代地域性策略在灾后重建中的探索实践——汶川水磨中学建筑设计[J]. 建筑学报, 2011（06）:110-113.

[80] 东梅, 张杨, 刘小川."以自己立足的方式"进步成长——四川茂县黑虎乡小学设计[J]. 建筑学报, 2011（04）:68-69.

[81] 李杨. 九寨黄龙机场航站楼建筑设计[J]. 建筑学报, 2004（06）:50-53.

[82] 姚青石. 巴蜀地域性建筑创作手法剖析[D]. 重庆：重庆大学建筑城规学院,2007.

[83] 方芳. 巴蜀建筑史——近代[D]. 重庆：重庆大学建筑城规学院, 2010.

[84] 崔恺, 康凯, 傅晓铭. 北川文化中心, 北川, 四川, 中国[J]. 世界建筑, 2013(10)：50-55.

[85] 欧华尔顾问有限公司, Integer绿色智能事务所. 毕马威安康社区中心, 磁峰镇, 四川, 中国[J]. 世界建筑, 2013(12)：94-101.

[86] 邓敬. 成都华林小学震后纸管校舍[J]. 南方建筑, 2008(6):89-91.

[87] 王豫章. 成都清华坊[J]. 建筑学报, 2005(4)：47-49.

[88] 王芳, 王力. 传承文脉、地域特色与建筑创新——地域建筑特色再创造[J]. 华中建筑, 2006(10)：23-26.

[89] 李玥, 王文威. 传承与记忆——汶川博物馆设计[J]. 新建筑, 2010(3):54-57.

[90] 郑国英, 王兴国. 传统内涵和地域文化——对四川博物馆建筑文化的探讨[J]. 建筑学报, 2002(9):35-38.

[91] 陈可石, 周菁, 姜文锦. 从四川汶川水磨镇重建实践中解读城市设计[J]. 建筑学报, 2011(4):11-15.

[92] 王朝霞. 地域技术与建筑形态——四川盆地传统民居营建技术与空间构成[D]. 重庆：重庆大学, 2004.

[93] 陆禹杭. 浅析符号学在地域建筑设计中的应用特征[J]. 城市建筑, 2015(6)：41,43.

[94] 王戈. 青城山房, 成都, 四川, 中国[J]. 建筑学报, 2008(2):82-87.

[95] 何镜堂, 郭卫宏, 郑少鹏等. 汶川大地震震中纪念馆[J]. 建筑学报, 2013(1):68-73.

[96] 刘艳. 现代建筑地域文化的传承与创新[J]. 四川建材, 2008(4)：72-74.

[97] 熊婧彤. 重建伊甸园——中国保护大熊猫研究中心灾后重建项目综述[J]. 工程建设与设计, 2012(12):18-22.

[98] 王砚晨, 李向宁. 重塑东坡文化情结眉州东坡三苏祠店[J]. 餐饮世界, 2012(2):84-87.

[99] 邹德侬, 戴路, 张向炜.中国现代建筑史[M]. 北京：中国建筑工业出版社, 2010.08.

[100] 成都市石室中学逸夫艺术楼及教学综合楼[J]. 建筑技术及计, 1998(10):96-103.

后 记

Postscript

　　四川地区幅员辽阔、历史悠久、民族众多。复杂多变的地理环境和多元的地域文化，形成了丰富多样的建筑类型及鲜明的地域风格和独特品质，也是中国传统建筑文化的重要组成部分。

　　20世纪90年代以来，由于经济快速增长，各种建设活动迅速发展，各地大兴土木建设，大肆拆除旧建筑，新建建筑过度追求"欧美风"、"现代风"，导致 "拼贴式"的模仿和"千城一面"的"趋同化"倾向，地域文化特色逐渐消失。因此，再次全面、系统、深入研究传统建筑的地域和民族特点，总结优秀的传统建筑思想和设计方法，阐释传统建筑文化在现代建筑中的传承与发展，为当代建筑的创作提供思想源泉显得尤为迫切，十分必要。这是此次编写《中国传统建筑解析与传承》的重要背景。为弘扬传统建筑文化，中华人民共和国住房和城乡建设部于2014年成立传统民居工作组，在编著出版《中国传统民居类型全集》工作的基础上，组织各省、自治区、直辖市进行地方传统建筑的特征分析以及传承发展的研究、编写工作。四川省是首批立项研究的10个省份之一。整个编写纲要由两部分组成，上篇以传统建筑理论研究为主，对四川地区主要的民族和地区的传统建筑特征进行解析和总结，阐释传统建筑思想及成因；下篇为现代建筑传承实践分析，回顾社会转型期后四川地区传统建筑文化的发展脉络，结合建筑实践作品，分析如何进行现代传承。其中，绪论及上篇传统建筑特征解析由西南交通大学建筑学院建筑历史研究所编写，陈颖主编，下篇传统建筑当代传承由四川省建筑设计研究院建筑景观院编写，高静主编。

　　各章编写人员：前 言：张先进；第一章：陈颖、李路、庄红；第二章：陈颖、何龙；第三章：陈颖；第四章：李路；第五章：庄红、郑斌；第六章：高静、熊唱、朱伟；第七章：熊唱、朱伟、张莉、周晓宇；第八章：高静、熊唱。

　　整个编写工作于2014年底启动，经过近1年的各方辛勤工作，顺利完成。期间省建设厅多次组织专家学者进行讨论，提出修改意见，住房和城乡建设部更是于2015年5月及10月分别在杭州、北京两地组织国内专家进行研讨，各省参与单位互相交流。在整个编写过程中，编委会各成员本着科学、严谨的态度，实事求是，宁缺毋滥，尤其是在案例选取过程中，全面搜集、仔细筛选、去芜存菁，力求具有普遍性和代表性。在本书的编写过程中，一直得到张先进、庄裕光、应金华、雍朝勉等专家学者以及四川省建筑设计研究院李纯院长、王继红副总建筑师的大力支持，在每轮的讨论过程中，他们都提出诸多指导性、建设性的意见，指引编写工作的正确、顺利进行。北京交通大学建筑与艺术学院潘曦对每个阶段工作进行积极的协调沟通、校审，使编写工作有计划、顺利进行。西南交通大学彭一、韩东升、聂倩、唐剑、甘雨亮、杨睿添同学，四川省建筑设计研究院周佳、吴飞呈、黎峰六、严潇、孙笑、王玉、张兵等同事参与基础资料的收集和整理工作，在此表示衷心的感谢！此外，还要感谢相关设计单位、专业人员和建筑师们，你们对传统建筑长期的研究与实践工作，为本书提供了图片资料、参考文献。

本书以深入挖掘四川传统建筑的地域特色，总结传统建筑文化在现代建筑中的传承与发展为目标，对四川建筑发展历程进行了较为全面的和多层次的研究论述，力求具有专业性、资料性与可读性。由于编写时间较短和编写组水平所限，本书编写过程中难免出现一些不完善的地方。尤其是下篇总结分析四川地区现代建筑的传承实践中，编者通过对传统特征的各种分析研究，自己大胆总结出"境"、"脉"、"形"、"意"、"场"、"材"六个方面来诠释四川建筑现代传承的脉络与手段，难免有不妥或不当之处；在对工程案例进行归类中，有些优秀建筑可能会从多个方面进行传承，而编者仅从自己的分析角度将其归纳在特征最明显的一个方面。在此希望抛砖引玉，诚望专家学者指出斧正，以利今后改进和提高。

本书编写工作虽然告一段落，但这并不是一个结束，相反仅仅是个开始，未来的路还很漫长。编者希望通过本书的出版能更好地传承与发展四川优秀传统建筑文化，为建筑院校师生教学研究、设计机构建筑师创作实践提供一些理论依据和建设性参考。同时期待更多的同行一起参与，进一步丰富、完善地域建筑研究与当代建筑创作。